기호와 문자

그리스 문자표

문자 표기		발음 표기	문자 표기		발음 표기
Α	α	Alpha(알파)	Ν	ν	Nu(누)
Β	β	Beta(베타)	Ξ	ξ	Xi / Ksi(크사이)
Γ	γ	Gamma(감마)	Ο	ο	Omicron(오미크론)
Δ	δ	Delta(델타)	Π	π	Pi(파이)
Ε	ε	Epsilon(입실론)	Ρ	ρ	Rho(로오)
Ζ	ζ	Zeta(제타)	Σ	σ	Sigma(씨그마)
Η	η	Eta(에타)	Τ	τ	Tau(타우)
Θ	θ	Theta(쎄타)	Υ	υ	Upsilon(업실론)
Ι	ι	Iota(이오타)	Φ	φ	Phi(파이)
Κ	κ	Kappa(카파)	Χ	χ	Chi(카이)
Λ	λ	Lambda(람다)	Ψ	ψ	Psi(프사이)
Μ	μ	Mu(뮤)	Ω	ω	Omega(오메가)

표본공간 : Ω

공집합 : $\varnothing$

Ω의 사건 : $A \subset \Omega, B \subset \Omega, C \subset \Omega, \cdots$

합사건 : $A \cup B$

곱사건 : $A \cap B = AB$

여사건 : A^c

A에서 B를 뺀 사건 : $A - B = A \cap B^c = A - AB$

A와 B는 배반사건 : $A \cap B = \varnothing$

n의 계승, n factorial : $n! = n \cdot (n-1) \cdots 2 \cdot 1,\ 0! = 1$

n개에서 k개를 뽑는 순열의 수 : ${}_nP_k = n \cdot (n-1) \cdots (n-k+1) = \dfrac{n!}{(n-k)!}$

이항계수 = n개에서 k개를 뽑는 조합의 수 : $\dbinom{n}{k} = \dfrac{{}_nP_k}{k!} = \dfrac{n!}{(n-k)!k!}$

다항계수 : $\dbinom{n}{n_1, n_2, \cdots, n_k} = \dfrac{n!}{n_1! n_2! \cdots n_k!},\ n_1 + n_2 + \cdots + n_k = n$

사건 A의 확률 : $P(A)$

사건 A가 주어졌을 때 사건 B의 조건부확률 : $P(B|A) = \dfrac{P(A \cap B)}{P(A)}$

확률의 곱셈법칙 : $P(A \cap B) = P(A)P(B|A) = P(B)P(A|B)$

확률변수 : $X, Y, Z, \cdots$

확률변수의 값 : $x,\ y,\ z,\ \cdots$

누적분포함수 : $F(x) = P(X \le x)$

X의 기댓값 : $\mu_X = E(X)$

X의 분산 : $\sigma_X^2 = Var(X) = E((X-\mu_X)^2) = E(X^2) - \mu_X^2$

X의 표준편차 : $\sigma_X = \sqrt{\sigma_X^2} = sd(X)$

확률생성함수 : $g_X(t) = E(t^X)$

적률생성함수 : $m_X(t) = E(e^{tX})$

결합누적분포함수 : $F_{X,Y}(x,y) = P(X \le x,\ Y \le y)$

결합확률질량함수 : $p(x,y) = P(X=x,\ Y=y)$

결합확률밀도함수 : $f(x,y)$, $P(X \le x,\ Y \le y) = \int_{-\infty}^{x}\int_{-\infty}^{y} f(s,t)\,dt\,ds$

공분산 : $Cov(X, Y) = E((X-\mu_X)(Y-\mu_Y)) = E(XY) - \mu_X\mu_Y$

상관계수 : $Corr(X, Y) = \rho(X, Y) = \dfrac{Cov(X, Y)}{\sigma_X\sigma_Y}$

조건부확률질량함수 : $p_{X|Y}(x|y) = \dfrac{p(x,y)}{p_Y(y)}$

조건부확률밀도함수 : $f_{X|Y}(x,y) = \dfrac{f(x,y)}{f_Y(y)}$

확률표본 : $X_1,\ X_2,\ \cdots,\ X_n$ 독립이고 동일한 분포

확률표본의 값 : $x_1,\ x_2,\ \cdots,\ x_n$

표본평균 : $\overline{X} = \dfrac{1}{n}(X_1 + X_2 + \cdots + X_n)$

표본평균의 값 : $\overline{x} = \dfrac{1}{n}(x_1 + x_2 + \cdots + x_n)$

표본분산 : $S^2 = \dfrac{1}{n-1}\sum_{k=1}^{n}(X_k - \overline{X})^2$

표본분산의 값 : $s^2 = \dfrac{1}{n-1}\sum_{k=1}^{n}(x_k - \overline{x})^2$

z_α : 표준정규분포의 오른쪽 꼬리확률이 α인 값

$$Z \sim N(0,1) \text{일 때 } P(Z > z_\alpha) = \alpha$$

$z_{0.1} = 2.58,\quad z_{0.05} = 2.33,\quad z_{0.025} = 1.96,\quad z_{0.01} = 1.645$

모두를 위한 친절한

기초확률론

BASIC PROBABILITY THEORY

모두를 위한 친절한

기초확률론

강혜정 지음

KM 경문사

머리말

불확실한 상황에서 법칙성을 찾는 학문으로서의 확률론은 근래에 들어 자연과학 분야뿐만 아니라 거의 모든 분야에서 응용되고 있다. 확률론의 시초는 17세기 파스칼과 페르마의 게임에 대한 서신 왕래로 보는 것이 정설인데 20세기 들어 급격히 발달한 학문 분야이다. 확률론은 그 자체로도 흥미롭고 유용한 학문이지만 일상생활의 많은 문제들과 밀접하게 연관되어 많은 분야에서 응용되고 있다. 확률론은 불확실성이 존재하는 모든 분야에 수학적인 기초를 제공하는데 특히 통계학에서는 추론의 정확도에 대한 논리적인 근거를 제시하는 역할도 한다.

이 교재는 전공에 상관없이 대학생들이 1학년 또는 2학년에서 한 학기 동안 공부할 교재로 기획되었다. 고등학교에서 미적분학을 공부한 학생들을 대상으로 기획되었으며 1장부터 5장까지의 본문과 A장부터 D장까지의 부록으로 이루어져 있다. 수업에서 다루어야 할 내용은 본문에 수록하였고 학생들이 참고하면 좋을 내용들은 부록에 수록하였다.

대학교 1, 2학년 학생들을 대상으로 하는 교재에서 가장 큰 어려움은 무엇을 어느 수준까지 다룰 것인가를 결정하는 일이다. 완성도를 생각하다 보면 학생 입장에서는 너무 어려워지고, 학생들이 쉽게 공부할 수 있도록 하면 완성도가 너무 떨어지는 느낌이 들어 많은 고민이 있었다. 논리적/수학적으로 가능한 한 공백이 없도록 노력하였으나 증명이나 설명 자체가 너무 복잡하거나 어려운 개념이 필요한 것은 제외하였다.[1)]

학생들이 교과내용을 쉽게 이해할 수 있도록 가능한 한 많은 보기를 수록하였고 직관적인 이해를 도울 수 있는 그림도 제시하였다. 각 절이 끝난 후, 또는 연관된 몇 개의 절이 끝나면 연습문제를 실었다. 연습문제를 통해 본문에 나오는 개념과 중요한 결과들을 충분히 이해하고 활용할 수 있도록 구성하였다. 또한 수학적으로 어려운 내용이 필요한 문제는 가능한 한 싣지 않으려 하였으나 문제 자체의 의미가 있는 경우,

1) 예를 들어 확률변수 X가 μ로 수렴한다($X \to \mu$)는 표현은 여러 가지로(약하게, 강하게, 확률 1로 등) 해석될 수 있지만 이 교재에서는 따로 설명하지 않았다.

머리말

또는 흥미로운 결과를 보여 주는 문제는 포함하였다. 홀수번 연습문제에 대한 풀이와 답은 부록 C에 실어 학생들이 스스로 공부하는 데 도움이 되도록 하였다.

1장은 경우의 수를 구하는 방법과 확률의 정의, 성질 등을 다룬다. 고등학교에서 확률과 통계를 배운 학생들이라면 많은 부분이 중복된다.

2장에서는 확률론에서 가장 기본이 되는 개념인 확률변수와 확률분포에 대하여 알아본다. 또한 확률변수의 중심위치를 나타내는 값들－기댓값, 중앙값－과 흩어진 정도를 나타내는 값들－분산, 표준편차－에 대하여 알아보고 그 성질들을 살펴보기로 한다.

3장에서는 대표적인 이산확률분포인 이항분포, 기하분포, 음이항분포, 푸아송분포 등과 연속확률분포 중에서 지수분포, 감마분포, 정규분포 등을 소개한다. 각 분포들의 확률질량함수, 확률밀도함수와 기댓값, 분산 등의 기본 특성들과 각 분포 사이의 연관관계를 살펴보고 확률변수들의 합이 어떤 분포를 가지는지도 살펴보기로 한다.

4장에서는 동일한 표본공간에서 정의된 확률변수들로 만들어지는 사건과 그 확률에 대해 살펴본다. 두 개의 확률변수에 대하여 성립하는 대부분의 결과들은 세 개 이상의 변수들에 대하여 명백한 방법으로 확장이 가능하다.

5장에서는 통계적 추론에서 가장 기본적인 역할을 하는 표본평균과 표본비율, 표본분산 등의 정의와 분포를 살펴본다. 이러한 분포를 다루기 위하여 t-분포, χ^2-분포, F-분포의 정의와 성질도 알아본다. 또한 확률과 통계에서 가장 중요한 결과인 큰 수의 법칙과 중심극한정리도 다룬다.

근삿값

특별한 언급이 없으면 확률계산은 반올림하여 소수점 이하 4자리까지 나타내고 그 이외의 수치는 소수점 이하 2자리까지 나타내었다. 근삿값임을 표시하기 위해 많은 경우 기호 $\approx$를 사용하였지만 단순히 등호를 사용한 경우도 종종 있다.

확률론에 필요한 미적분학

부록 A는 대학교 미적분학을 배운 학생들이라면 내용을 따로 공부할 필요는 없을 것으로 판단된다. 대학교 미적분학을 배우지 않은 학생들도 부록 A를 따로 공부하기보다는 본문에 관련된 내용이 나올 때 참고하기를 바란다.

엑셀의 사용

통계의 사용빈도가 많아지고 중요성이 커지면서 다양한 통계패키지가 개발되어 사용되고 있다. 통계패키지를 사용하면 데이터와 간단한 명령어만 입력하여 수많은 결과를 한꺼번에 구할 수 있다. 그러나 이 교재의 목표는 확률과 통계의 원리를 이해하고 활용하는 것이므로 이러한 통계패키지의 활용은 적절하지 못하다. 대신 단순하지만 많은 양의 계산을 해야 하는 경우(평균, 분산 등을 구할 때)와 수학적으로 너무 어려운 계산을 해야 하는 경우(누적분포함수 등을 구할 때) 엑셀을 이용하여 쉽게 계산하는 방법을 부록 B에 소개하였다. 엑셀을 이용해서도 필요한 기술통계량을 한꺼번에 구할 수 있으나 이 교재가 확률론의 개념과 기본원리를 배우고 익히는 데에 주안점을 두고 있어 소개하지 않았다. 어떤 개념이든 새로운 개념을 처음 배울 때는 정의를 이용한 계산 과정 자체가 개념을 이해하는 데 중요한 역할을 한다고 믿기 때문이다.

확률분포표

이산확률변수 또는 연속확률변수의 누적확률분포를 구하는 것은 급수의 부분합, 또는 정적분을 구해야 하며 대부분 복잡하고 어렵고 어떤 경우는 불가능한 경우도 있다. 따라서 이항분포, 정규분포, t-분포, 카이제곱분포 등의 누적확률분포를 여러 값에 대하여 근사적으로 미리 계산해 놓은 확률분포표를 만들어 사용한다. 그러나 컴퓨터의 상용화로 이러한 표를 이용하는 것보다 훨씬 편하게 다양한 값을 구할 수 있어서 이 교재에는 표준정규분포표만 실었다. 여러 가지 분포의 누적확률분포를 엑셀을 이용하여 구하는 방법은 부록 B에서 확인할 수 있다.

차례

04 간단치 않은 세상
결합확률분포

05 부분으로 전체 보기
표본

01

어떤 일이 얼마만큼 일어날까?

사건과 확률

'probability'는 주로 확률이라고 해석하지만 가능성, 개연성이라고 해석할 때도 있으며 18~19세기의 문헌에는 chance라는 단어와 같은 뜻으로 사용되기도 하였다. 다음 기사들에서 볼 수 있듯이 확률이란 단어는 일상생활에서 어렵지 않게 볼 수 있다.

- 연금복권의 당첨 확률은 315만분의 1로, 기존 로또 당첨 확률인 814만분의 1보다 확률이 높다. (SBS CNBC 뉴스 2014. 8. 6.)
- 백신을 접종한 코로나19 확진자가 미접종 확진자에 비해 '만성 코로나(Long Covid)'에 걸릴 확률이 더 낮다는 연구 결과가 연이어 보고되고 있다. (오마이뉴스 2022. 1. 29.)
- 스포츠 통계 매체 '옵타 애널리스트'를 보면 슈퍼컴퓨터가 산출한 카타르월드컵 우승 확률이 브라질 16.78%, 아르헨티나 12.67%, 프랑스 11.95% 순이다. (서울신문 2022. 11. 16.)
- 서울·경기 지역은 흐리고 눈이 오는 가운데 영하 8도에서 2도의 분포를 보이겠다. 강수 확률은 오전 80%, 오후 20%로 예상된다. (기상청 일기예보 2022. 1. 31.)

첫 번째 기사에서 복권과 로또의 당첨 확률은 가능한 번호의 개수를 계산하여 구한 수학적 확률의 예이다. 두 번째 기사의 경우는 비율을 이용하여 계산한 통계적 확률의 예이다. 두 경우 모두 주어진 조건과 가정에 따라 구할 수 있으며 누가 확률을 구하느냐에 따라 값이 변하지 않으므로 객관적 확률이라 한다.

마지막 두 기사는 확률을 정하는 사람이 갖고 있는 지식과 정보에 의존하여 주어진 사건에 대한 믿음의 정도를 수치화한 것으로 주관적 확률이라 할 수 있다.

이 장에서는 (객관적) 확률을 수치적으로 정의하는 방법과 그 성질들에 대해 알아보기로 한다.

1.1 표본공간과 사건

1.1.1 사건의 연산

결과를 정확히 예측할 수 없는 어떤 실험이나 현상을 **확률 실험**(experiment), 또는 **시행**(trial)이라 한다. 이때 가능한 모든 결과의 집합을 **표본공간**(sample space)이라 부르고 Ω로 나타내기로 하자. 예를 들어 동전을 던졌을 때 앞면이 나오면 H, 뒷면이 나오면 T로 나타내면 동전을 한 번 던졌을 때 표본공간은

$$\Omega_1 = \{\mathrm{H}, \mathrm{T}\}$$

두 번 던졌을 때의 표본공간은

$$\Omega_2 = \{\mathrm{HH}, \mathrm{HT}, \mathrm{TH}, \mathrm{TT}\}$$

이다. 동전의 앞면이 나올 때까지 동전을 던지는 실험을 반복한다고 하자. 가능한 결과를 모두 나열하면 표본공간은

$$\Omega_3 = \{\mathrm{H}, \mathrm{TH}, \mathrm{TTH}, \mathrm{TTTH}, \cdots\}$$

이다. Ω_1, Ω_2, Ω_3와 같이 원소의 개수가 유한하거나 일렬로 세울 수 있는 경우 표본공간을 **이산표본공간**(discrete sample space)이라 한다.

배터리의 수명을 측정하는 실험을 한다고 하자. 가능한 표본공간의 하나는 모든 양수를 포함하는 것으로 다음과 같이 주어진다.

$$\Omega = R^{+} = [0, \infty)$$

표본공간의 부분집합 A를 **사상**, 또는 **사건**(event)이라 부른다. 특히 표본공간의 한 원소 x로 이루어진 사건은 **근원사건**이라 부르고 $P(\{x\})$ 대신 $P(x)$로 나타내기

도 한다. 실험 결과가 A에 속할 경우 사건 A가 **발생했다**고 한다. 사건의 연산에 대한 용어는 집합과 대부분 동일하게 정의된다.

기호	확률 표현	집합 표현	의미
Ω, S	표본공간(Ω)	전체집합(S)	가능한 모든 결과의 집합
$A \cup B$	합사건	합집합	사건 A 또는 사건 B가 일어나는 사건
$A \cap B$, AB	**곱사건**	**교집합**	사건 A, B가 동시에 일어나는 사건
A^c	여사건	여집합	사건 A가 일어나지 않는 사건
$A - B$	차사건	차집합	사건 A는 일어나고 사건 B는 일어나지 않는 사건
$\varnothing$	공사건	공집합	원소가 하나도 없는 집합

보기 1

같은 표본공간의 사건 A, B에 대하여 다음 관계가 성립한다.

(a) $A \subset A \cup B$, $\quad A \cap B \subset A$

(b) $A \subset B$이면 $\quad A \cup B = B$, $\quad A \cap B = A$

(c) $A - B = AB^c = A - AB$

합사건, 곱사건의 연산에 대해 다음과 같은 연산법칙이 성립한다.

사건의 연산법칙

교환법칙: $A \cup B = B \cup A$, $\qquad AB = BA$

결합법칙: $(A \cup B) \cup C = A \cup (B \cup C)$, $\qquad (AB)C = A(BC)$

배분법칙: $(A \cup B)C = (AC) \cup (BC)$, $\qquad (AB) \cup C = (A \cup C)(B \cup C)$

세 개 이상의 사건에 대해서도 합사건과 곱사건을 정의할 수 있다. 사건 A_1, A_2, $\cdots$, A_n의 합사건은 $A_1 \cup A_2 \cup \cdots \cup A_n$ 또는 간단히 $\bigcup_{i=1}^{n} A_i$로 나타내며 적어도 하나의 사건 A_i에 속하는 원소들로 이루어진다. 사건 $A_1, A_2, \cdots, A_n$의 곱사건은 $A_1 A_2 \cdots A_n$ 또는 $\bigcap_{i=1}^{n} A_i$로 나타내며 모든 사건 A_i에 속하는 원소들로 이루어진다. 사건의 열 A_1, A_2, $\cdots$에 대하여 합사건 $\bigcup_{n=1}^{\infty} A_n$과 곱사건 $\bigcap_{n=1}^{\infty} A_n$을 같은 방식으로 정의한다.

1.1.2 배반사건과 분할

두 사건 A, B에 대해 $A \cap B = \varnothing$이면 A와 B는 **배반**(disjoint 또는 exclusive)**사건**이라 한다. 일반적으로 서로 다른 모든 i, j에 대하여 $A_i \cap A_j = \varnothing$이면 사건들의 열 $A_1, A_2, \cdots$ 은 **상호배반**(mutually disjoint)이라 한다.

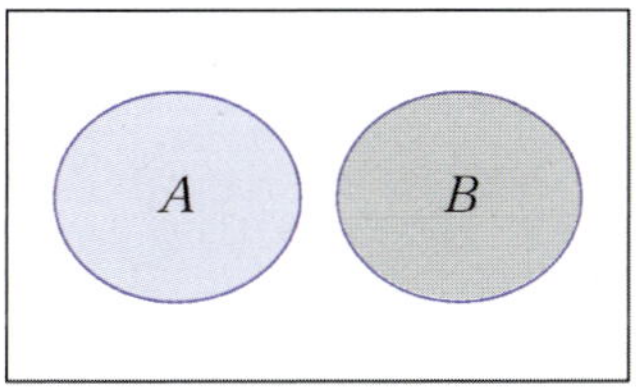

$A \cap B = \varnothing$

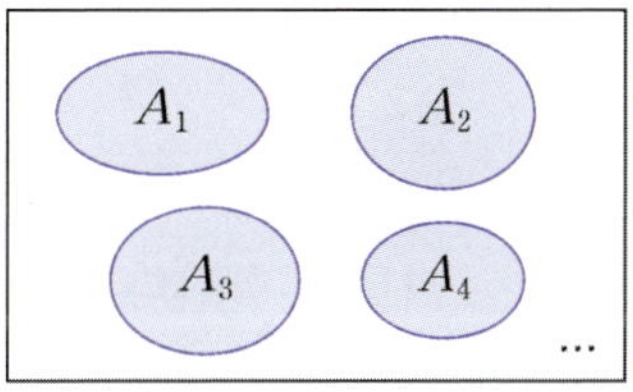

$i \neq j$일 때 $A_i \cap A_j = \varnothing$

정의 배반사건, 상호배반

A, B는 배반사건이다. $\Leftrightarrow$ $A \cap B = \varnothing$

사건의 열 $A_1, A_2, \cdots$이 상호배반이다. $\Leftrightarrow$ $i \neq j$일 때 $A_i \cap A_j = \varnothing$

보기 2

표본공간 Ω의 사건 A, B에 대하여

(a) A와 A^c는 배반사건이다.

(b) AB와 $A-B$는 배반사건이다.

(c) $A-B, AB, B-A$는 상호배반이다.

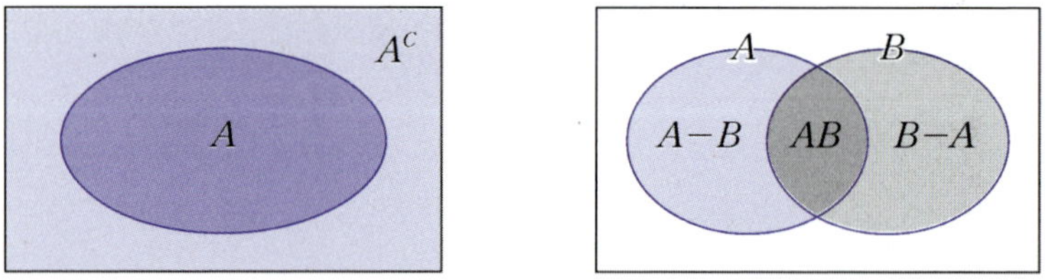

사건 A가 상호배반인 사건 $A_1, A_2, \cdots, A_k$로 나뉘면 다시 말해서

$$i \neq j\text{일 때 } A_i \cap A_j = \varnothing \text{ 이고 } A = \bigcup_{i=1}^{k} A_i$$

이면 사건 $A_1, A_2, \cdots, A_k$는 사건 A를 **분할한다**고 한다. 따라서 **보기 2**의 결과는 다음과 같이 쓸 수 있다.

(a) A와 A^c는 Ω를 분할한다.

(b) $A-B, AB$는 A를 분할한다.

(c) $A-B, AB, B-A$는 $A \cup B$를 분할한다.

보기 3

주사위를 두 번 던지는 시행에서 표본공간은

$$\Omega = \{(1,1), (1,2), (1,3), \cdots, (6,5), (6,6)\}$$

이고 모두 36개의 원소를 가진다. 두 번 던져 나온 눈의 수의 합이 k인 사건을 A_k라 하자.

$A_2 = \{(1,1)\}$

$A_3 = \{(1,2), (2,1)\}$

$A_4 = \{(1,3), (2,2), (3,1)\}$

$A_5 = \{(1,4), (2,3), (3,2), (4,1)\}$

$A_6 = \{(1,5), (2,4), (3,3), (4,2), (5,1)\}$

$A_7 = \{(1,6), (2,5), (3,4), (4,3), (5,2), (6,1)\}$

$A_8 = \{(2,6), (3,5), (4,4), (5,3), (6,2)\}$

$A_9 = \{(3,6), (4,5), (5,4), (6,3)\}$

$A_{10} = \{(4,6), (5,5), (6,4)\}$

$A_{11} = \{(5,6), (6,5)\}$

$A_{12} = \{(6,6)\}$

$i \neq j$이면 $A_i \cap A_j = \varnothing$, $\Omega = \bigcup_{k=2}^{12} A_k$이므로 $A_2, \cdots, A_{12}$는 Ω를 분할한다.

합사건, 곱사건, 여사건 사이에 다음과 같은 유용한 관계식이 성립하는데 이를 **드모르간 법칙**(De Morgan's law)이라 한다.

드모르간 법칙(De Morgan's law)

같은 표본공간의 사건 A, B에 대하여 다음 관계식이 성립한다.

$(A \cup B)^c = A^c \cap B^c$　　　　$(A \cap B)^c = A^c \cup B^c$

드모르간 법칙은 세 개 이상의 사건에 대해 다음과 같이 자연스러운 방법으로 확장이 가능하다.

$$(A_1 \cup A_2 \cup \cdots \cup A_n)^c = A_1^c \cap A_2^c \cap \cdots \cap A_n^c$$
$$(A_1 \cap A_2 \cap \cdots \cap A_n)^c = A_1^c \cup A_2^c \cup \cdots \cup A_n^c$$

1.1.3 합의 법칙

겹치는 게 없는 두 사건, 즉 배반인 두 사건의 원소의 수는 각 사건의 원소의 개수를 더한 것과 같다. 이 결과를 정확히 쓰면 다음과 같은데 이를 **합의 법칙**이라 한다. 이때 $n(A)$는 사건 A가 일어난 경우의 수, 즉 사건 A의 원소의 개수를 나타낸다.

합의 법칙(경우의 수)

- 두 사건 A, B가 배반사건이면, 즉 $A \cap B = \varnothing$이면 A 또는 B가 일어나는 경우의 수는 다음과 같다.

$$n(A \cup B) = n(A) + n(B)$$

- 사건 $A_1, A_2, \cdots, A_k$가 사건 A를 분할하면 다음 식이 성립한다.

$$n(A) = \sum_{i=1}^{k} n(A_i) = n(A_1) + n(A_2) + \cdots + n(A_k)$$

보기 3에서 주사위를 두 번 던져 나온 눈의 수의 합이 6의 배수인 경우의 수를 구해 보자. 두 눈의 합이 6의 배수인 사건을 A라고 하면, $A = A_6 \cup A_{12}$이다. 이때 두 사건 A_6과 A_{12}는 동시에 일어날 수 없으므로 구하는 경우의 수는

$$n(A) = n(A_6) + n(A_{12}) = 5 + 1 = 6$$

이다. 마찬가지로 두 눈의 수의 합이 4의 배수인 사건을 B라 하면 $B = A_4 \cup A_8 \cup A_{12}$이고

$$n(B) = n(A_4) + n(A_8) + n(A_{12}) = 3 + 5 + 1 = 9$$

보기 4

(a) 주사위를 두 번 던져 두 눈의 합이 3 이하이거나 11 이상인 경우의 수를 구하시오.

(b) 양의 정수 x, y, z에 대하여 $x + y + z \leq 5$를 만족시키는 (x, y, z)의 개수를 구하시오.

풀이

(a) 두 눈의 합이 3 이하인 사건을 A, 11 이상인 사건을 B라 하면 A와 B는 동시에 일어날 수 없다.

$$A=\{(1,1),(1,2),(2,1)\}, \qquad B=\{(5,6),(6,5),(6,6)\}$$

이므로 구하는 경우의 수는 모두 $3+3=6$이다.

(b) x, y, z가 양의 정수이므로 주어진 부등식을 만족시키는 $x+y+z$의 값은 3, 4, 5이다. A_k를 $x+y+z=k$인 자연수 모음 (x, y, z)이라 하면 A_3, A_4, A_5는 상호배반이고 다음과 같다.

$$A_3=\{(1,1,1)\}$$
$$A_4=\{(1,1,2),(1,2,1),(2,1,1)\}$$
$$A_5=\{(1,1,3),(1,3,1),(3,1,1),(1,2,2),(2,1,2),(2,2,1)\}$$

$n(A_3)=1$, $n(A_4)=3$, $n(A_5)=6$이므로 구하는 경우의 수는 다음과 같다.

$$1+3+6=10$$

다음 보기는 사건의 연산에 대한 경우의 수를 구하여 준다.

보기 5

표본공간 Ω의 사건 A, B에 대하여

(a) A와 A^c는 Ω를 분할하므로 $n(\Omega)=n(A)+n(A^c)$이다. 따라서 여사건의 경우의 수는

$$n(A^c)=n(\Omega)-n(A)$$

(b) $A-B$, AB는 A를 분할하므로 $n(A)=n(A-B)+n(AB)$이다. 따라서 차사건의 경우의 수는

$$n(A-B)=n(A)-n(AB)$$

이다. 마찬가지로 $n(B-A)=n(B)-n(AB)$이다.

(c) $A-B$, AB, $B-A$는 $A\cup B$를 분할하므로 합사건의 경우의 수는

$$\begin{aligned} n(A\cup B)&=n(A-B)+n(AB)+n(B-A)\\ &=n(A)+n(B)-n(AB) \end{aligned}$$

1.2 순열과 조합

1.2.1 복원추출과 비복원추출

두 종류의 실험을 한다고 하자. 첫 번째 실험의 결과가 n가지이고, 첫 번째 실험의 각 결과에 대하여 두 번째 실험의 결과가 m개라면 두 실험의 결과는

$$mn$$

가지이다. 이를 **곱의 법칙**(multiplication rule)이라 한다.

예를 들어 동전을 던지는 실험과 주사위를 던지는 실험을 한다면 가능한 결과는 다음과 같다.

$$\Omega = \{(\mathrm{H},1),(\mathrm{H},2),(\mathrm{H},3),(\mathrm{H},4),(\mathrm{H},5),(\mathrm{H},6),(\mathrm{T},1),(\mathrm{T},2),(\mathrm{T},3),(\mathrm{T},4),(\mathrm{T},5),(\mathrm{T},6)\}$$

Ω의 경우의 수는 동전을 던지는 실험의 결과가 2가지 ($\{H, T\}$), 주사위를 던지는 실험의 결과가 6가지 ($\{1, 2, 3, 4, 5, 6\}$)이므로 가능한 결과는

$$2 \cdot 6 = 12$$

가지이다.

k개의 실험이 있을 때 결과의 수도 같은 방법으로 구할 수 있다.

곱의 법칙(경우의 수)

k개의 실험을 할 때, 첫 번째 실험 결과가 n_1개, 첫 번째 실험의 각 결과에 두 번째 실험 결과가 n_2개, 처음 두 실험의 각 결과에 대하여 세 번째 실험의 결과가 n_3개, 같은 방법으로 계속하여 처음부터 $(k-1)$번째까지 실험의 각 결과에 대하여 k번째 실험의 결과가 n_k개이면 k개의 실험에서 가능한 결과는 모두

$$n_1 \cdot n_2 \cdot \cdots \cdot n_k$$

가지이다.

보기 1

안이 보이지 않는 상자에 10개의 공이 들어 있다. 공에는 0부터 9까지 하나의 수가 쓰여 있고 3개의 공을 뽑아 일렬로 세우려고 한다. 다음과 같이 공을 뽑을 때 가능한 경우의 수를 구하시오.

(a) 꺼낸 공을 상자에 다시 돌려놓을 때
(b) 꺼낸 공을 상자에 돌려놓지 않을 때

풀이

(a) 처음 가능한 수는 10가지, 두 번째와 세 번째에도 가능한 수는 10가지이므로 구하는 경우의 수는 곱의 법칙에 의하여

$$10 \cdot 10 \cdot 10 = 10^3 = 1000$$

가지이다.

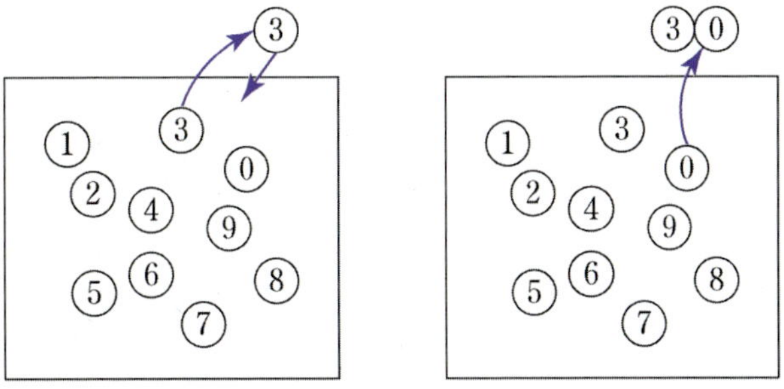

(b) 처음 가능한 수는 10가지, 두 번째 공은 처음 뽑힌 공을 제외한 9가지, 세 번째 공은 첫 번째와 두 번째에서 뽑힌 공을 제외한 8가지가 가능하다. 따라서 구하는 경우의 수는 곱의 법칙에 의하여

$$10 \cdot 9 \cdot 8 = 720$$

가지이다.

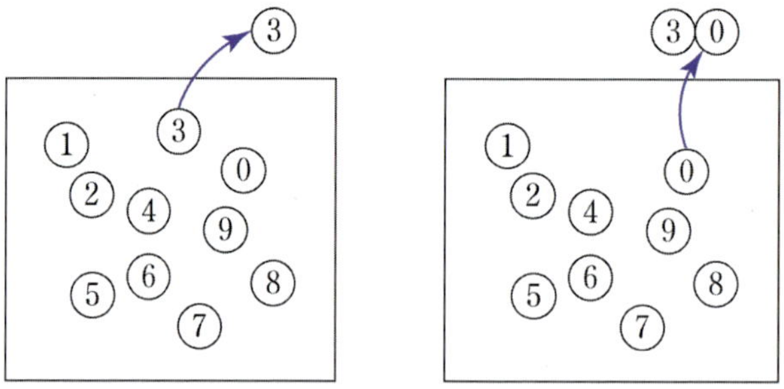

위의 보기에서 (a)처럼 꺼낸 것을 돌려놓는 추출 방법을 **복원추출**(sampling with replacement), (b)처럼 꺼낸 것을 돌려놓지 않는 추출 방법을 **비복원추출**(sampling without replacement)이라 한다.

1.2.2 순열과 조합

서로 다른 물건, 문자 등에서 몇 개를 뽑는 방법의 수나 일렬로 세우는 방법의 수 등은 확률문제에서 자주 나오는데 조합, 순열과 연관된 경우가 많다.

보기 2

(a) 문자 a, b, c의 서로 다른 배열은 모두 몇 개인지 구하시오.

(b) 자연수 1, 2, 3, 4, 5를 모두 사용하여 만들 수 있는 자연수는 모두 몇 개인지 구하시오.

풀이

(a) 첫 번째 자리에 올 수 있는 문자의 수는 3가지,
두 번째 자리에 올 수 있는 문자의 수는 첫 번째 자리의 문자를 제외한 2가지,
마지막 자리에 올 수 있는 문자는 나머지 1가지이므로 곱의 법칙에 의하여

$$3 \cdot 2 \cdot 1 = 6$$

가지이다.

(b) 첫 번째 자리에 올 수 있는 수는 5가지,
두 번째 자리에 올 수 있는 수는 첫 번째 자리의 수를 제외한 4가지,
세 번째 자리에 올 수 있는 수는 첫 번째와 두 번째 자리의 수를 제외한 3가지,
네 번째 자리에 올 수 있는 수는 처음 세 자리의 수를 제외한 2가지,
마지막 자리에 올 수 있는 수는 나머지 1가지
이므로 곱의 법칙에 의하여

$$5 \cdot 4 \cdot 3 \cdot 2 \cdot 1 = 120$$

가지이다.

보기 2(a)에서 가능한 배열은 다음과 같다.

abc, acb, bac, bca, cab, cba

이때 각각의 배열을 a, b, c의 **순열(permutation)**이라 하고 가능한 순열의 개수를 **순열의 수**라 한다. 서로 다른 n개의 물건을 일렬로 세우는 경우의 수는

$$n \cdot (n-1) \cdots 3 \cdot 2 \cdot 1 = n!$$

임을 알 수 있다. 이때 $n!$을 **n 계승** 또는 **n factorial**이라 읽는다. $0! = 1$로 정의한다.

서로 다른 n개에서 k개를 뽑아 일렬로 나열한 것을 **n개에서 k개를 뽑는 순열**이라 하고, 이 순열의 수를 기호 ${}_nP_k$로 나타낸다.

첫 번째 자리에 올 수 있는 것은 n가지,
두 번째 자리에 올 수 있는 것은 첫 번째 자리에 놓인 것을 제외한 $(n-1)$가지,
세 번째 자리에 올 수 있는 것은 앞의 두 자리에 놓인 것을 제외한 $(n-2)$가지이다.

같은 방법으로 반복하면 곱의 법칙에 의하여 다음이 성립한다.

$$_nP_k = n \cdot (n-1) \cdots (n-k+1) = \frac{n!}{(n-k)!}$$

이때 n개에서 n개를 뽑아 나열하는 수는 $_nP_n = n!$이므로, $0! = 1$로 정의하는 것이 합리적임을 보여준다.

서로 다른 n개에서 k개를 뽑는 경우의 수를 **n개에서 k개를 뽑는 조합의 수**라 하고, 이 조합의 수를 기호로

$$\binom{n}{k} \text{ 또는 } {}_nC_k$$

등으로 나타낸다. n개에서 k개를 뽑는 순열의 수 $_nP_k$는 n개에서 k개를 뽑은 후, 이를 일렬로 세우는 방법의 수와 같다. 서로 다른 k개를 일렬로 세우는 경우의 수는 $k!$이므로 곱의 법칙에 따라

$$_nP_k = \text{서로 다른 } n\text{개에서 } k\text{개를 뽑는 경우의 수} \cdot k! = \binom{n}{k} k!$$

이다. 따라서 다음 식이 성립한다.

$$\binom{n}{k} = \frac{_nP_k}{k!} = \frac{n!}{(n-k)!k!}$$

정의 순열의 수, 조합의 수

- n개에서 k개를 뽑는 순열의 수

  $$_nP_k = n \cdot (n-1) \cdots (n-k+1) = \frac{n!}{(n-k)!}, \quad 0! = 1$$

- n개에서 k개를 뽑는 조합의 수

  $$\binom{n}{k} = \frac{_nP_k}{k!} = \frac{n!}{(n-k)!k!}$$

NOTE 정의로부터 다음 관계식이 성립한다.

$$\binom{n}{k} = \binom{n}{n-k}$$

보기 3

1학년 학생 3명, 2학년 학생 4명, 3학년 학생 5명을 일렬로 세울 때

(a) 3학년 학생이 모두 이웃할 경우의 수를 구하시오.

(b) 모든 학년의 학생들이 같은 학년끼리 이웃할 경우의 수를 구하시오.

풀이

(a) 3학년 학생 5명을 하나의 그룹으로 묶어서 일렬로 세우는 경우의 수는 8명을 일렬로 세우는 경우의 수 8!와 같다. 3학년 학생 5명을 일렬로 세우는 경우의 수는 5!이므로 3학년 학생이 모두 이웃할 경우의 수는 $8! \cdot 5! = 4838400$이다.

(b) 학년별로 그룹을 지어서 세우는 경우의 수는 3!, 1학년을 일렬로 세우는 경우의 수는 3!, 2학년을 일렬로 세우는 경우의 수는 4!, 3학년을 일렬로 세우는 경우의 수는 5!이므로 구하는 경우의 수는 $3! \cdot 3! \cdot 4! \cdot 5! = 103680$이다.

1.2.3 이항계수와 이항정리

$(x+y)^n$의 전개식은 n개의 인수 $(x+y)$에서 각각 x 또는 y를 하나씩 택하여 곱한 항을 모두 더한 것이다.

$$(x+y)^n = \underbrace{(x+y)(x+y)\cdots(x+y)}_{n\text{번}}$$

이때 k개의 $(x+y)$에서는 y를 선택하고 나머지 $(n-k)$개의 $(x+y)$에서는 x를 선택하여 곱하면 $x^{n-k}y^k$이므로 $x^{n-k}y^k$의 계수는 서로 다른 n개에서 k개를 선택하는 조합의 수 $\binom{n}{k}$이다. 따라서 **이항정리(binomial theorem)**라 불리는 다음 전개식을 얻는다.

이항정리

n이 자연수일 때 다음 식이 성립한다.

$$(x+y)^n = \sum_{k=0}^{n} \binom{n}{k} x^{n-k} y^k$$
$$= \binom{n}{0} x^n + \binom{n}{1} x^{n-1} y + \binom{n}{2} x^{n-2} y^2 + \cdots + \binom{n}{n} y^n$$

$(x+y)^n$의 전개식에서 각 항의 계수

$$\binom{n}{0}, \binom{n}{1}, \binom{n}{2}, \cdots, \binom{n}{n}$$

을 **이항계수**(binomial coefficient)라 한다. 이항정리에서 각각 $x=y=1$과 $x=1$, $y=-1$을 대입하면 다음 결과들을 얻는다.

$$\sum_{k=0}^{n} \binom{n}{k} = 2^n, \qquad \sum_{k=0}^{n} (-1)^k \binom{n}{k} = 0$$

일반화된 이항계수

자연수 n에 대하여 이항계수 $\binom{n}{k}(0 \le k \le n)$는 n개에서 k개를 뽑는 조합의 수로 정의되었다. 임의의 실수 x와 양의 정수 k에 대하여 이항계수 $\binom{x}{k}$는 다음과 같이 정의한다.

$$\binom{x}{k} = \frac{x(x-1)\cdots(x-(k-1))}{k!} = \frac{x(x-1)\cdots(x-k+1)}{k!}$$

예를 들어

$$\binom{k-1}{k} = \frac{(k-1)(k-2)\cdots(k-1-(k-1))}{k!} = 0$$

이다. 마찬가지로 x가 k보다 작은 자연수이면 $\binom{x}{k} = 0$임을 알 수 있다.

보기 4

$f(x)=(1+x)^{\alpha}$에 대하여

(a) n계 도함수 $f^{(n)}(x)$를 구하시오.

(b) $|x|<1$에 대하여 $f(x)$의 거듭제곱급수를 구하시오.[1)]

풀이

(a) $f'(x)=\alpha(1+x)^{\alpha-1}$, $f''(x)=\alpha(\alpha-1)x^{\alpha-2}$, $\cdots$,

$$f^{(n)}(x)=\alpha(\alpha-1)\cdots(\alpha-(n-1))(1+x)^{\alpha-n}=\binom{\alpha}{n}n!(1+x)^{\alpha-n}$$

(b) $f(x)=(1+x)^{\alpha}=\sum_{n=0}^{\infty}a_n x^n$이라 하면 $a_n=\dfrac{f^{(n)}(0)}{n!}=\binom{\alpha}{n}$이므로

다음 식이 성립한다.

$$f(x)=(1+x)^{\alpha}=\sum_{n=0}^{\infty}a_n x^n=\sum_{n=0}^{\infty}\binom{\alpha}{n}x^n$$

1.2.4 다항계수와 다항정리

이(2)항계수 $\binom{n}{k}$는 서로 다른 n개에서 k개를 뽑는 경우의 수이다. 이때 k개를 뽑는다는 것은 n개의 대상을 각각 크기가 k, $n-k$개인 두(2) 개의 부분집합으로 분할하는 것으로 생각할 수 있다. 따라서 이항계수 $\binom{n}{k}$는 n개의 대상을 각각 크기가 k, $n-k$개인 두 개의 부분집합으로 분할하는 방법의 수를 나타내기도 한다. 이제 서로 다른 n개의 원소를 가지는 집합을 여러 개의 부분집합으로 분할하는 방법에 대해 알아보기로 한다.

---

1) 거듭제곱급수는 부록 **A.2** 참조

보기 5

a 4개, b 3개, c 2개를 일렬로 배열하는 경우의 수를 구하시오.

풀이

일렬로 배열된 9개의 자리에 1번부터 9번까지 표시되어 있다고 하자. 이런 9개의 자리에서 4개의 자리를 뽑아 a를 놓고 나머지 5개의 자리에서 3개를 뽑아 b를 놓고 나머지 2개에 c를 놓는 방법의 수를 구하면 된다. 9개의 자리에서 4개의 자리를 뽑는 경우의 수는 $\binom{9}{4}$, 나머지 5개의 자리에서 3개를 뽑는 경우의 수는 $\binom{5}{3}$, 나머지 2개에서 2개를 뽑는 경우의 수는 $\binom{2}{2}$이다. 따라서 원하는 배열의 수는

$$\binom{9}{4}\binom{5}{3}\binom{2}{2} = \frac{9!}{4!5!}\frac{5!}{3!2!}\frac{2!}{2!} = \frac{9!}{4!3!2!} = 1260$$

이다.

일반적으로 서로 다른 n개를 각각 크기가 n_1, n_2, $\cdots$, $n_k(n_1 + \cdots + n_k = n)$인 부분집합으로 분할하는 방법의 수를 구해 보자.

n개에서 첫 번째 집합에 들어갈 n_1개의 자리를 뽑고 남은 $(n-n_1)$개의 자리에서 두번째 집합에 들어갈 n_2개의 자리를 뽑고 같은 방법으로 반복하면 경우의 수를 세는 곱의 법칙에 따라

$$\binom{n}{n_1}\binom{n-n_1}{n_2}\cdots\binom{n-n_1-\cdots-n_{k-1}}{n_k}$$

이다. $r=3$인 경우 $n_1+n_2+n_3=n$이고 $0!=1$이므로

$$\begin{aligned}\binom{n}{n_1}\binom{n-n_1}{n_2}\binom{n-n_1-n_2}{n_3} &= \frac{n!}{(n-n_1)!\,n_1!}\,\frac{(n-n_1)!}{(n-n_1-n_2)!\,n_2!}\,\frac{(n-n_1-n_2)!}{(n-n_1-n_2-n_3)!\,n_3!} \\ &= \frac{n!}{n_1!\,n_2!\,n_3!}\end{aligned}$$

이다. 일반적으로 다음 식이 성립한다.

$$\binom{n}{n_1}\binom{n-n_1}{n_2}\cdots\binom{n-n_1-\cdots-n_{k-1}}{n_k}=\frac{n!}{n_1!\,n_2!\cdots n_k!}$$

이 값을 **다항계수**(multinomial coefficient)라 부른다.

다항계수 $\binom{n}{n_1, n_2, \cdots, n_k}$는 다음과 같은 경우의 수를 나타낸다.

- k 종류의 물건이 각각 n_1, n_2, …, n_k개씩 있고 같은 종류의 물건은 구분이 되지 않을 때 모든 물건을 일렬로 배열하는 방법의 수
- 서로 다른 n개의 원소를 가진 집합을 각각 n_1, n_2, …, n_k개의 부분집합으로 분할하는 방법의 수

$(x_1+x_2+\cdots+x_k)^n$의 전개식에서 $x_1^{n_1}x_2^{n_2}\cdots x_k^{n_k}$의 계수는 n개의 $(x_1+x_2+\cdots+x_k)$에서 x_1, x_2, …, x_k 중 하나를 택하여 곱한 항을 모두 더한 것이다.

$$(x_1+x_2+\cdots+x_k)^n=\underbrace{(x_1+x_2+\cdots+x_k)\cdots(x_1+x_2+\cdots+x_k)}_{n\text{번}}$$

이때 $x_1^{n_1}x_2^{n_2}\cdots x_k^{n_k}$의 계수는

n_1개의 $(x_1+x_2+\cdots+x_k)$에서 x_1을,
n_2개의 $(x_1+x_2+\cdots+x_k)$에서 x_2를,
…,
n_k개의 $(x_1+x_2+\cdots+x_k)$에서 x_k를

곱하는 방법의 수와 같다. 따라서 다음과 같은 전개식을 얻는데 이를 **다항정리**(multinomial theorem)라 한다.

다항정리

$$(x_1 + x_2 + \cdots + x_k)^n = \sum \binom{n}{n_1, n_2, \cdots, n_k} x_1^{n_1} x_2^{n_2} \cdots x_k^{n_k}$$

여기서 $\sum$는 $n_i \ (i=1, \cdots, k)$는 음이 아닌 정수이며 조건 $n_1 + \cdots + n_k = n$을 만족하는 경우에 대하여 취해진다.

보기 6

$(x+y+z)^3$을 전개하시오.

풀이

$\binom{3}{3,0,0} = \binom{3}{0,3,0} = \binom{3}{0,0,3} = 1, \quad \binom{3}{1,1,1} = 6$

$\binom{3}{2,1,0} = \binom{3}{2,0,1} = \binom{3}{1,2,0} = \binom{3}{1,0,2} = \binom{3}{0,2,1} = \binom{3}{0,1,2} = 3$이므로

$$\begin{aligned}(x+y+z)^3 &= x^3y^0z^0 + x^0y^3z^0 + x^0y^0z^3 \\ &\quad + 3x^2y^1z^0 + 3x^2y^0z^1 + 3x^1y^2z^0 + 3x^1y^0z^2 + 3x^0y^2z^1 + 3x^0y^1z^2 \\ &\quad + 6x^1y^1z^1 \\ &= x^3 + y^3 + z^3 + 3x^2y + 3x^2z + 3xy^2 + 3xz^2 + 3y^2z + 3yz^2 + 6xyz\end{aligned}$$

연습문제 1.1 ~ 1.2

01 표본공간 $\Omega = \{x | x$는 10 이하의 자연수$\}$의 세 사건

$A = \{x | x$는 짝수$\}$, $B = \{x | x$는 소수$\}$, $C = \{x | x$는 12의 약수$\}$

에 대하여 다음 사건을 구하여라.

(a) $A \cup (B \cap C)$ (b) $(A \cup B) \cap C$

(c) $(B^c \cup C^c)$ (d) $B - A$

(e) $A - B \cup C$ (f) $(A - B) \cup (A - C)$

02 같은 표본공간의 두 사건 A, B에 대하여 다음을 간단히 하여라.

(a) $A - B^c$ (b) $(A - B) \cup (B - A^c)$

(c) $(A \cup B) \cap A^c$

03 두 사건 A, B가 배반사건일 때 다음을 간단히 하여라.

(a) $(A \cap B) \cup C$ (b) $B \cap (A \cup C)$

04 주사위를 두 번 던졌을 때 두 눈의 수가 같은 사건을 A, 두 눈의 합이 8인 사건을 B, 첫 번째 주사위의 눈이 3인 사건을 C라 할 때 다음을 구하시오.

(a) A, B, C (b) $A \cap B$, $B \cap C$, $A \cap C$

(c) $A - B$, $B - A$ (d) $A \cup B$, $B \cup C$, $A \cup C$

(e) $(A \cup B) \cap C$ (f) $(A \cap B) \cup C$

05 같은 표본공간의 세 사건 A, B, C에 대하여 다음 식이 성립함을 보이시오.

(a) $(A - B) \cup (A - C) = A - (B \cap C)$

(b) $(A - B) - C = A - (B \cup C)$

06 같은 표본공간의 세 사건 A, B, C에 대하여 다음 사건을 사건의 연산을 이용하여 나타내어라.

(a) A만 나오는 사건

(b) B만 나오거나 또는 C만 나오는 사건

(c) 적어도 하나의 사건이 일어나는 사건

(d) 적어도 두 개의 사건이 일어나는 사건

(e) 정확히 두 개의 사건이 일어나는 사건

07 한 벌의 카드(52장으로 구성)에서 임의로 4장의 카드를 뽑을 때(순서 무시)

(a) 모든 경우의 수를 구하시오.

(b) 4종류의 무늬가 모두 포함되는 경우의 수를 구하시오.

(c) 한 종류의 무늬만 포함되는 경우의 수를 구하시오.

08 10원짜리 동전 4개, 100원짜리 동전 3개, 500원짜리 동전 2개가 있을 때 전부 또는 일부를 이용하여 만들 수 있는 금액의 가짓수를 구하시오.

09 다음 전기회로에서 각 스위치의 번호를 왼쪽에서 오른쪽으로, 위에서 아래로 1부터 매긴다. k번째 스위치가 닫힌 사건을 E_k라 할 때 A에서 B로 전류가 흐르는 사건을 E_1, E_2, E_3의 연산을 이용하여 나타내어라.

(a)

(b)

(c)

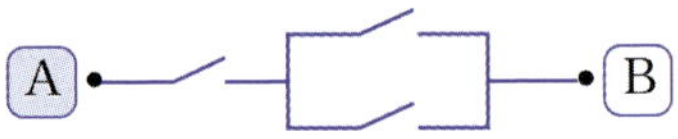

(d)

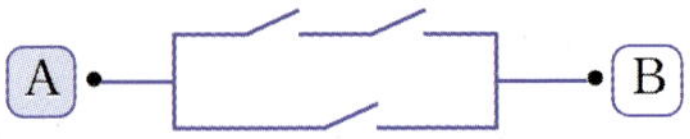

10 (a) p, q가 소수일 때 $p^n q^m$의 양의 약수의 개수를 구하시오. (단, n, m은 음이 아닌 정수이다.)

(b) p, q, r가 소수일 때 $p^n q^m r^k$의 양의 약수의 개수를 구하시오. (단, n, m, k는 음이 아닌 정수이다.)

11 다음 자연수의 양의 약수의 개수를 구하시오.

(a) 225 (b) 400 (c) 750

12 다음 다항식을 전개했을 때 항의 개수를 구하시오.

(a) $(a+b+c+d)(x+y+z)$ (b) $(a+b+c)(x+y+z)(p+q)$

13 세 사람이 가위바위보를 하였을 때 다음 사건의 경우의 수를 구하시오.

(a) 비기는 사건 (b) 한 사람만 이기는 사건

14 다음 등식을 만족하는 자연수 n의 값을 구하시오.

(a) ${}_nP_2 = 90$ (b) ${}_nP_4 = 6\,{}_nP_2$

(c) $\binom{n}{2} = 28$ (d) $\binom{n}{2} + \binom{n-1}{2} = \binom{n+2}{2}$

15 다음 등식이 성립함을 보이시오.

(a) ${}_nP_k = {}_{n-1}P_k + n\,{}_{n-1}P_{k-1},\ 1 \le k \le n-1$

(b) $\binom{n}{k} = \binom{n-1}{k} + \binom{n-1}{k-1},\ 1 \le k \le n-1$

16 다음 등식이 성립함을 보이시오. (단, n, m, r은 자연수이다.)

(a) $\binom{n+m}{r} = \sum_{k=0}^{r} \binom{n}{k}\binom{m}{r-k}$

(b) $\binom{2n}{n} = \sum_{k=0}^{n} \binom{n}{k}^2$

17 다음 등식이 성립함을 보이시오.

$$\sum_{k=0}^{n} \binom{n}{k} p^k (1-p)^{n-k} = 1$$

18 다음 등식이 성립함을 보이시오.

(a) $k\binom{n}{k}=n\binom{n-1}{k-1}$, $1 \le k \le n$

(b) $k(k-1)\binom{n}{k}=n(n-1)\binom{n-2}{k-2}$, $2 \le k \le n$

19 문제 **18**의 결과를 이용하여 다음 등식이 성립함을 보이시오.

(a) $\sum_{k=0}^{n} k\binom{n}{k}=n2^{n-1}$

(b) $\sum_{k=0}^{n} k^2\binom{n}{k}=n(n+1)2^{n-2}$

20 다음 식을 전개하시오.

(a) $(x+y)^5$ (b) $(x-2)^4$ (c) $(2x+1)^3$

21 다음 식을 전개하시오.

(a) $(1+x+x^2)^3$ (b) $(x-y+z)^3$

22 다음 값을 구하시오.

(a) $\binom{11}{19}$ (b) $\binom{\frac{1}{2}}{3}$ (c) $\binom{\sqrt{2}}{3}$

23 다음 식에서 주어진 항의 계수를 구하시오.

(a) $(x+y-z)^8$, $x^4y^2z^2$

(b) $(x-2y+3z)^5$, x^2y^2z

(c) $(x^2+x+1)^5$, x^5

1.3 확률

1.3.1 확률의 정의

수학적으로 **확률**(probability)은 발생 여부가 불확실한 어떤 사건이 일어날 가능성을 0과 1 사이의 수로 나타낸 것이다. 어떤 사건에 대하여 확률이 클수록 그 사건이 일어날 가능성이 높음을 의미한다. 표본공간 Ω가 일어날 정도를 1이라 하였을 때, 즉,

$$P(\Omega) = 1$$

이라 했을 때, Ω의 사건 A가 일어날 가능성을 0 이상 1 이하의 값으로 나타낸 것을 **사건 A의 확률**이라 하고 $P(A)$로 나타낸다.

$$0 \le P(A) \le 1$$

상황에 따라 사건의 확률을 정의하는 방법이 달라지기도 하고 같은 사건에 대하여 여러 가지 방법으로 확률을 정의하기 때문에, 확률이 무엇인지를 정의하기는 간단하지 않다. 확률을 정의하는 대표적인 방법은 다음과 같다.

- 가능한 모든 결과가 일어날 가능성이 모두 같다고 가정하는 **수학적 확률**
- 상대도수의 개념을 확장한 **경험적 확률**
- 수학적 공리계를 도입하여 정의하는 **공리적 확률**

보기 1

카드 한 벌은 스페이드(♠), 하트(♥), 클로버(♣), 다이아몬드(♦)가 각각 13장 (A(에이스), 2, 3, 4, 5, 6, 7, 8, 9, 10, J, Q, K)씩 모두 52장이다. 카드 한 벌에서 하나의 카드를 무작위로 뽑는다고 하면 표본공간은 다음과 같다.

Ω = {♠A, ♠2, ♠3, ♠4, ♠5, ♠6, ♠7, ♠8, ♠9, ♠10, ♠J, ♠Q, ♠K,
♥A, ♥2, ♥3, ♥4, ♥5, ♥6, ♥7, ♥8, ♥9, ♥10, ♥J, ♥Q, ♥K,
♣A, ♣2, ♣3, ♣4, ♣5, ♣6, ♣7, ♣8, ♣9, ♣10, ♣J, ♣Q, ♣K,
♦A, ♦2, ♦3, ♦4, ♦5, ♦6, ♦7, ♦8, ♦9, ♦10, ♦J, ♦Q, ♦K }

이때 52장의 카드는 각각 뽑힐 확률이 모두 같다고 가정할 수 있고

(a) 하트 에이스(♥A)가 나올 확률은 $\frac{1}{52}$이다.

(b) 하트(♥)가 나올 확률은 네 개의 무늬

스페이드(♠), 하트(♥), 클로버(♣), 다이아몬드(♦)

중에서 하나를 뽑는 것으로 생각할 수 있으므로 $\frac{1}{4}$이다.

(c) 에이스(A)가 나올 확률은 다음 13개의 문자

A(에이스), 2, 3, 4, 5, 6, 7, 8, 9, 10, J, Q, K

중에서 하나를 뽑는 것으로 생각할 수 있으므로 $\frac{1}{13}$이다.

보기 1에서 확률을 계산하는 데에는 카드 한 벌에 들어 있는 각각의 카드가 뽑힐 가능성이 모두 같다고 가정하였다.

- 하트 에이스(♥A)가 나오는 사건은 {♥A}
- 하트(♥)가 나오는 사건은
  {♥A, ♥2, ♥3, ♥4, ♥5, ♥6, ♥7, ♥8, ♥9, ♥10, ♥J, ♥Q, ♥K}
- 에이스(A)가 나오는 사건은 {♠A, ♥A, ♣A, ♦A}

따라서 **보기 1**에서 각 확률은 원하는 카드의 개수를 전체 카드의 개수로 나눈 것이다.

$$\frac{1}{52}, \quad \frac{13}{52}=\frac{1}{4}, \quad \frac{4}{52}=\frac{1}{13}$$

이처럼 유한한 결과를 갖는 어떤 시행에서

"시행의 모든 결과가 동일한 가능성을 갖는다."

는 조건을 만족하는 경우 **등확률모형**이라 한다. 등확률모형의 확률을 **수학적 확률** 또는 **고전적 확률**이라 한다.

정의 확률의 고전적 정의

등확률모형에서 표본공간 Ω의 사건 A의 확률 $P(A)$는

$$P(A)=\frac{n(A)}{n(\Omega)}$$

로 정의한다. 여기에서 사건 A에 대하여 $n(A)$는 사건 A가 일어나는 경우의 수를 나타낸다. 특히, A가 하나의 원소로 이루어진 경우, 즉, $A=\{x\}$, $x\in\Omega$이면

$$P(x)=P(\{x\})=\frac{1}{n(\Omega)}$$

확률의 고전적 정의는 공정한 동전이나 주사위 던지기, 카드 뽑기, 주머니에서 구슬 꺼내기 등 물리적인 대칭성이 존재하는 경우 적용이 가능하며 중고등학교에서 배우는 확률의 대부분은 이러한 정의에 근거하고 있다. 확률의 고전적 정의에 의하면 동전을 한 번 던졌을 때, 앞면(H)이 나올 확률은

$$P(\mathrm{H})=\frac{1}{2}$$

이다. 또한 주사위를 던졌을 때 짝수가 나올 확률은

$$P(\mathrm{Even})=\frac{\text{짝수가 나오는 경우의 수}}{6}=\frac{3}{6}=\frac{1}{2}$$

이다. 다음과 같은 경우의 확률도 수학적 정의로부터 구할 수 있다.

- 동전 세 개를 던졌을 때 앞면이 하나 나올 확률
- 주사위를 두 개 던졌을 때 두 눈의 합이 5일 확률
- 로또 복권이 당첨될 확률

실생활에서 일어나는 상황에서 등확률모형을 가정하는 것은 적절하지 않은 경우가 많으므로 주의가 필요하다.

보기 2

(a) 윷을 던졌을 때 윗면이 나올 확률과 아랫면이 나올 확률이 같다고 가정하는 것은 옳지 않다. 윷의 모양에 따라 확률이 달라지기 때문이다.

(b) 주사위를 두 개 던졌을 때 두 눈의 합은 2부터 12까지 11가지가 가능하다. 하지만 이때 11가지의 경우가 모두 같은 확률을 가진다고 가정하는 것은 적절하지 않다. 대신 두 눈의 수를 순서쌍으로 나타낸 36개의 순서쌍

$$(i, j),\ i, j = 1, 2,\ \cdots, 6$$

가 모두 같은 확률 $\frac{1}{36}$을 가진다고 가정한다.

(c) 로또에 당첨되는 사건과 당첨되지 않는 사건이 같은 확률을 갖는다고 가정하는 것도 적절하지 못하다. 이때 번호의 모든 조합이 당첨될 확률이 각각 같다고 가정하는 것이 옳다.

자연현상이나 사회현상에서 일어나는 여러 상황의 확률은 수학적 확률의 정의를 이용하여 구할 수 없는 경우가 많다. 시행의 모든 결과가 같은 가능성을 갖는다는 전제조건이 대부분 성립하지 않기 때문이다. 이런 경우 **상대도수**의 개념을 다음과 같이 확장하여 확률을 정의한다. 이를 **확률의 통계적 정의**(statistical definition of probability)라 한다.

정의 확률의 통계적 정의

어떤 실험을 N번 반복했을 때 사건 A에 해당하는 결과가 a_N번 일어난 경우, $\frac{a_N}{N}$를 사건 A가 일어날 **상대도수**라 한다. N이 무한히 커지면서 상대도수가 일정한 수로 수렴하면 이 극한값

$$P(A) = \lim_{N \to \infty} \frac{a_N}{N}$$

을 사건 A의 **통계적 확률** 또는 **경험적 확률**이라 한다.

현실적으로 시행을 무한하게 반복하는 것은 불가능하므로 시행횟수 N이 충분히 크면 상대도수 $\frac{a_N}{N}$을 통계적 확률로 사용한다. 다음은 통계적 정의로 구할 수 있는 확률이다.

- 어떤 타자가 타석에서 안타를 칠 확률
- 암 수술을 받은 환자가 5년 이상 생존할 확률
- 공장에서 생산되는 제품이 불량일 확률

1.3.2 공리적 확률과 확률의 성질

확률의 고전적 정의는 가능한 결과가 유한개이고 각각의 결과가 일어날 가능성이 모두 같다는 것을 전제로 한다. 확률의 통계적 정의는 각 시행이 같은 조건에서 독립적으로 무한히 이루어져야 하지만 현실적으로 이런 조건을 만족하기는 쉽지 않다. 확률론에서는 이러한 한계성과 문제점을 극복하고 엄밀성을 확보하기 위해 수학적 공리를 도입하여 확률을 정의한다. 수학적 확률과 통계적 확률은 모두 이러한 공리를 만족하는데 공리를 이용한 확률의 정의는 현대 확률론의 기초를 이룬다.

정의 확률의 공리적 정의

표본공간 Ω의 각 사건에 대하여 실수를 대응시키는 함수 P가 다음 공리를 만족하면 **확률**이라 한다.

(공리 1) 임의의 사건 A에 대하여 $0 \le P(A) \le 1$

(공리 2) 표본공간 Ω에 대하여 $P(\Omega)=1$

(공리 3) 사건들의 열 $A_1, A_2, \cdots$이 상호배반이면 (즉, $i \neq j$이면 $A_i \cap A_j = \varnothing$)

$$P\left(\bigcup_{i=1}^{\infty} A_i\right) = \sum_{i=1}^{\infty} P(A_i)$$

이 교재에서는 확률의 수학적 정의에 기초하여 확률의 성질을 보이도록 한다. 여기에서 보이는 확률의 성질은 다른 확률모형에서도 모두 성립한다는 것이 알려져 있다.

표본공간 Ω와 사건 A에 대하여 정의로부터 다음 사실은 명백하다.

$$P(\varnothing)=0, \quad P(\Omega)=1, \quad 0 \le P(A) \le 1$$

또한 $A \subset B$이면 $n(A) \le n(B)$이므로 $P(A) \le P(B)$임을 알 수 있다. 이러한 성질을 **확률의 단조성**이라 한다.

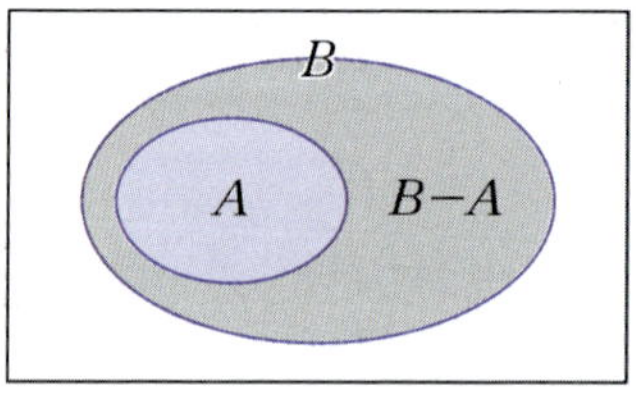

사건의 연산에 대한 다음 결과를 기억하자.

- $n(A^c) = n(\Omega) - n(A)$
- $n(A-B) = n(A) - n(AB)$
- $n(A \cup B) = n(A) + n(B) - n(AB)$

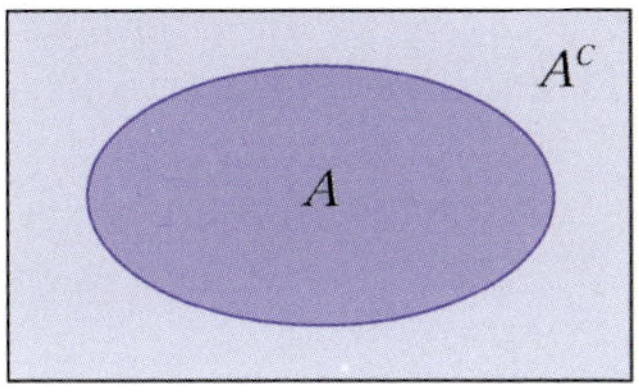

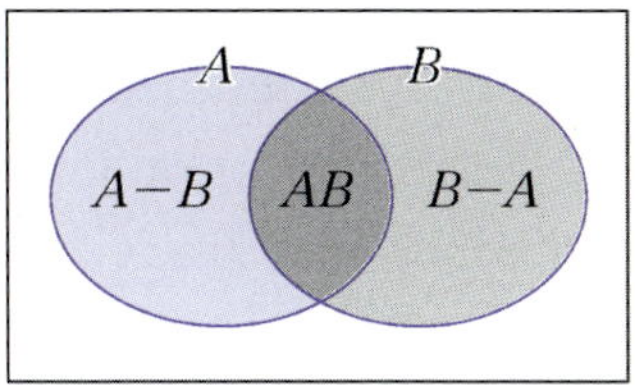

이로부터 다음과 같은 확률의 성질을 쉽게 확인할 수 있다.

확률의 성질

- 여사건의 확률: $P(A^c) = 1 - P(A)$
- 차사건의 확률: $P(A - B) = P(A) - P(AB)$
- 합사건의 확률: $P(A \cup B) = P(A) + P(B) - P(AB)$

NOTE A와 B가 배반사건이면, 즉 $AB = \varnothing$이면 $P(AB) = 0$이므로

$$P(A \cup B) = P(A) + P(B)$$

마찬가지로 $A_1, A_2, \cdots, A_n$이 상호배반인 사건들이면 다음 식이 성립한다.

$$P(A) = P(A_1) + P(A_2) + \cdots + P(A_n)$$

이 성질을 **확률의 덧셈법칙**이라 한다.

보기 3

주사위를 두 번 던지는 실험에서 E를 합이 8인 사건, F를 2가 한 번 나온 사건이라고 할 때 다음 사건의 확률을 구하시오.

(a) $E \cap F$ (b) $E \cup F$ (c) $E^c \cup F^c$ (d) $E - F$

풀이

표본공간 $\Omega = \{(1,1), (1,2), \cdots, (6,6)\}$이므로 $n(\Omega) = 36$이다.

(a) $E = \{(2,6), (3,5), (4,4), (5,3), (6,2)\}$

$F = \{(2,1), (2,3), (2,4), (2,5), (2,6), (1,2), (3,2), (4,2), (5,2), (6,2)\}$

이므로 $E \cap F = \{(2,6),(6,2)\}$ 이고

$$P(E \cap F) = \frac{2}{36} = \frac{1}{18}$$

(b) $P(E) = \frac{5}{36}$, $P(F) = \frac{10}{36} = \frac{5}{18}$ 이므로

$$P(E \cup F) = P(E) + P(F) - P(EF) = \frac{5}{36} + \frac{5}{18} - \frac{1}{18} = \frac{13}{36}$$

(c) 드모르간 법칙에서 $E^c \cup F^c = (E \cap F)^c$이므로 여사건의 확률로부터

$$P((E \cap F)^c) = 1 - P(E \cap F) = \frac{17}{18}$$

(d) $E - F = E - EF$이고 $EF \subset E$이므로

$$P(E - F) = P(E) - P(EF) = \frac{5}{36} - \frac{1}{18} = \frac{1}{12}$$

세 개 이상의 사건에 대한 합사건의 확률을 구해 보자.

$$\begin{aligned} P(A \cup B \cup C) &= P((A \cup B) \cup C) \\ &= P(A \cup B) + P(C) - P((A \cup B)C) \end{aligned}$$

이고 배분법칙에서 $(A \cup B)C = (AC) \cup (BC)$, $(AB)(AC) = ABC$이므로

$$\begin{aligned} P((A \cup B)C) &= P((AC) \cup (BC)) \\ &= P(AC) + P(BC) - P(ABC) \end{aligned}$$

이다. 따라서 다음 결과를 얻는다.

$$\begin{aligned} P(A \cup B \cup C) &= P(A \cup B) + P(C) - P((A \cup B)C) \\ &= P(A) + P(B) - P(AB) + P(C) - P(AC) - P(BC) + P(ABC) \\ &= P(A) + P(B) + P(C) - P(AB) - P(BC) - P(CA) + P(ABC) \end{aligned}$$

연습문제 1.3

01 두 사건 E, F에 대하여

$$P(E)=0.6,\ \ P(F)=0.4,\ \ P(EF)=0.2$$

이다. 다음 사건의 확률을 구하시오.

(a) $E \cup F$

(b) E^c

(c) $E^c F$

(d) $E^c F^c$

(e) $E \cup F^c$

02 $\Omega = A \cup B$이고 $P(A)=0.75,\ P(B)=0.6$일 때 다음 사건의 확률을 구하시오.

(a) A^c

(b) $A \cap B$

(c) $A-B$

03 동전을 세 번 던졌을 때 사건 A를 앞면이 한 번 나온 사건, 사건 B를 처음에 앞면이 나온 사건, 사건 C를 두 번째에 뒷면이 나온 사건일 때 다음 사건의 확률을 구하시오.

(a) A, B, C

(b) $A \cap B,\ B \cap C,\ A \cap C$

(c) $A \cap B \cap C$

(d) $A \cup B,\ B \cup C,\ A \cup C$

(e) $(A \cup B) \cap C$

(f) $(A \cap B) \cup C$

04 사건 A, B, C에 대하여

$$P(A)=0.2,\ P(B)=0.3,\ P(C)=0.4$$
$$P(A \cup B)=0.4,\ P(B \cap C)=0.15,\ P(C-A)=0.3$$
$$P(A \cup B \cup C)=0.6$$

일 때 다음 확률을 구하시오.

(a) $P(A \cap B)$

(b) $P(B \cup C)$

(c) $P(A \cap C)$, $P(A \cup C)$

(d) $P(A - B)$

(e) $P(A^c \cap B^c)$

(f) $P(A \cap B \cap C)$

05 두 사건 A, B에 대하여 $P(A) = 0.5$, $P(A \cap B) = 0.2$, $P(A \cup B) = 0.8$일 때 다음 사건의 확률을 구하시오.

(a) B

(b) $A^c \cap B^c$

(b) $A \cap B^c$

06 1부터 10까지의 자연수가 각각 하나씩 적혀 있는 카드 중에서 임의로 2장의 카드를 뽑을 때 카드에 적힌 두 수의 곱이 짝수일 확률을 구하시오.

07 한 개의 동전을 10번 던질 때 다음을 구하시오.

(a) 앞면이 나온 수와 뒷면이 나온 수가 같을 확률

(b) 앞면이 나온 수가 뒷면이 나온 수보다 많을 확률

08 앞면이 나올 확률이 $\frac{2}{3}$인 윷으로 윷놀이를 할 때

(a) 도(4개 중 1개만 앞면이 나오는 사건)가 나올 확률을 구하시오.

(b) 윷(4개 모두 앞면이 나오는 사건)이 나올 확률을 구하시오.

(c) 걸(4개 중 3개만 앞면이 나오는 사건)이 나올 확률은 도가 나올 확률의 몇 배인가?

09 세 사람이 가위바위보를 할 때 다음 확률을 구하시오. (단, 세 사람 모두 무작위로 가위바위보를 낸다고 한다.)

(a) 비겼을 때

(b) 한 사람만 이겼을 때

10 1부터 40까지 자연수가 각각 하나씩 적힌 40장의 카드 중에서 임의로 한 장의 카드를 뽑을 때 다음을 구하시오.

(a) 카드에 적힌 수가 4의 배수이거나 5의 배수일 확률

(b) 카드에 적힌 수가 소수일 확률

(c) 카드에 적힌 수가 소수이거나 홀수일 확률

(d) 카드에 적힌 수가 소수이면서 홀수일 확률

11 여학생 3명과 남학생 4명 중에서 임의로 3명의 학생을 선택할 때

(a) 여학생이 하나도 포함되지 않을 확률을 구하시오.

(b) 여학생이 하나 이상 포함될 확률을 구하시오.

12 3권의 영어교재와 4권의 수학교재를 무작위로 책꽂이에 꽂는다. 다음 경우 같은 종류의 책이 모두 이웃할 확률을 구하시오.

(a) 모든 책이 다를 때

(b) 같은 과목의 책은 모두 같을 때

13 4명의 여학생과 4명의 남학생을 일렬로 세울 때 다음을 구하시오.

(a) 여학생들끼리 모두 이웃할 확률

(b) 여학생은 여학생끼리, 남학생은 남학생끼리 이웃할 확률

(c) 남학생과 여학생이 모두 교대로 이웃할 확률

14 52장의 카드에서 다음과 같은 방법으로 카드 3장을 차례로 꺼낼 때 3장 모두 다이아몬드일 확률을 구하시오.

(a) 비복원추출 (b) 복원추출

15 52장으로 이루어진 카드 한 벌에서 4개의 카드를 뽑을 때

(a) 모두 다른 모양일 확률을 구하시오.

(b) 모두 같은 모양일 확률을 구하시오.

16 포커 게임은 52장으로 이루어진 카드 한 벌에서 5개의 카드를 뽑는다. 다음 사건이 일어날 확률을 구하시오.[2)]

(a) one pair (b) two pair

(c) triple (d) flush

(e) full house (f) four of a kind

17 [생일 문제] 확률과 통계 수업에 수강생 인원이 다음과 같을 때 생일이 같은 사람이 적어도 2명 있을 확률을 구하시오. (단, 1년은 365일로 생각한다.)

(a) 25명 (b) 50명

(c) 75명

18 주사위를 두 번 던졌다.

(a) 두 눈의 수가 같을 확률을 구하시오.

(b) 나중에 나온 눈의 수가 처음 나온 눈의 수보다 클 확률을 구하시오.

(c) 나중에 나온 눈의 수가 처음 나온 눈의 수보다 작지 않을 확률을 구하시오.

19 주사위를 6번 던졌다.

(a) 6개의 눈이 모두 나올 확률을 구하시오.

(b) 적어도 2종류의 눈이 나올 확률을 구하시오.

---

2) (one pair): 같은 문자의 카드 한 쌍과 모두 다른 문자의 카드 3장
(two pair): 같은 문자의 카드 두 쌍과 다른 문자의 카드 1장
(triple): 같은 문자의 카드 세 장과 다른 문자의 카드 2장
(flush): 같은 무늬의 카드 다섯 장
(full house): 같은 문자의 카드 2장과 같은 문자의 카드 3장
(four of a kind): 같은 문자의 카드 네 장

20 다음 표는 한 보험회사가 나이와 자동차 사고수와의 연관성을 찾기 위하여 1000명의 고객(운전자)을 대상으로 조사한 자료를 정리한 것이다.

사고수/1년 연령	0	1	2	3	4번 이상
~ 24	42	44	45	27	18
25 ~ 34	75	104	78	51	12
35 ~ 44	88	73	38	20	5
45 ~ 54	38	32	20	7	3
55 ~	43	50	35	28	24

임의로 한 명의 운전자를 선택하였을 때 그 사람이 최근 1년간 다음 조건을 만족할 (통계적)확률을 구하시오.

(a) 한 번도 사고를 내지 않을 확률

(b) 사고를 3번 이상 낼 확률

(c) 45세 이상 55세 미만일 확률

(d) 35세 이상일 확률

(e) 25세 미만이고 한 번도 사고를 내지 않을 확률

(f) 25세 이상이고 한 번도 사고를 내지 않을 확률

(g) 55세 미만이고 한 번도 사고를 내지 않을 확률

(h) 55세 이상이고 한 번 이상 사고를 낼 확률

1.4 조건부확률

1.4.1 조건부확률

조건부확률은 실험의 결과에 대한 정보가 부분적으로만 알려져 있을 때 확률을 계산하거나 또는 추가적인 정보가 주어지고 확률을 다시 계산해야 할 때 특히 유용한 개념이다.

조건부확률을 이해하기 위해 두 개의 공정한 주사위를 던지는 실험을 생각하자. 표본공간은 다음과 같이 36개의 원소로 이루어진다.

$$\Omega = \{(i,j) : i = 1,2,3,4,5,6,\ \ j = 1,2,3,4,5,6\}$$

36개의 가능한 결과 각각이 일어날 가능성은 모두 같고 그 확률이 $\frac{1}{36}$이다.

두 주사위의 눈의 합이 5인 것을 알 때 첫 번째 주사위의 눈이 3일 확률을 구해 보자. 이 질문에 답하기 위하여 다음과 같이 생각해 볼 수 있다.

- 두 눈의 합이 5라는 사실로부터 첫 번째 주사위의 눈은 5나 6이 될 수 없으므로 첫 번째 주사위의 눈은 1, 2, 3, 4 중 하나이다.
- 1, 2, 3, 4 모두 같은 확률을 가지므로 첫 번째 주사위의 눈이 3일 확률은 $\frac{1}{4}$이다.

조금 더 구체적으로 두 눈의 합이 5인 사건을 A, 첫 번째 주사위의 눈이 3일 사건을 B라 하자.

$$A = \{(1,4), (2,3), (3,2), (4,1)\}$$
$$B = \{(3,1), (3,2), (3,3), (3,4), (3,5), (3,6)\}$$

A라는 사건이 일어났을 때 B라는 사건이 일어날 확률은 가능한 모든 결과가 A일

때, 즉 표본공간을 A라 생각했을 때 그중 B에 속하는 사건이 일어날 확률을 의미한다. 사건 A 중에 사건 B에 속하는 원소는

$$AB = \{(3,2)\}$$

이고 A의 모든 원소는 같은 확률을 가지므로 구하는 확률은

$$\frac{n(AB)}{n(A)} = \frac{1}{4}$$

이다. 등확률모형에서 왼쪽 식은 다음과 같이 나타낼 수도 있다.

$$\frac{n(AB)}{n(A)} = \frac{n(AB)/n(\Omega)}{n(A)/n(\Omega)} = \frac{P(AB)}{P(A)}$$

사건 A의 발생 여부에 대한 사전 지식이 없을 때의 사건 B의 확률 $P(B)$와 구분하여, A라는 사건이 일어났을 때 사건 B가 일어날 **조건부확률**(conditional probability)을 $P(B|A)$로 나타내고 다음과 같이 정의한다.

정의 조건부확률

$P(A) > 0$라 하자. 사건 A가 주어졌을 때 사건 B의 조건부확률은 $P(B|A)$로 나타내고 다음과 같이 정의한다.

$$P(B|A) = \frac{P(A \cap B)}{P(A)}$$

사건 A가 주어졌을 때 사건 B의 조건부확률 $P(B|A)$는 다음 그림과 같이 표본공간을 사건 $\Omega_1 = A$로 생각하고 그중에서 사건 AB가 일어날 확률로 해석할 수 있다.

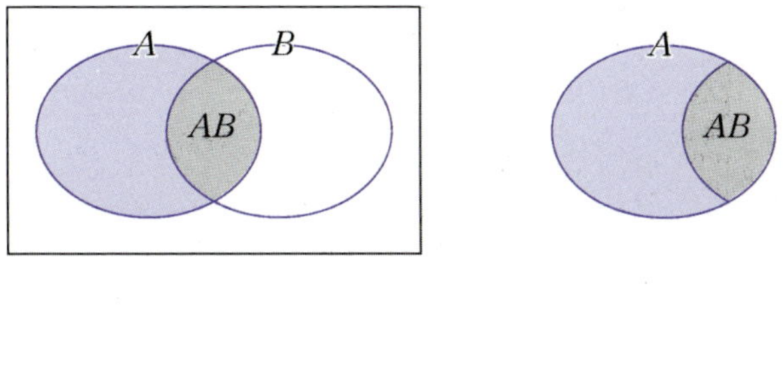

보기 1

색맹은 성유전자에 관련되어 여성과 남성에게 일어나는 확률이 다르다. S대학교 학생 5천 명(남학생 3천 명, 여학생 2천 명)을 대상으로 조사한 결과 색맹인 남학생이 240명, 색맹인 여성이 10명이라 한다.

(a) 선택한 한 명이 색맹인 남자일 확률과 색맹인 여자일 확률을 각각 구하시오.

(b) 선택한 한 명이 색맹일 확률을 구하시오.

(c) 남학생 중에 한 명을 선택하였을 때, 그 사람이 색맹일 확률을 구하시오.

(d) 색맹인 사람 중에서 한 명을 선택하였을 때 남학생일 확률을 구하시오.

풀이

남학생인 사건을 M, 여학생인 사건을 F, 색맹인 사건을 C라 하자.
주어진 조건을 표로 정리하면 다음과 같다.

	색맹 (C)	정상 (C^c)	합계
남 (M)	240	2760	3000
여 (F)	10	1990	2000
합계	250	4750	5000

표로부터 다음과 같이 확률을 구할 수 있다.

$$P(M) = \frac{3000}{5000} = \frac{3}{5},\quad P(F) = \frac{2000}{5000} = \frac{2}{5}$$

(a) 선택한 한 명이 색맹인 남학생(CM)일 확률과 색맹인 여학생(CF)일 확률은 각각 다음과 같다.

$$P(CM) = \frac{240}{5000} = 0.048,\quad P(CF) = \frac{10}{5000} = 0.002$$

(b) 색맹인 사람은 250명이므로 선택한 한 명이 색맹일 확률은

$$P(C) = \frac{250}{5000} = 0.05$$

이다.

(c) 구하는 확률은 $P(C|M)$이다. 위의 결과를 이용하면

$$P(C|M) = \frac{P(CM)}{P(M)} = \frac{0.048}{0.6} = 0.08$$

이다. 따라서 남학생 중에 색맹이 차지하는 비율은 8%이다.

(d) 색맹을 택하였을 때, 남학생일 확률이므로

$$P(M|C) = \frac{P(CM)}{P(C)} = \frac{0.048}{0.05} = 0.96$$

이다. 즉, 색맹의 96%는 남학생이다.

상대위험(relative risk)은 간단히 RR로 나타내며 위험요인에 노출된 "처리" 그룹과 노출되지 않은 "대조" 그룹에서 특정 반응의 비율을 의미한다. 다시 말해서, D^+를 특정반응을 보이는 사건, E를 위험에 노출되는 사건이라 할 때, 상대위험 RR은 다음과 같이 정의된다.

$$RR = \frac{P(D^+|E)}{P(D^+|E^c)} = \frac{P(D^+E)}{P(D^+E^c)} \cdot \frac{1-P(E)}{P(E)}$$

보기 2

(a) **보기 1**에서 남성이라는 사건을 위험이라 할 때 색맹에 대한 상대위험을 구하시오.

(b) 교통사고 발생 시 안전벨트를 착용하지 않았을 경우 사망률은 1.45%, 착용했을 때는 0.39%이다.[3)] 안전벨트 미착용이라는 위험요소의 사망에 대한 상대위험을 구하시오.

풀이

(a) 정의로부터 $RR = \dfrac{P(C|M)}{P(C|F)} = \dfrac{240/3000}{10/2000} = 16$이다.

(b) 사망이라는 사건을 D, 안전벨트를 매지 않는 사건을 E라 하면 주어진 조건은

$$P(D|E) = 0.0145, \qquad P(D|E^c) = 0.0039$$

이다. 따라서 구하는 상대위험은 다음과 같다.

$$RR = \frac{P(D|E)}{P(D|E^c)} = \frac{0.0145}{0.0039} \approx 3.72$$

다음 보기는 많은 사람들이 잘못 생각하는 것으로 유명한 문제 중 하나인데 조건부 확률을 이용하면 쉽게 답을 구할 수 있다.

보기 3

당신이 사는 아파트에 두 자녀를 둔 가족이 이사를 왔다. 엘리베이터에서 그 가족의 엄마와 한 명의 딸이 같이 있는 것을 보았다면, 그 가족의 두 아이가 모두 딸일 확률을 구하시오. 이때 각 자녀가 딸, 또는 아들일 확률은 같다고 가정한다.

풀이

딸을 g, 아들을 b로 표시하고 큰 애와 작은 애의 성별을 순서쌍으로 나타내자. 예를 들어 큰 애가 딸, 작은 애가 아들이면 (g, b)로 나타낸다. 그러면 이사 온 가족의 자녀의 성별에 대한 표본공간은

$$\Omega = \{(\mathrm{g},\mathrm{g}), (\mathrm{g},\mathrm{b}), (\mathrm{b},\mathrm{g}), (\mathrm{b},\mathrm{b})\}$$

이고 각 원소의 확률은 동일하므로 1/4이다. 이때 두 아이가 모두 딸인 사건을 G, 당신이 엄마와 딸이 같이 있는 것을 본 사건을 A라 하면

$$G = \{(\mathrm{g},\mathrm{g})\}, \; A = \{(\mathrm{g},\mathrm{g}), (\mathrm{g},\mathrm{b}), (\mathrm{b},\mathrm{g})\}$$

이고 구하는 확률은 다음과 같다.

$$P(G|A) = \frac{P(G \cap A)}{P(A)} = \frac{1/4}{3/4} = \frac{1}{3}$$

3) 도로교통공단 교통사고 통계 분석 결과

보기 3에 대하여 1/2이라고 답하는 경우가 많은데 같이 있지 않은 자녀가 딸 또는 아들일 확률이 같다고 생각하기 때문이다. 만약 같이 있는 딸이 첫째라는 사실을 안다면 딸만 둘일 확률은 1/2이 맞다. 그러나 풀이에서 보았듯이 딸이 첫째 아이인지 둘째 아이인지 모르는 상황에서 같이 있지 않은 자녀가 딸 또는 아들일 확률은 같지 않다.

사건 A가 일어났을 때 사건의 조건부확률은 표본공간을 A로 제한하고 확률을 구하는 것과 같다. 따라서 확률에 대한 기본성질이 조건부확률에 대해서도 마찬가지로 성립한다. 예를 들어 표본공간 Ω의 사건 A, C에 대하여 $(AC) \cap (A^cC) = \varnothing$이므로

$$P(C) = P(A^cC) + P(AC)$$

이다. $P(C) > 0$일 때 양변을 $P(C)$로 나누면

$$1 = \frac{P(AC)}{P(C)} + \frac{P(A^cC)}{P(C)} = P(A|C) + P(A^c|C)$$

이므로 다음 식이 성립한다.

$$P(A^c|C) = 1 - P(A|C)$$

비슷한 방법으로 다음 결과가 성립함을 보일 수 있다.

조건부확률의 성질

표본공간 Ω의 사건 A, B, C에 대하여 $(P(C) > 0)$ 다음 성질이 성립한다.

- $P(\varnothing|C) = 0$
- A_1, A_2, $\cdots$, A_n이 상호배반이면
  $P(A_1 \cup A_2 \cup \cdots \cup A_n|C) = P(A_1|C) + P(A_2|C) + \cdots + P(A_n|C)$
- $P(A^c|C) = 1 - P(A|C)$
- $P(A - B|C) = P(A|C) - P(AB|C)$
- $A \subset B$이면 $P(A|C) \le P(B|C)$
- $P(A \cup B|C) = P(A|C) + P(B|C) - P(AB|C)$

1.4.2 확률의 곱셈법칙

$P(A)>0$, $P(B)>0$이면 조건부확률의 정의는 다음과 같이 고쳐 쓸 수 있다.

$$P(A\cap B)=P(A)P(B|A)=P(B)P(A|B)$$

이것을 확률의 **곱셈법칙**이라 한다.

확률의 곱셈법칙

$P(A)>0$, $P(B)>0$이면 다음 식이 성립한다.

$$P(A\cap B)=P(A)P(B|A)=P(B)P(A|B)$$

보기 4

상자에 7개의 하얀 공과 3개의 검은 공이 들어 있다. 삼순이와 삼식이가 차례로 하나의 공을 다음과 같이 꺼낼 때 삼식이만 검은 공을 꺼낼 확률을 구하시오.

(a) 꺼낸 공을 상자에 돌려놓지 않을 때(비복원추출)

(b) 꺼낸 공을 상자에 다시 돌려놓을 때(복원추출)

풀이

삼순이가 하얀 공을 꺼내는 사건을 E, 삼식이가 검은 공을 꺼내는 사건을 F라고 하면 주어진 사건은 $E\cap F$이다.

(a) $P(E)=7/10$이고 삼순이가 하얀 공을 꺼냈을 경우 공의 개수는 총 9개이고 그중 하얀 공은 6개, 검은 공은 3개이다. 따라서

$$P(E\cap F)=P(E)P(F|E)=\frac{7}{10}\cdot\frac{3}{9}=\frac{7}{30}$$

이다.

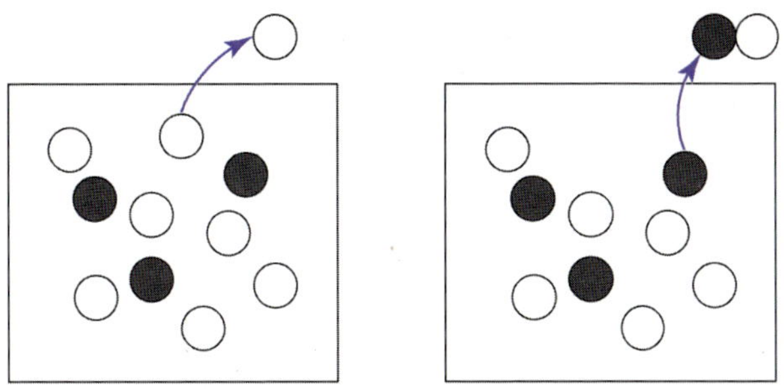

(b) 삼순이가 하얀 공을 꺼냈을 경우(검은 공을 꺼냈을 경우도 마찬가지) 삼식이가 공을 꺼낼 때 상자 속에는 3개의 하얀 공과 7개의 검은 공이 들어 있다. 따라서 $P(F|E)=3/10$이고

$$P(E\cap F)=P(E)P(F|E)=\frac{7}{10}\cdot\frac{3}{10}=\frac{21}{100}$$

이다.

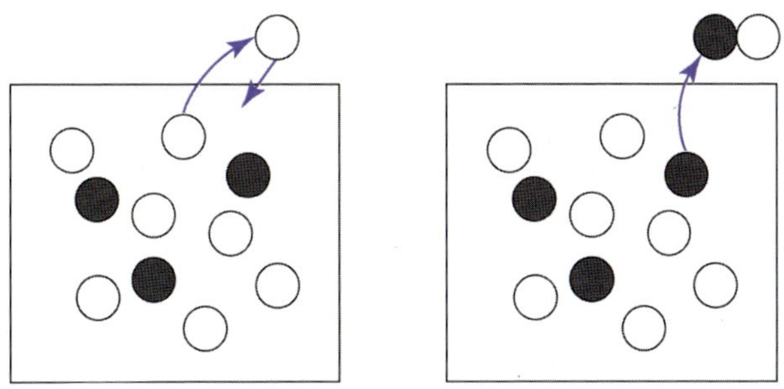

확률의 곱셈법칙은 세 개 이상의 사건에 대하여도 확장할 수 있다. 예를 들어, $P(BC)>0$인 세 사건 A, B, C에 대하여 다음 식이 성립한다.

$$\begin{aligned}P(ABC)&=P(A(BC))\\&=P(A|BC)P(BC)\\&=P(A|BC)P(B|C)P(C)\end{aligned}$$

1.4.3 전체 확률의 법칙

사건 $B_1, \cdots, B_n$이 표본공간 Ω를 분할한다고 하자.

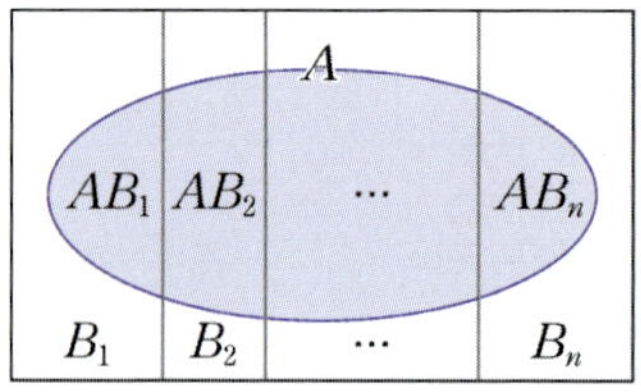

사건 $B_1, \cdots, B_n$은 상호배반이므로 사건 $A \cap B_1, \cdots, A \cap B_n$들도 상호배반이고

$$A = \bigcup_{j=1}^{n} (A \cap B_j)$$

이므로 확률의 덧셈법칙에 의해 다음이 성립한다.

$$P(A) = \sum_{j=1}^{n} P(A \cap B_n)$$

이 결과에 확률의 곱셈법칙 $P(A \cap B) = P(A|B)P(B)$를 적용한 다음 결과를 **전체 확률의 법칙**(law of total probability)이라 한다.

전체 확률의 법칙

사건 $B_1, \cdots, B_n$이 상호배반이고 $\bigcup_{j=1}^{n} B_j = \Omega$이면 사건 A에 대해 다음이 성립한다.

$$P(A) = \sum_{j=1}^{n} P(A \cap B_j) = \sum_{j=1}^{n} P(A|B_j)P(B_j)$$

보기 5

자동차 보험회사는 고객을 사고성향이 큰 사람과 그렇지 않은 사람으로 분류한다. 통계에 의하면 1년 동안 사고를 낼 확률이, 사고성향이 큰 사람은 0.3, 그렇지 않은 사람은 0.1이다. 만약 20%의 고객이 사고성향이 큰 사람으로 분류된다면 한 고객이 1년 안에 사고를 낼 확률을 구하시오.

풀이

E를 한 고객이 1년 안에 사고를 낼 사건, F를 사고성향이 큰 사람일 사건이라 하면

$$P(F)=0.2, \qquad P(F^c)=0.8,$$
$$P(E|F)=0.3, \qquad P(E|F^c)=0.1$$

이다. 전체 확률의 법칙에 의하여 1년 안에 사고를 낼 확률은

$$\begin{aligned} P(E) &= P(E|F)P(F)+P(E|F^c)P(F^c) \\ &= 0.3 \cdot 0.2+0.1 \cdot 0.8=0.14 \end{aligned}$$

이다.

보기 6

두 개의 빨간 주머니에는 각각 흰 공이 3개, 검은 공이 4개 들어 있다. 노란 주머니에는 흰 공이 5개, 검은 공이 2개, 파란 주머니에는 흰 공이 4개, 검은 공이 3개 들어 있다.

(a) 네 개의 주머니 중에서 하나를 임의로 택하여 하나의 공을 꺼낼 때 그 공이 흰 색일 확률을 구하시오.

(b) 꺼낸 공이 흰 색일 때 그 공이 노란 주머니에서 나왔을 확률을 구하시오.

풀이

(a) 빨간 주머니를 택할 사건을 R, 노란 주머니를 택할 사건을 Y, 파란 주머니를 택할 사건을 B, 흰 공이 나올 사건을 W라 하자. 그러면

$$P(R) = \frac{2}{4},\ P(Y) = P(B) = \frac{1}{4}$$

$$P(W|R) = \frac{3}{7},\ P(W|Y) = \frac{5}{7},\ P(W|B) = \frac{4}{7}$$

이다. 따라서

$$\begin{aligned} P(W) &= P(W|R)P(R) + P(W|Y)P(Y) + P(W|B)P(B) \\ &= \frac{3}{7} \cdot \frac{2}{4} + \frac{5}{7} \cdot \frac{1}{4} + \frac{4}{7} \cdot \frac{1}{4} = \frac{15}{28} \end{aligned}$$

(b) 구하는 확률은 W가 주어졌을 때 Y가 일어날 확률 $P(Y|W)$이므로

$$P(Y|W) = \frac{P(Y \cap W)}{P(W)} = \frac{P(W|Y)P(Y)}{P(W)} = \frac{\frac{5}{7} \cdot \frac{1}{4}}{\frac{15}{28}} = \frac{1}{3}$$

이다.

보기 6의 실험은 주머니를 고른 후 공을 꺼내는 2단계로 이루어져 있다. 이처럼 여러 단계를 갖는 확률적 실험에서 가능한 모든 경우를 도표로 나타내면 확률 구조를 이해하기가 더 쉬워진다. 가능한 모든 경우를 나열하여 나무구조로 나타내고 각 가지에 해당하는 확률을 적어 준 것을 **확률나무**(chance tree, 또는 probability tree)라고 한다.

보기 7

어느 질병은 혈액검사에서 감염자의 경우 95%가 양성반응을 보인다. 그러나 이 검사는 비감염자에게도 10%의 양성반응을 보인다. 인구의 1%가 이 질병에 감염되어 있다면 검사 결과가 양성인 사람이 실제로 감염자일 확률을 구하시오.

풀이

검사를 받는 사람(피검사자)이 감염자(D^+)일 확률과 비감염자(D^-)일 확률은 각각 0.01, 0.99이다. 이 상황은 다음과 같이 첫 번째 가지로 나타내기로 한다. 두 번째 가지는 첫 번째 시행에 의하여 각각 달라진 상황에서 검사 결과를 나타낸다. 검사 결과가 양성인 사건을 T^+, 음성인 사건을 T^-라고 하자. 두 번째 가지에 적힌 확률은 첫 번째 가지에서 일어난 사건이 주어졌을 때 두 번째 가지에서 일어나는 사건의 조건부확률이다.

$$P(T^+|D^+) = 0.95, \qquad P(T^-|D^+) = 0.05$$
$$P(T^+|D^-) = 0.1, \qquad P(T^-|D^-) = 0.9$$

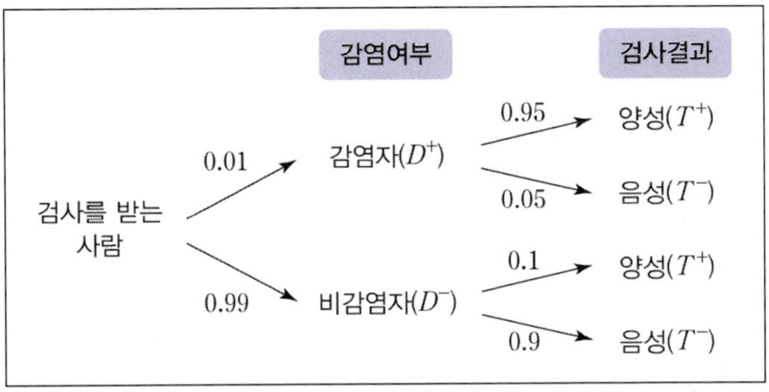

검사 결과가 양성인 경우는 첫 번째 경로와 세 번째 경로이다. 따라서 임의의 사람이 검사를 받았을 때 양성반응이 나올 확률은

$$\begin{aligned} P(T^+) &= P(D^+T^+) + P(D^-T^+) \\ &= P(T^+|D^+)P(D^+) + P(T^+|D^-)P(D^-) \\ &= 0.95 \cdot 0.01 + 0.1 \cdot 0.99 = 0.1085 \end{aligned}$$

이다. 검사 결과가 양성일 때 그 사람이 감염자일 확률은 조건부확률의 정의로부터

$$\begin{aligned} P(D^+|T^+) &= \frac{P(D^+T^+)}{P(T^+)} = \frac{P(T^+|D^+)P(D^+)}{P(T^+)} \\ &= \frac{0.0095}{0.1085} \approx 0.0876 \end{aligned}$$

이다. 그러므로 양성반응이 나왔을 때, 그 사람이 감염자가 아닐 확률은 약 0.9124, 즉 91.24%이다.

보기 7이 보여 주는 결과는 상당히 혼란스럽다. 양성반응이 나왔을 때 감염자일 확률이 비감염자일 확률보다 훨씬 낮기 때문이다. 전체에서 감염자가 차지하는 비율이 작아지면 검사 결과는 더욱 믿을 수 없는 것이 되는데 이러한 현상은 감염자의 수가 비감염자의 수에 비하여 훨씬 작기 때문에 생긴다.

예를 들어, 전체 인구의 0.1%만이 이 질병에 감염되어 있다고 하자. 10,000명을 대상으로 검사를 하였다면 평균 $10000 \cdot 0.001 = 10$명이 감염자이고 감염자의 경우 검사 결과가 맞을 확률이 95%이므로 평균 9.5명이 양성으로 판정된다. 그러나 9990명의 비감염자 중에서 양성으로 판정될 사람은 평균적으로

$$0.1 \cdot 9990 = 999$$

명이므로 양성으로 판명된 사람 중에서 감염자와 비감염자의 비율은 9.5 : 999이다. 따라서 양성반응이 나온 사람 중에서 감염자가 차지하는 비율은

$$\frac{9.5}{9.5+999} \approx 0.0094$$

이다. 바꾸어 말하면 양성반응이 나왔을 때 진짜 감염되었을 확률은 0.94%에 불과하다.

1.4.4 베이즈의 정리

확률나무를 이용한 조건부확률의 계산은 다음과 같은 **베이즈의 정리**(Bayes theorem)로 다시 쓸 수 있다. 사건 $F_1, \cdots, F_n$이 표본공간 Ω를 분할한다고 하자.

조건부확률의 정의와 곱셈정리에 의하여

$$P(F_i|E) = \frac{P(F_i \cap E)}{P(E)} = \frac{P(E|F_i)P(F_i)}{P(E)}$$

이다. 따라서 사건 E가 일어났을 때 사건 F_i가 일어날 조건부확률 $P(F_i|E)$는 전체 확률의 법칙에 의하여 다음과 같이 구할 수 있다.

베이즈의 정리

사건 $F_1, \cdots, F_n$이 표본공간 Ω를 분할하면 임의의 사건 E에 대하여 다음이 성립한다.

$$P(F_i|E) = \frac{P(E|F_i)P(F_i)}{P(E)} = \frac{P(E|F_i)P(F_i)}{\sum_{j=1}^{n} P(E|F_j)P(F_j)}$$

간단히 말하자면 베이즈의 정리는 사건 A, B에 대해 $P(A|B)$보다 $P(B|A)$가 상대적으로 구하기 쉬울 때 조건부확률 $P(A|B)$를 다음과 같이 구하는 방법이다.

$$P(A|B) = \frac{P(B|A)P(A)}{P(B)}$$

보기 8

A, B, C 세 공장에서 생산되는 제품의 양은 각각 전 생산량의 50%, 30%, 20%를 차지한다. 세 공장에서 만들어진 제품의 불량률은 각각 1%, 2%, 3%이다. 임의의 한 불량품이 B 공장에서 만들어졌을 확률을 구하시오.

풀이

사건 A, B, C를 각각 공장 A, B, C에서 제품이 만들어질 사건이라고 하자. 불량품이 나오는 사건을 E라고 하면 구하는 확률은 $P(B|E)$이다.

$$\begin{aligned} P(A) &= 0.5, \qquad & P(E|A) &= 0.01 \\ P(B) &= 0.3, \qquad & P(E|B) &= 0.02 \\ P(C) &= 0.2, \qquad & P(E|C) &= 0.03 \end{aligned}$$

이므로 베이즈의 정리로부터 구하는 확률은 다음과 같이 주어진다.

$$\begin{aligned} P(B|E) &= \frac{P(E|B)P(B)}{P(E|A)P(A) + P(E|B)P(B) + P(E|C)P(C)} \\ &= \frac{0.02 \cdot 0.3}{0.01 \cdot 0.5 + 0.02 \cdot 0.3 + 0.03 \cdot 0.2} = \frac{6}{17} \end{aligned}$$

베이즈의 정리는 새로운 정보가 주어졌을 때 확률이 어떻게 변하는가에 대한 계산 방법을 제공해 준다. 이러한 방법은 새로운 정보가 추가되는 상황(예를 들어 재판이나 병원)에서 확률의 변화를 해석할 때 특히 유용하다.

보기 9

어떤 살인사건에서 두 명의 용의자 X, Y가 수사선상에 올라왔다. 사건 후 두 명의 용의자는 모두 잠적한 상태였다. 초기 수사에서 용의자 X와 Y가 범인일 확률은 같은 것으로 결론지어졌다. 범행현장 감식 결과 범인의 혈액형은 A형임이 밝혀졌다. 얼마 후 용의자 X가 체포되었고 혈액검사 결과 혈액형이 A형임이 밝혀졌다. 그렇다면 X가 범인일 확률은 얼마인가? (단, 전체인구의 40%가 A형이라고 한다.)

풀이

용의자 X가 범인일 사건을 H, X의 혈액형이 A형일 사건을 A라고 하자. 초기 수사에서 용의자 X와 용의자 Y가 범인일 확률이 같았으므로

$$P(H) = P(H^c) = \frac{1}{2}$$

이다. 또한 $P(A|H) = 1$, $P(A|H^c) = \frac{2}{5}$이므로

$$\begin{aligned} P(A) &= P(A|H)P(H) + P(A|H^c)P(H^c) \\ &= 1 \cdot \frac{1}{2} + \frac{2}{5} \cdot \frac{1}{2} = \frac{7}{10} \end{aligned}$$

이다. 따라서 X의 혈액형이 A라는 새로운 정보에 의하여 X가 범인일 확률은

$$P(H|A) = \frac{P(A|H)P(H)}{P(A)} = \frac{1 \cdot 1/2}{7/10} = \frac{5}{7}$$

로 높아진다.

연습문제 1.4

01 다음 표는 보험회사에서 1년 동안의 주행거리에 따른 사고 발생 유무를 조사하여 통계적 확률을 구한 것이다. (단, 단위는 km이다.)

	~12000	12000~18000	18000~	합
사고 발생(A)	0.05	0.08	0.12	0.25
사고 미발생(A^c)	0.15	0.27	0.33	0.75
합	0.20	0.35	0.45	1

(a) 어떤 차가 1년 동안 사고를 일으킬 확률을 구하시오.

(b) 어떤 차가 1년 동안 18000km 이상 주행을 하고 사고를 일으키지 않을 확률을 구하시오.

(c) 1년 주행거리가 18000km 이상인 차가 사고를 일으킬 확률을 구하시오.

(d) 1년 주행거리가 12000km 이상인 차가 사고를 일으키지 않을 확률을 구하시오.

02 다음 표는 1000명을 대상으로 색맹유무를 조사하여 표로 만든 것이다.

	여성(F)	남성(M)	합
색맹(C)	2	40	42
정상(C^c)	488	470	958
합	490	510	1000

(a) 선택한 사람이 색맹일 때, 그 사람이 여성일 확률을 구하시오.

(b) 선택한 사람이 남성일 때, 그 사람이 색맹일 확률을 구하시오.

03 운동선수의 스테로이드 사용 여부를 판단하는 두 종류의 시약이 있다. 시약 A의 정확도는 90%, 시약 B의 정확도는 80%이다. 어떤 운동선수에게서 시약 A는 양성반응, 시약 B는 음성반응을 보일 때, 이 선수가 스테로이드를 복용했을 확률은 얼마인가?

04 문제 **03**에서 주어진 확률을 구하시오.

(a) 두 시약 모두 양성 반응을 보일 때 이 선수가 스테로이드를 복용했을 확률

(b) 두 시약 모두 음성 반응을 보일 때 이 선수가 스테로이드를 복용했을 확률

05 (a) F와 G가 상호배반이면 $P(F \cup G|E) = P(F|E) + P(G|E)$임을 보이시오.

(b) $P(E) \neq 0$이면 $P(F^c|E) = 1 - P(F|E)$임을 보이시오.

06 $P(E)P(F)P(G) > 0$일 때 다음을 보이시오.

(a) $P(E^c \cup F^c) = 1 - P(E)P(F|E)$

(b) $P(E \cap F|F \cup G) = P(E|F)P(F|F \cup G)$

(c) $P(E \cup F|G) = P(E|G) + P(F|G) - P(EF|G)$

(d) $P(F \cap G|E) = P(G|E)P(F|E \cap G)$, 단, $P(E \cap G) \neq 0$

(e) $\dfrac{P(E|E \cup F)}{P(F|E \cup F)} = \dfrac{P(E)}{P(F)}$

[07 ~ 08] 성인의 경우 이완기혈압(diastolic blood pressure, DBP)이 95 이상이면 고혈압으로 진단한다. 반면에 어린이의 경우는 DBP가 80 이상이면 고혈압으로 진단한다. 사건 A, B를 각각 엄마와 아빠가 고혈압인 사건, 사건 C를 첫째 아이가 고혈압인 사건이라고 하자. 아이가 있는 1만 가구를 대상으로 조사하여 다음과 같은 결과를 얻었다.

$$P(A) = 0.15,\ P(B) = 0.2,\ P(C) = 0.1$$
$$P(AB) = 0.03,\ P(AC) = 0.05,\ P(BC) = 0.05$$
$$P(ABC) = 0.02$$

07 다음 조건에서 첫째 아이가 고혈압일 확률은 각각 얼마인가?

(a) 엄마가 고혈압일 때

(b) 아빠가 고혈압일 때

(c) 엄마 아빠 모두 고혈압일 때

08 다음 경우에 아이가 고혈압인 상대위험은 얼마인가?

(a) 엄마가 고혈압인 사건을 위험사건이라 할 때

(b) 아빠가 고혈압인 사건을 위험사건이라고 할 때

(c) 엄마, 아빠가 모두 고혈압인 사건을 위험사건이라고 할 때

09 두 종류의 컴퓨터를 만들어 판매하는 컴퓨터 회사의 매출에서 모델 I이 60%, 모델 II가 40%를 차지한다고 한다. 판매 후 1년 이내에 A/S 요청이 들어오는 비율이 각각 4%, 5%이다.

(a) 이 회사의 컴퓨터를 구입한 고객이 1년 이내에 A/S를 요청할 확률을 구하시오.

(b) 1년 이내에 A/S를 요청한 고객이 구입한 컴퓨터가 모델 I일 확률을 구하시오.

10 1000명을 대상으로 조사를 하였더니 8%가 간질환을 가지고 있었다. 간질환을 가진 사람의 50%는 과음주자, 40%는 음주자, 10%는 비음주자이다. 간질환을 갖지 않은 사람의 10%는 과음주자, 40%는 음주자, 50%는 비음주자라고 한다.

(a) 조사대상자에서 과음주자가 차지하는 비율은 몇 %인가?

(b) 어떤 사람이 과음주자일 때, 간질환을 가지고 있을 확률을 구하시오.

11 신약의 부작용을 알아보기 위하여 1000명의 환자를 대상으로 실험을 하였다. 그 결과, 60명의 환자에게서 식욕부진현상이, 80명의 환자에게서 수면장애현상이 관찰되었다. 그러나 880명의 환자에게는 아무런 부작용이 발견되지 않았다고 한다.

(a) 식욕부진과 수면장애현상을 동시에 보인 환자는 몇 %인가?

(b) 식욕부진현상을 보인 사람이 수면장애도 가지고 있을 확률을 구하시오.

(c) 식욕부진현상을 보이지 않는 사람이 수면장애현상을 가지고 있을 확률을 구하시오.

12 어느 도시 사람들은 500명에 1명꼴로 어떤 바이러스에 감염되어 있는데, 감염여부를 판정하는 검사법의 정확도가 90%라고 한다.

(a) 도시 사람 중 하나를 검사할 때 양성 반응을 보일 확률을 구하시오.

(b) 양성 반응을 보인 사람이 실제로 바이러스에 감염되었을 확률을 구하시오.

13 문제 **12**에서 1000명에 1명꼴로 바이러스에 감염된 경우 같은 질문에 답하여라.

14 문제 **12**에서 1000명에 1명꼴로 바이러스에 감염되고, 검사법의 정확도가 99%라고 할 때 같은 질문에 답하여라.

15 평소에 하는 말의 반이 거짓말인 사람이 있다. 이 사람에게 정확도가 90%인 거짓말 탐지기를 사용하여 조사를 하려고 한다.

(a) 이 사람의 답변에 거짓말 탐지기가 거짓이라는 판단을 내릴 확률을 구하시오.

(b) 거짓말 탐지기가 거짓이라는 판단을 내렸을 때 이 사람이 거짓말을 했을 확률을 구하시오.

16 문제 **15**에서 평소에 하는 말의 75%가 거짓말인 사람에 대하여 같은 질문에 답하여라.

17 문제 **15**에서 평소에 하는 말의 10%가 거짓말인 사람에 대하여 같은 질문에 답하여라.

18 다음과 같이 3개의 상자에 공이 들어 있다.

상자 A	5개의 흰 공과 3개의 빨간 공, 그리고 2개의 파란 공
상자 B	6개의 흰 공과 4개의 빨간 공
상자 C	3개의 흰 공과 7개의 빨간 공

상자 A에서 공 하나를 꺼낸 공이

- 흰 공이면 상자 B에서 하나의 공을 꺼내어 빈 상자에 넣는다.
- 파란 공이면 상자 C에서 하나의 공을 꺼내 빈 상자에 넣는다.
- 빨간 공이면 그 공을 빈 상자에 넣는다.

(a) 빈 상자에 들어간 공이 빨간색일 확률을 구하시오.

(b) 빈 상자에 들어간 공이 빨간색일 때 처음 선택한 공이 흰색일 확률을 구하시오.

19 임산부가 흡연을 하는 경우 기형아를 출산할 확률은 흡연을 하지 않는 여성의 세 배라고 한다. 임산부의 10%가 흡연자라고 하면 기형아를 출산한 여성이 흡연자일 확률은 얼마인가?

20 5지선다형 객관식 문제를 풀 때, 어떤 학생이 그 문제의 답을 알고 있을 확률이 p이다. 답을 모르는 경우는 임의로 하나의 답을 선택한다고 한다. 이 학생의 답이 맞았을 경우 문제의 답을 알고 있었을 확률은 얼마인가?

21 항해 중이던 선박이 태풍을 만나 침몰하였다. 침몰한 지역으로 추측되는 영역은 크게 세 개의 영역으로 구분되고 선박이 각 영역에 있을 가능성은 모두 같다. 지형적인 이유로 i 영역에 선박이 있더라도 찾을 수 없는 확률은 p_i라고 한다. 첫 번째 영역에서 선박을 찾지 못했을 때,

(a) 그 선박이 첫째 영역에 있을 확률을 구하시오.

(b) 그 선박이 둘째 영역에 있을 확률을 구하시오.

22 세 개의 동전이 있다. 하나의 동전은 정상인 동전이지만 두 개의 동전은 각각 앞면과 뒷면만 있는 동전이다. 임의로 동전을 선택하여 던졌을 때 앞면이 나왔다면 그 동전이 정상인 동전일 확률을 구하시오.

23 문제 **22**에서 정상인 동전이 k개, 앞면만 있는 동전이 m개, 뒷면만 있는 동전이 n개 있는 경우 같은 문제를 푸시오.

24 축구경기가 무승부로 끝나면 승부차기로 승부를 가린다. 양 팀의 승부차기 실력은 같고 처음 찰 때의 성공률은 0.8이라 한다. 반면에 앞사람이 성공했을 경우 성공률은 0.9인 반면 앞사람이 실패한 경우 성공률은 0.7이라 한다. 기회는 양 팀에 한 번씩만 기회가 주어질 때

(a) 먼저 공을 찬 팀이 이길 확률을 구하시오.

(b) 공을 나중에 찬 팀이 이길 확률을 구하시오.

25 한밤중에 택시가 뺑소니 사고를 냈다. 택시의 75%는 회색, 25%는 오렌지색이고 모든 자동차가 사고를 낼 확률은 동일하다고 한다. 목격자가 밤에 택시의 색을 정확히 인식할 확률은 0.8이라 할 때 다음과 같은 상황에서 사고를 낸 택시가 회색일 확률을 구하시오.

(a) 사건의 목격자가 사고 차량이 회색 택시였다고 주장할 때

(b) 사건의 목격자가 사고 차량이 오렌지색 택시였다고 주장할 때

1.5 독립사건

1.5.1 두 사건의 독립성

하나의 실험이 다른 실험과 서로 아무 영향을 미치지 않고 이루어질 때, 두 실험은 **독립적(independent)**이라 한다.

1.3절의 **보기 4**(a)에서(비복원 추출) 삼순이가 꺼낸 공이 하얀 공인지 검은 공인지에 따라 삼식이가 검은 공을 꺼낼 확률은 달라진다. 따라서 삼순이가 공을 꺼내는 실험과 삼식이가 공을 꺼내는 실험은 독립이 아니다. 만약 삼순이가 꺼낸 공을 돌려 넣고 삼식이가 공을 꺼낸다면(복원추출) 삼순이가 꺼낸 공이 무엇인지는 삼식이가 꺼내는 공이 무엇인지에 아무 영향을 미치지 않는다. 따라서 복원추출의 경우 두 실험(삼순이가 공을 꺼내는 것과 삼식이가 공을 꺼내는 것)은 독립이다.

일반적으로 사건 A가 주어졌을 때 사건 B가 일어날 확률 $P(B|A)$와 그냥 사건 B의 확률 $P(B)$는 같지 않다. 즉, 사건 A가 발생하였다는 사실이 사건 B의 확률을 변화시킨다. 한 사건이 일어났다는 사실이 다른 사건이 일어나는 확률에 변화를 주지 않는 경우, 다시 말해서 다음 식이 성립하면 (단, $P(A) > 0$)

$$P(B|A) = P(B)$$

두 사건 A, B는 **독립(independent)**이라 한다. 예를 들어, 동전을 두 번 던질 때 처음 앞면이 나온 사건을 A, 두 번째 앞면이 나오는 사건을 B라 하면 표본공간은

$$\Omega = \{\mathrm{HH}, \mathrm{HT}, \mathrm{TH}, \mathrm{TT}\}$$

이고

$$A = \{\mathrm{HH}, \mathrm{HT}\} \quad B = \{\mathrm{HH}, \mathrm{TH}\}$$

이다. 따라서 $AB=\{\mathrm{HH}\}$이므로 첫 번째 동전의 앞면이 나왔을 때 두 번째 동전도 앞면이 나올 확률은

$$P(B|A)=\frac{P(AB)}{P(A)}=\frac{1/4}{1/2}=\frac{1}{2}=P(B)$$

이므로 첫 번째 동전이 앞면이 나오는 사건과 두 번째 동전이 앞면이 나오는 사건은 독립이다.

두 사건 A, B가 독립이면 확률의 곱셈법칙

$$P(AB)=P(A)P(B|A)=P(B)P(A|B)$$

으로부터 다음 식이 성립하는데 이 식을 두 사건의 독립을 정의하는 데 사용한다.

$$P(AB)=P(A)P(B)$$

정의 독립사건

두 사건 A, B에 대하여 다음 식이 성립하면 두 사건은 독립이라 한다.

$$P(AB)=P(A)P(B)$$

NOTE 이 정의에 의하면 $P(A)=0$ 또는 $P(B)=0$이면 두 사건 A, B는 항상 독립이다.

NOTE 두 사건 A와 B가 독립이면 다음 식에서 볼 수 있듯이 A와 B^c도 독립이다.

$$\begin{aligned}P(AB^c)&=P(A)-P(AB)=P(A)-P(A)P(B)\\&=P(A)(1-P(B))=P(A)P(B^c)\end{aligned}$$

마찬가지로, A^c와 B, A^c와 B^c도 독립임을 보일 수 있다.[4)]

4) 연습문제 **1.5 07** 참고

두 실험이 독립적이고 두 사건 A, B가 각 실험의 사건이면 A, B는 당연히 독립이다. 두 실험의 결과가 독립인지 확실하지 않은 경우는 독립사건의 조건을 만족하는지 살펴봄으로써 독립여부를 알 수 있다.

보기 1

주사위를 두 번 던졌을 때 E를 두 눈의 합이 7인 사건, F를 첫 번째 주사위가 3이 나오는 사건이라 하자.

$$E = \{(6,1), (5,2), (4,3), (3,4), (2,5), (1,6)\}$$
$$F = \{(3,1), (3,2), (3,3), (3,4), (3,5), (3,6)\}$$

EF는 첫 번째 주사위는 3, 두 번째 주사위는 4가 나오는 사건이다.

$$EF = \{(3,4)\}$$
$$\frac{1}{36} = P(EF) = P(E)P(F) = \frac{6}{36} \cdot \frac{6}{36}$$

이므로 두 사건 E, F는 독립이다. G를 두 눈의 합이 6인 사건이라 하면

$$G = \{(1,5), (2,4), (3,3), (4,2), (5,1)\}$$

이고 GF는 첫 번째 주사위는 3, 두 번째 주사위는 3이 나오는 사건이다.

$$GF = \{(3,3)\}$$

그러나

$$\frac{1}{36} = P(GF) \neq P(G)P(F) = \frac{5}{36} \cdot \frac{6}{36}$$

이므로 두 사건 F, G는 독립이 아니다.

보기 2

여학생 10명과 남학생 15명을 대상으로 설문조사를 한 결과 여학생은 a명이 찬성, 나머지는 반대였고, 남학생은 9명이 찬성, 6명이 반대를 하였다. 성별과 찬반여부가 독립이라고 할 때 a의 값을 구하시오.

풀이

여학생인 사건을 F, 찬성하는 사건을 A라 하자. 주어진 조건을 표로 정리하면 다음과 같다.

	찬성(A)	반대(A^c)	합계
여학생(F)	a	$10-a$	10
남학생(F^c)	9	6	15
합계	$a+9$	$16-a$	25

$P(A)=\frac{a+9}{25}$, $P(F)=\frac{10}{25}=\frac{2}{5}$, $P(AF)=\frac{a}{25}$이고 사건 A와 사건 F가 독립이므로 다음 식이 성립한다.

$$P(AF)=P(A)P(F)$$

a에 대한 방정식을 풀면 다음과 같다.

$$\frac{a}{25}=\frac{a+9}{25}\cdot\frac{2}{5} \Rightarrow 5a=2a+18 \Rightarrow a=6$$

1.5.2 세 개 이상의 사건의 독립성

사건 E, F, G에 대하여 다음 식이 성립하면 세 사건 E, F, G는 **상호독립**(mutually independent) 또는 간단히 **독립**이라 한다.

$$P(EFG)=P(E)P(F)P(G)$$
$$P(EF)=P(E)P(F)$$
$$P(FG)=P(F)P(G)$$
$$P(EG)=P(E)P(G)$$

보기 3

항아리 속에 각각 숫자 1, 2, 3, 4가 쓰여 있는 공이 네 개 들어 있다.

$$E=\{1,2\},\quad F=\{1,3\},\quad G=\{1,4\}$$

라 하면 $EF=FG=GE=\{1\}$이므로

$P(EF)=P(E)P(F)=\frac{1}{4}$, $P(FG)=P(F)P(G)=\frac{1}{4}$, $P(EG)=P(E)P(G)=\frac{1}{4}$

이므로 E와 F, F와 G, G와 E는 각각 독립이다. 그러나 $P(EFG)=P(1)=\frac{1}{4}$

이지만 $P(E)P(F)P(G)=\frac{1}{8}$이다. 따라서 세 사건 E, F, G는 독립이 아니다.

NOTE **보기 3**처럼 두 개의 사건끼리는 모두 독립인 경우 E, F, G는 **쌍으로 독립**(pairwise independent)이라 한다. **보기 3**은 어떤 사건들이 쌍으로 독립이라고 해서 항상 상호독립은 아님을 보여 준다.

세 사건 E, F, G가 상호독립이면 사건 E는 F와 G의 연산에 의하여 만들어지는 어떤 사건과도 독립이다.

보기 4

E, F, G가 상호독립이라 하자.

(a) 사건 E와 $F\cup G$는 서로 독립임을 보이시오.

(b) 사건 E^c, F^c, G^c는 상호독립임을 보이시오.

풀이

(a) $P(E(F\cup G))=P(E)P(F\cup G)$이 성립함을 보이면 된다.

F와 G가 독립이므로

$$P(F\cup G)=P(F)+P(G)-P(FG)$$
$$=P(F)+P(G)-P(F)P(G)$$

이고 분배법칙

$$E(F\cup G)=(EF)\cup(EG)$$

을 이용하면 다음과 같이 보일 수 있다.

$$\begin{aligned}P(E(F\cup G)) &= P((EF)\cup(EG))=P(EF)+P(EG)-P(EFG)\\ &= P(E)P(F)+P(E)P(G)-P(E)P(F)P(G)\\ &= P(E)[P(F)+P(G)-P(F)P(G)]\\ &= P(E)P(F\cup G)\end{aligned}$$

(b) E와 F, E와 G, F와 G가 독립이므로 E^c와 F^c, E^c와 G^c, F^c와 G^c도 각각 독립이다.

$$P(E^cF^c)=P(E^c)P(F^c)$$
$$P(E^cG^c)=P(E^c)P(G^c)$$
$$P(F^cG^c)=P(F^c)P(G^c)$$

따라서

$$P(E^cF^cG^c)=P(E^c)P(F^c)P(G^c)$$

임을 보이면 된다. $F^c G^c=(F\cup G)^c$이고 E와 $F\cup G$는 독립이므로 E^c와 $(F\cup G)^c$도 독립임을 이용하면

$$\begin{aligned}P(E^cF^cG^c) &= P(E^c(F\cup G)^c))\\ &= P(E^c)P((F\cup G)^c)=P(E^c)(1-P(F\cup G))\\ &= P(E^c)(1-P(F)-P(G)+P(F)P(G))\\ &= P(E^c)(1-P(F))(1-P(G)) = P(E^c)P(F^c)P(G^c)\end{aligned}$$

이므로 증명이 완성된다.

같은 방법으로 네 개 이상의 사건에 대하여도 독립을 정의한다.

같은 조건에서 반복할 수 있으며, 매번 결과가 달라질 수 있는 관찰이나 실험을 **시행**(trial)이라 한다. 또, 동전이나 주사위를 여러 번 던지는 것처럼 매번 같은 조건에서 어떤 시행을 반복할 때, 각 시행의 결과가 다른 시행의 결과에 영향을 주지 않는 시행을 **독립시행**이라 한다.

독립시행의 경우 서로 다른 시행에서 일어나는 사건들은 서로 독립이다. 다시 말해서 A_i를 i번째 시행에서의 임의의 사건이라고 하면 $A_1, A_2, \cdots, A_n$은 독립이다. 따라서 확률의 곱셈법칙에 의하여 다음 결과가 성립한다.

독립시행의 확률

n번의 시행이 모두 독립일 때 A_i가 i번째 시행에서의 사건이라면

$$P(A_1 \cap A_2 \cap \cdots \cap A_n) = P(A_1)P(A_2)\cdots P(A_n)$$

이 성립한다.

보기 5

직렬시스템은 n개의 컴포넌트 중 하나라도 작동하지 않으면 정상적으로 운영되지 않는다. 반면 병렬시스템은 n개의 컴포넌트 중 하나라도 작동하면 정상적으로 운영된다. i번째 컴포넌트가 작동될 확률이 p_i일 때 각 시스템이 정상적으로 운영될 확률을 구하시오. 단, 모든 컴포넌트는 독립적으로 작동한다.

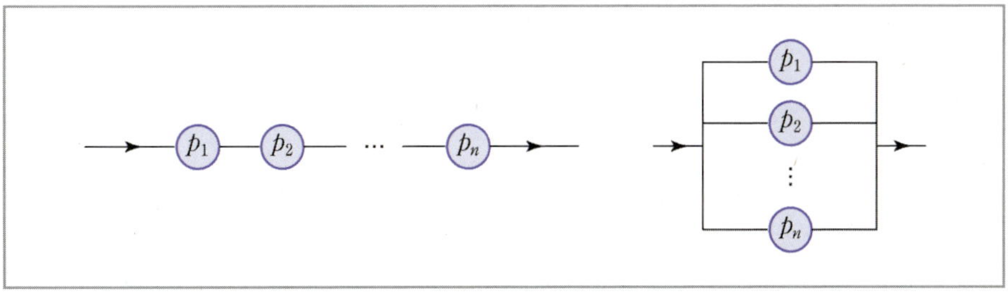

풀이

각 컴포넌트의 작동 여부를 살피는 것은 독립시행이다. i번째 컴포넌트가 작동되는 사건을 A_i라 하자. 직렬시스템이 정상적으로 운영되는 사건은 $A_1A_2 \cdots A_n$이므로 정상적으로 운영될 확률은

$$P(A_1A_2 \cdots A_n) = P(A_1)P(A_2) \cdots P(A_n) = p_1p_2 \cdots p_n$$

이다. 병렬시스템은 모든 컴포넌트가 작동하지 않을 때만 정상적으로 운영되지 않는다. 모든 컴포넌트가 정상적으로 운영되지 않는 사건은

$$A_1^c A_2^c \cdots A_n^c$$

이고 $A_1^c, A_2^c, \cdots, A_n^c$가 상호독립이므로 시스템이 정상적으로 운영될 확률은 다음과 같다.

$$\begin{aligned} P(\text{시스템 정상 운영}) &= 1 - P(\text{시스템 운영되지 않음}) \\ &= 1 - P(A_1^c A_2^c \cdots A_n^c) = 1 - P(A_1^c)P(A_2^c) \cdots P(A_n^c) \\ &= 1 - (1 - P(A_1))(1 - P(A_2)) \cdots (1 - P(A_n)) \\ &= 1 - (1 - p_1)(1 - p_2) \cdots (1 - p_n) \end{aligned}$$

연습문제 1.5

01 서로 독립인 두 사건 A, B에 대하여 $P(A) = \frac{2}{5}$, $P(B) = \frac{3}{4}$일 때 $P(A \cap B)$, $P(A \cup B)$를 각각 구하시오.

02 여학생 10명과 남학생 15명을 대상으로 설문조사를 한 결과 찬성표는 여학생 a명, 남학생 b명이었고 나머지는 반대였다. 성별과 찬반 여부가 독립이라고 할 때 a, b 사이의 관계식을 구하시오.

03 한 개의 주사위를 던져서 짝수의 눈이 나오는 사건을 A, 1 또는 2의 눈이 나오는 사건을 B, 6의 약수의 눈이 나오는 사건을 C라 할 때 다음 두 사건이 독립인지 종속인지 판단하여라.

(a) A, B (b) B, C (c) A, C

04 다음 전기회로에서 각 스위치는 임의의 시간에 닫혀 있을 확률이 $\frac{3}{4}$이고 각 스위치는 독립적으로 작용한다. 임의의 시간에 A에서 B로 전류가 통할 확률을 각각 구하시오.

(a)

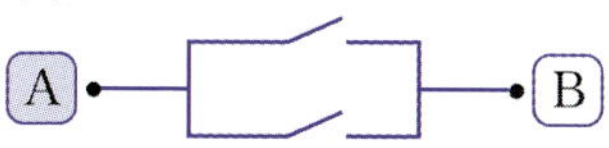

(b)

(c)

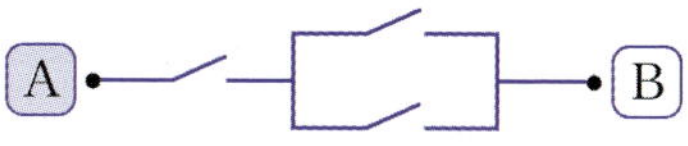

(d)

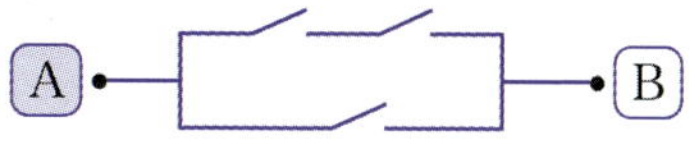

05 주사위를 두 번 던질 때 다음과 같이 사건들을 정의한다.

A 첫 번째 주사위가 짝수가 나오는 사건
B 두 번째 주사위가 홀수가 나오는 사건
C 한 개의 주사위는 짝수, 다른 주사위는 홀수가 나오는 사건
D 두 눈의 합이 6인 사건
E 두 눈의 합이 7인 사건

다음 명제의 참, 거짓을 판단하여라.

(a) 사건 A와 D는 독립이다.
(b) 사건 A와 E는 독립이다.
(c) 사건 A와 C는 독립이다.
(d) 사건 C와 D는 독립이다.
(e) 사건 C와 E는 독립이다.

06 A와 B는 독립사건이고 B와 C는 상호배반사건이라 하자.

$$P(A) = 1/3,\ P(A \cup B) = 1/2,\ P(C) = 1/4,\ P(A \cap C) = 1/8$$

일 때 다음을 구하시오.

(a) $P(A \cap B)$
(b) $P(A|B)$
(c) $P(A|B^c)$
(d) $P(B)$
(e) $P(C|B)$
(f) $P(A \cup B \cup C)$

07 두 사건 A와 B가 독립이면 A^c와 B, A^c와 B^c도 독립임을 보이시오.

08 어떤 위험의 질병에 대한 상대위험이 1이면 두 사건(위험과 질병)은 독립임을 보이시오.

09 배구 대회에서 경기를 하게 된 L팀과 S팀이 각 세트마다 서로를 이길 확률은 각각 $\frac{3}{5}$, $\frac{2}{5}$ 이다. 경기는 5세트 중 3세트를 먼저 이기는 팀이 이긴다고 한다. 각 세트의 승부는 모두 독립이라고 가정한다.

(a) 5세트까지 경기가 진행될 확률을 구하시오.

(b) L팀이 이길 확률을 구하시오.

(c) L팀이 이겼을 때 5세트까지 경기가 진행되었을 확률을 구하시오.

10 [de Méré의 주사위 문제]

(a) 주사위를 4번 던졌을 때 적어도 6의 눈이 한 번 이상 나올 확률은 얼마인가?

(b) 주사위 2개를 동시에 던지는 시행을 반복한다. 두 주사위 모두 6이 나오는 사건이 적어도 한 번 나올 확률이 0.5보다 크게 하려면 최소한 몇 번의 시행을 하여야 하는가?

11 다음 명제가 참이면 증명하고 거짓이면 반례를 제시하시오.

(a) 사건 A, B가 독립이면 $AB = \varnothing$ 이다.

(b) $AB = \varnothing$ 이면 사건 A, B는 독립이다.

(c) 공사건 $\varnothing$ 는 임의의 사건 A와 독립이다.

(d) 표본공간 Ω는 Ω의 임의의 사건 A와 독립이다.

02

숫자로 생각하기

확률변수와 확률분포

확률변수는 일상생활의 용어를 수학적 용어로 바꾸어 주는 수학적인 장치이다.

소비자 만족도에 대한 설문을 할 때 다음 5개의 문항 중 하나에 동그라미를 친다고 하자.

(매우 불만족, 불만족, 보통, 만족, 아주 만족)

설문 결과를 분석할 때 분석자는 각 문항에 차례대로 1, 2, 3, 4, 5를 대응시키고 응답자의 대답을 기록한다. 이 수의 평균을 구하여 클수록 만족도가 높고, 낮을수록 만족도가 낮다고 판단한다. 이렇게 실험이나 통계조사에서 얻은 결과에 실수를 대응시키면 다루기가 쉽고 그 결과에 대한 판단의 근거를 수치적으로 만들 수 있다.

실험 또는 통계조사 결과는 확률변수에 의하여 확률분포라는 정보를 우리에게 전달한다. 이 장에서는 확률론에서 가장 기본이 되는 개념인 확률변수와 확률분포에 대하여 알아본다. 또한 확률변수의 중심위치를 나타내는 값들－기댓값, 중앙값－과 흩어진 정도를 나타내는 값들－분산, 표준편차－에 대하여 알아보고 그 성질들을 살펴보기로 한다.

2.1 확률변수와 분포함수

2.1.1 확률변수

확률적 실험의 결과들은 무게, 길이, 시간 등과 같이 양적(quantitative)인 값을 갖는 경우와 신생아의 남·여 구분이나 선거에서의 지지하는 후보, 또는 동전을 세 번 던졌을 때의 결과 등과 같이 질적(qualitative)인 값을 갖는 경우가 있다.

질적인 자료의 경우 동전을 세 번 던졌을 때 앞면이 나온 횟수라든지, 두 개의 주사위를 던지는 게임에서 두 눈의 수의 합과 같이 실험의 결과보다 실험의 결과를 수치화한 것에 관심을 가질 때가 있다. 이렇게 실험 결과마다 실수를 대응하는 함수를 **확률변수**(random variable)라 하고, 확률변수 X가 취하는 모든 실수의 집합을 **상태공간**(state space)이라 하고 주로 S로 나타낸다. 확률변수는 주로 알파벳 대문자 X, Y, Z 등을 사용하여 나타내고 확률변수의 값은 주로 알파벳 소문자 x, y, z 등을 사용하여 나타낸다.

확률론의 표현	수학의 표현
$X : \Omega \to S$	$f : X \to Y$
확률변수 X	함수 f
표본공간 Ω	정의역 X
상태공간 S	치역 Y

보기 1

(a) 동전을 세 번 던지는 실험의 표본공간은 다음과 같다.

$$\Omega = \{HHH, HHT, HTH, THH, HTT, THT, TTH, TTT\}$$

확률변수 X를 '동전 앞면의 개수'라 정의하면

$$X(TTT) = 0$$
$$X(HTT) = X(THT) = X(TTH) = 1$$
$$X(HHT) = X(HTH) = X(THH) = 2$$
$$X(HHH) = 3$$

이므로 상태공간은 $S = \{0, 1, 2, 3\}$이다.

(b) 주사위를 두 번 던져 윗면의 눈의 수를 차례로 기록한다면 표본공간은

$$\Omega = \{(m,n) | m,n = 1,2, \cdots, 6\}$$

이다. 확률변수 T를 두 주사위의 윗면의 눈의 합으로 정의하면 다음과 같다.

$$T(m,n) = m + n$$

이때 상태공간은 $S = \{2, 3, \cdots, 12\}$이다.

(c) 동전의 앞면이 나올 때까지 동전을 던지는 시행을 반복한다고 하면 표본공간은

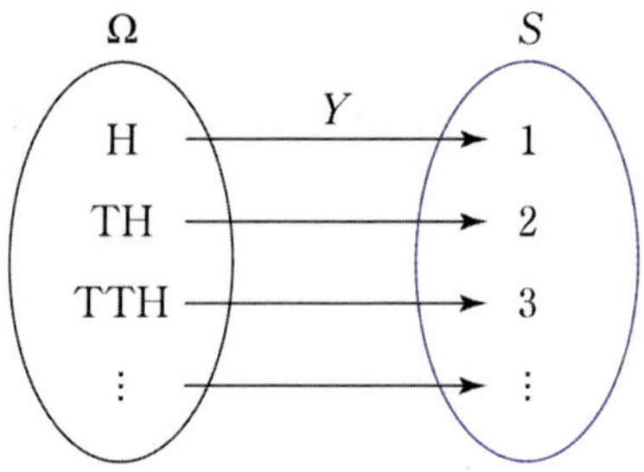

$$\Omega = \{H, TH, TTH, TTTH, \cdots\}$$

이다. 동전의 앞면이 처음 나올 때까지의 시행횟수를 확률변수 Y라 하면

$$Y(H) = 1, \ Y(TH) = 2, \ Y(TTH) = 3, \cdots$$

이고 상태공간은 $S = \{1, 2, 3, \cdots\}$이다.

B를 실수의 부분집합이라 하자. 표본공간 Ω에 정의된 확률변수 X가 B에 속할 확률 $P(X \in B)$는

$$P(\{s \in \Omega \mid X(s) \in B\})$$

를 의미한다. 예를 들어, $B=\{2\}$인 경우 $P(X\in B)$는 X의 값이 2인 확률을 뜻한다. 이때 $P(X\in\{2\})$ 대신 $P(X=2)$로 나타낸다. 비슷하게 $P(X\in\{x|\,x\leq 3\})$ 대신 $P(X\leq 3)$으로 나타낸다.

보기 1(a)의 실험에서 X를 '동전 앞면의 수'라 정의하면 다음과 같은 결과를 얻는다.

$$X(\mathrm{TTT})=0 \qquad P(X=0)=P(\mathrm{TTT})=\frac{1}{8}$$

$$X(\mathrm{HTT})=X(\mathrm{THT})=X(\mathrm{TTH})=1 \qquad P(X=1)=P(\mathrm{HTT},\mathrm{THT},\mathrm{TTH})=\frac{3}{8}$$

$$X(\mathrm{HHT})=X(\mathrm{HTH})=X(\mathrm{THH})=2 \qquad P(X=2)=P(\mathrm{HTT},\mathrm{THT},\mathrm{TTH})=\frac{3}{8}$$

$$X(\mathrm{HHH})=3 \qquad P(X=3)=P(\mathrm{HHH})=\frac{1}{8}$$

보기 2

동전의 앞면이 처음 나올 때까지의 시행횟수를 Y라 할 때 $P(Y\leq 2)$을 구하시오.

풀이

$\{Y=1\}=\{H\}$, $\{Y=2\}=\{TH\}$ 이므로

$$P(Y=1)=P(\mathrm{H})=\frac{1}{2},\ P(Y=2)=P(\mathrm{TH})=\frac{1}{4}$$

이다. 따라서 구하는 확률은 다음과 같다.

$$P(Y\leq 2)=P(\mathrm{H})+P(\mathrm{TH})=\frac{1}{2}+\frac{1}{4}=\frac{3}{4}$$

확률변수는 함수의 일종이므로, 더하거나, 곱하거나, 상수배 등을 정의할 수 있다. 즉, 같은 표본공간에서 정의된 두 확률변수 $X, Y: \Omega \rightarrow R$와 상수 c에 대해

$$X+Y, \quad cX, \quad XY$$

와 같은 새로운 확률변수를 정의할 수 있다.

예를 들어, **보기 1**(a)에서 $X_k(k=1,2,3)$를 k번째 던진 동전이 앞면이면 1, 뒷면이면 0인 확률변수라 하면,

$$X_1 + X_2 + X_3$$

은 동전을 세 번 던졌을 때 나오는 앞면의 개수를 나타내는 확률변수 X와 같다. 또한 **보기 1**(b)에서 $Y_i(i=1,2)$를 i 번째 던진 주사위의 눈의 수라 하면 확률변수 T는 다음과 같이 나타낼 수 있다.

$$T = Y_1 + Y_2$$

2.1.2 이산확률변수

표본공간에 정의된 확률변수는 상태공간의 형태에 따라 이산확률변수와 연속확률변수로 구분한다. 두 형태가 혼합된 형태의 확률변수도 정의할 수 있는데 이 교재에서는 이산인 경우와 연속인 경우만 다루기로 한다.

표본공간에 정의된 확률변수 X의 상태공간이 이산집합이면, 즉 원소가 유한개이거나 일렬로 나열할 수 있으면 **이산확률변수**(discrete random variable)라 한다. 예를 들어, **보기 1**에서

- 동전을 세 번 던져 나온 앞면의 수 X의 상태공간은 $S=\{0,1,2,3\}$
- 주사위를 두 번 던질 때 두 눈의 합 T의 상태공간은 $S=\{2,3, \cdots, 12\}$
- 동전의 앞면이 나올 때까지 던진 횟수 Y의 상태공간은 자연수 집합 $N=\{1,2,3, \cdots\}$

이므로 확률변수 X, Y, T는 모두 이산확률변수이다. X가 이산확률변수이면 X가 취하는 값들을 하나씩 나열할 수 있으며 이를 일반적으로 x_0, x_1, x_2, $\cdots$로 나타낸다. 이때, x_0, x_1, x_2, $\cdots$에 대하여 확률

$$P(X=x_0),\ P(X=x_1),\ P(X=x_2),\ \cdots$$

를 대응시켜 주는 관계를 **확률질량함수(probability mass function)**라 하고 p_X로 나타낸다. 즉, 이산확률변수 X의 확률질량함수 p_X는 다음과 같이 정의한다.

$$p_X(x)=\begin{cases} P(X=x), & x=x_j, \\ 0, & \text{기타} \end{cases}$$

일반적으로 확률질량함수는 0보다 큰 값을 가지는 경우만 나타내기도 한다. 이때 $P(X=x_j)>0$인 경우

$$p_j=P(X=x_j)$$

로 나타내기도 한다. 확률질량함수의 값 $p_X(x)$는 정의로부터 음이 아닌 값이고, 즉, $p_X(x)\geq 0$이고 양의 값을 모두 더하면 1이다.

정의 확률질량함수

이산확률변수 X가 $x_0, x_1, x_2, \cdots$의 값을 취할 때, X의 확률질량함수 p_X는 다음과 같이 정의된다.

$$p_X(x)=P(X=x),\ \ x=x_j(j=0,1,2,\ \cdots)$$

이때 $p_X(x)\geq 0$이고 다음 식을 만족한다.

$$\sum p_X(x_j)=1$$

보기 3

보기 1(a)에서 X의 확률질량함수 p_X는 다음과 같다.

$$p_X(0) = \frac{1}{8}, \quad p_X(1) = \frac{3}{8}, \quad p_X(2) = \frac{3}{8}, \quad p_X(3) = \frac{1}{8}$$

위의 분포를 정리하면 다음과 같은 X의 **확률분포표**를 얻는다.

x	0	1	2	3
$P(X=x)$	$\frac{1}{8}$	$\frac{3}{8}$	$\frac{3}{8}$	$\frac{1}{8}$

확률분포표를 만들거나 그래프를 사용하면 확률변수의 분포를 쉽게 알 수 있다. 많이 사용되는 그래프는 확률 **막대그래프**(bar graph)와 확률 **기둥그래프**(histogram)이다. 일반적으로 확률막대그래프에서는 x의 값에 대응되는 확률 $P(X=x)$를 선분으로 나타내고(왼쪽 그림), 확률기둥그래프에서는 각 직사각형의 넓이가 확률 $P(X=x)$를 나타낼 수 있도록 한다(오른쪽 그림).

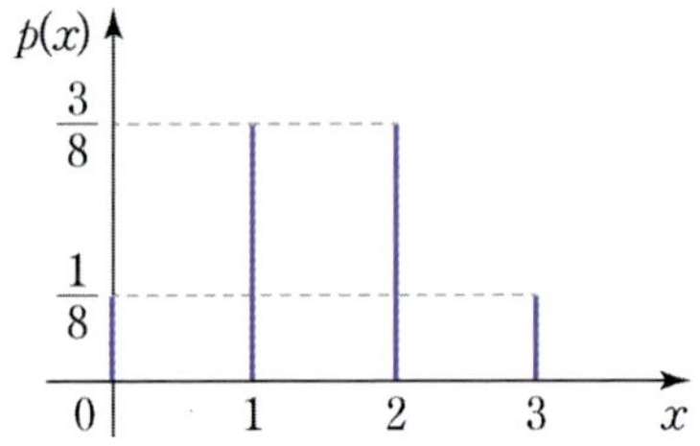

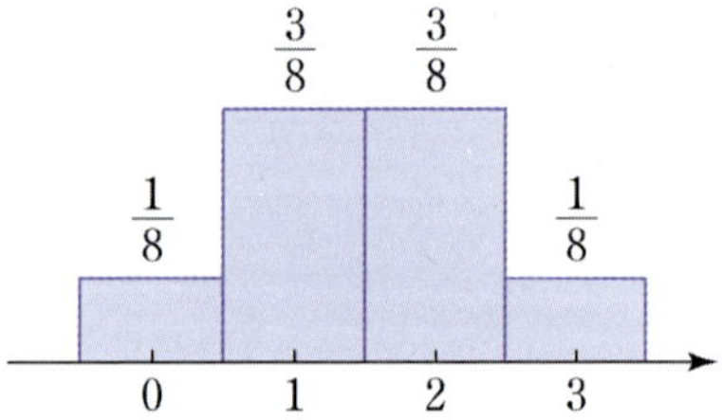

보기 4

공정한 주사위를 던졌을 때 윗면의 눈의 개수 X는 1부터 6까지이고 각 개수가 나올 확률은 같다. 따라서 X의 확률질량함수는 다음과 같다.

$$p_j = p_X(j) = \frac{1}{6}, \quad j = 1, 2, 3, 4, 5, 6$$

일반적으로 확률변수 X가 1부터 n까지의 자연수의 값을 취하며 각 확률이 같으면 확률질량함수는 다음과 같다.

$$p_k = p_X(k) = \frac{1}{n}, \quad k = 1, 2, \cdots, n$$

이때 확률변수 X는 모수가 n인 **이산균일분포**(discrete uniform distribution)를 따른다고 하고 $X \sim DU(n)$으로 나타낸다.

보기 5

두 개의 상자에 다음과 같이 공이 들어 있다. 임의로 선택한 상자에서 두 개의 공을 꺼낼 때 빨간 공의 개수를 X라 하자. X의 확률질량함수를 구하시오.

	상자 1	상자 2
빨간 공	4	2
파란 공	3	5

풀이

Y를 선택한 상자 번호라 하자. 상자 1을 선택했을 때 빨간 공이 하나도 없을 확률은 $P(X=0|Y=1)$이다. 이때 꺼낸 두 개의 공이 모두 파란 공이므로

$$P(X=0|Y=1) = \frac{\binom{4}{0}\binom{3}{2}}{\binom{7}{2}} = \frac{1}{7}$$

상자 2를 선택했을 때 빨간 공이 하나도 없을 확률은

$$P(X=0|Y=2) = \frac{\binom{2}{0}\binom{5}{2}}{\binom{7}{2}} = \frac{10}{21}$$

따라서 베이즈 정리에 의해 빨간 공이 하나도 없을 확률은 다음과 같다.

$$\begin{aligned} P(X=0) &= P(X=0|Y=1)P(Y=1) + P(X=0|Y=2)P(Y=2) \\ &= \frac{1}{7}\cdot\frac{1}{2} + \frac{10}{21}\cdot\frac{1}{2} = \frac{13}{42} \end{aligned}$$

같은 방법으로 $P(X=1) = \frac{1}{2}\left(\binom{4}{1}\binom{3}{1}/\binom{7}{2} + \binom{2}{1}\binom{5}{1}/\binom{7}{2}\right) = \frac{11}{21}$, $P(X=2) = \frac{7}{42}$ 이다.

2.1.3 연속확률변수

확률변수 X의 상태공간이 실수의 구간 형태이면 **연속확률변수**(continuous random variable)라 한다. 신생아의 몸무게라든가, 학교까지의 통학시간 등과 같은 계기를 이용하여 측정하는 자료값들은 연속확률변수로 표현한다. 연속확률변수에 대해서는 어느 한 점에서의 확률을 계산하는 것이 아니라 어느 구간에 속할 확률을 구한다. 어느 값에서 그 확률변수가 일어날 상대적 가능성을 **확률밀도**라고 정의한다. 다음과 같이 확률밀도는 **확률밀도함수**(probability density function)를 이용하여 나타낸다.

정의 확률밀도함수

음이 아닌 함수 f에 대해 다음 두 조건이 성립하면 f를 X의 확률밀도함수라 한다.

- $\int_{-\infty}^{\infty} f(x)dx = 1$
- $P(a \le X \le b) = \int_{a}^{b} f(x)dx$

다시 말해서 확률밀도함수의 그래프와 x축 사이의 넓이는 1이고 확률변수 X가 구간 $[a,b]$의 값을 가질 확률은 구간 $[a,b]$에서 확률밀도함수의 그래프와 x축 사이의 넓이이다.

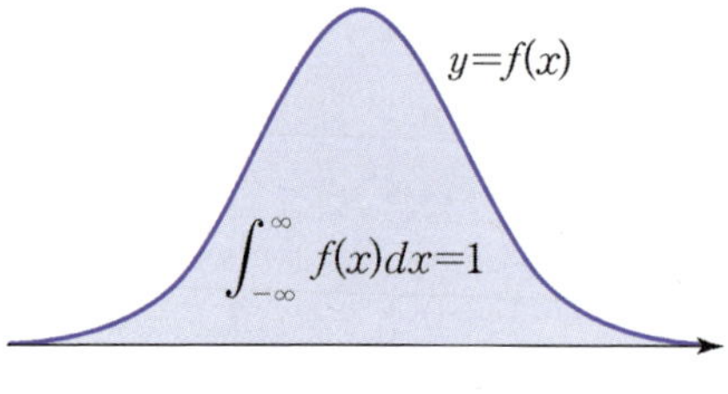

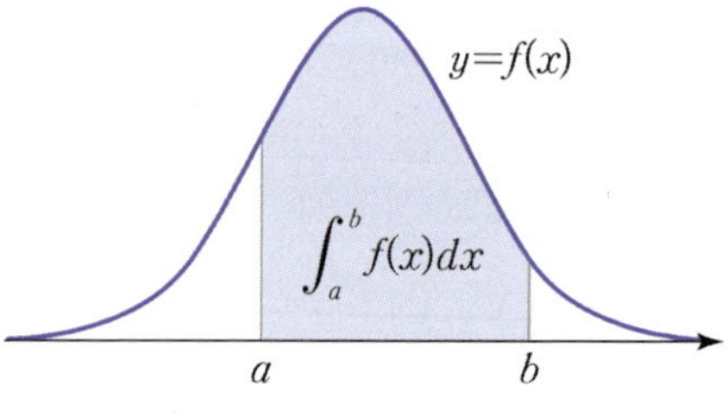

확률밀도함수의 두 번째 성질에서 $a = b$인 경우

$$P(X = a) = \int_{a}^{a} f(x)dx = 0$$

이다. 따라서 이산확률변수와는 달리 연속확률변수의 경우에는 한 점에서 0보다 큰 확률을 가질 수 없다. 대신 연속확률변수의 확률밀도함수값 $f(a)$는 확률변수 X가 a 근처에서 어느 정도 발생할지에 대한 측도로써 이해할 수 있다. 즉, 확률밀도함수 f가 $x=a$에서 연속이면 충분히 작은 값 da에 대하여

$$P(a \le X \le a+da) = \int_a^{a+da} f(x)dx \approx f(a)da$$

이므로 X의 값이 $[a, a+da]$에 속할 확률은 근사적으로 $f(a)da$이다.

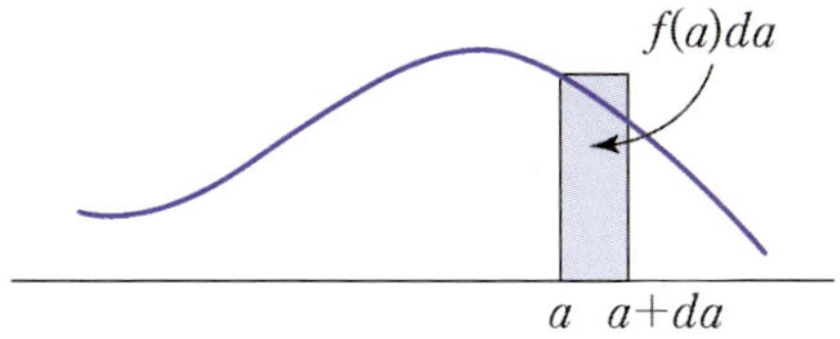

보기 6

확률변수 X의 확률밀도함수 f가 다음과 같다.

$$f(x) = \begin{cases} ce^{-2x}, & x \ge 0 \\ 0, & \text{기타} \end{cases}$$

c의 값을 구하고 확률 $P(X \le 1)$을 구하시오.[1]

풀이

f는 확률밀도함수이므로 $\int_{-\infty}^{\infty} f(x)dx = 1$이어야 한다. 즉,

$$\begin{aligned} 1 &= \int_{-\infty}^{\infty} f(x)dx = c\int_0^{\infty} e^{-2x}dx \\ &= c\lim_{t\to\infty}\left[\frac{1}{-2}e^{-2x}\right]_0^t = -\frac{1}{2}c\lim_{t\to\infty}(e^{-2t}-1) = \frac{c}{2} \end{aligned}$$

이므로 $c=2$이고 구하는 확률은 다음과 같다.

$$P(X \le 1) = 2\int_0^1 e^{-2x}dx = 1 - e^{-2} \approx 0.8647$$

1) 부록 **A.1**의 <특이적분> 참조

표현의 편의상 확률밀도함수는 0이 아닌 구간에 대하여만 표시하기도 한다. 예를 들어 **보기 6**의 확률밀도함수를 간단히 다음과 같이 나타내기도 한다.

$$f(x) = 2e^{-2x}, \quad x \geq 0$$

2.1.4 누적분포함수

확률변수 X에 대하여 **누적분포함수**(cumulative distribution function), 또는 간단히 **분포함수**(distribution function) F는 임의의 실수 x에 대하여 다음과 같이 정의한다.

$$F(x) = P(X \leq x)$$

F는 증가함수이고[2] 다음 성질을 갖는다.

- $\lim_{x \to \infty} F(x) = 1$
- $\lim_{x \to -\infty} F(x) = 0$

역으로 위의 두 성질을 만족하는 증가함수를 누적분포함수라 한다. 누적분포함수의 정의로부터 다음 등식이 성립한다.

$$P(a < X \leq b) = F(b) - F(a)$$

누적분포함수와 확률질량함수

이산확률변수 X의 확률질량함수가 $p(x)$이면

$$F(x) = \sum_{x_k \leq x} p(x_k)$$

이고 F의 그래프는 $p(x) > 0$인 x에서 크기가 $p(x)$인 점프를 하는 계단 모양의 함수이다. 역으로 이산확률변수의 누적분포함수를 알면 확률질량함수를 다음 식과 같이 구할 수 있다.

---

2) $x < y$이면 $F(x) \leq F(y)$일 때 F를 **증가함수**(increasing function)라 한다.

누적분포함수와 확률질량함수

이산확률변수 X의 확률질량함수가 $p(x)$, 누적분포함수가 $F(x)$이면

$$F(x) = P(X \le x) = \sum_{k \le x} p(k)$$

이고 $p(x) = F(x) - F(x-)$이다. 이때 $F(x-) = P(X < x) = \lim_{t \to x-} F(t)$이다.

보기 7

보기 1(a)에서 확률변수 X의 확률질량함수와 누적분포함수는 각각 다음과 같다.

$$p_X(x) = \begin{cases} 1/8, & x = 0 \\ 3/8, & x = 1 \\ 3/8, & x = 2 \\ 1/8, & x = 3 \end{cases} \qquad F_X(x) = \begin{cases} 0, & x < 0 \\ 1/8, & 0 \le x < 1 \\ 1/2, & 1 \le x < 2 \\ 7/8, & 2 \le x < 3 \\ 1, & x \ge 3 \end{cases}$$

X의 확률질량함수와 누적분포함수의 그래프는 각각 다음과 같다.

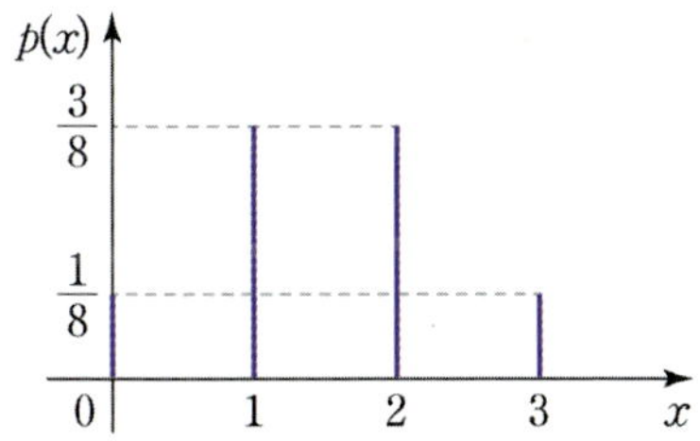

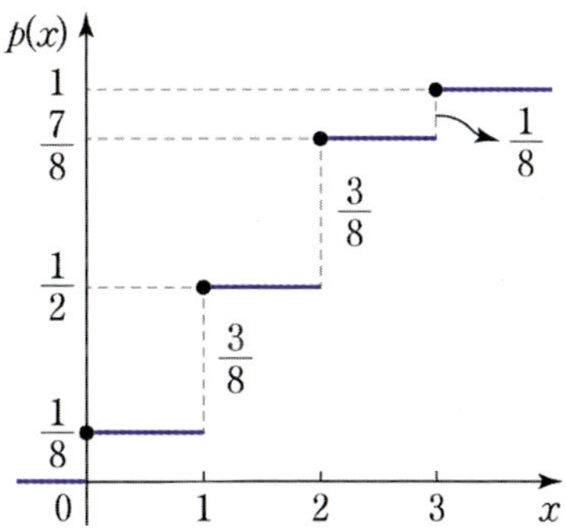

보기 1(c)에서 확률변수 X의 누적분포함수를 F라 하면

$x < 1,\ F(x) = 0$

$1 \le x < 2,\ \ F(x) = P(X \le x) = P(X = 1) = \dfrac{1}{2}$

$2 \le x < 3,\ F(x) = P(X \le x) = P(X = 1) + P(X = 2) = \dfrac{1}{2} + \dfrac{1}{4} = \dfrac{3}{4}$

이다. 같은 방법으로 자연수 n에 대하여 $n \le x < n+1$이면

$$F(x) = P(X \le x) = P(X=1) + \cdots + P(X=n) = \sum_{k=1}^{n} \frac{1}{2^k} = 1 - \frac{1}{2^n}$$

이므로 누적분포함수는 다음과 같다. 이때 n은 자연수이다.

$$F_X(x) = \begin{cases} 0, & x < 1 \\ 1 - \dfrac{1}{2^n}, & n \le x < n+1 \end{cases}$$

X의 확률질량함수와 누적분포함수의 그래프는 각각 다음과 같다.

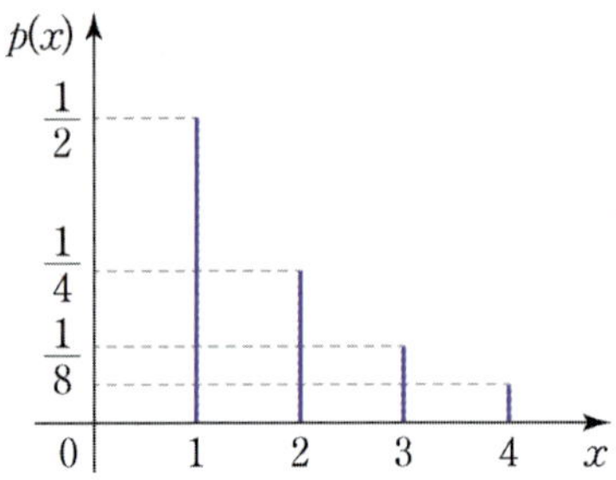

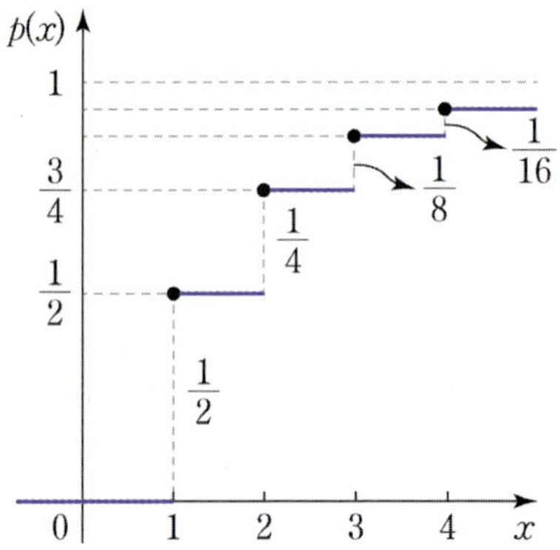

누적분포함수와 확률밀도함수

연속확률변수 X의 누적분포함수 F와 확률밀도함수 f에 대하여 미적분학의 기본 정리로부터 다음 결과를 얻는다.

누적분포함수와 확률밀도함수

$f(x)$, $F(x)$가 각각 연속확률변수 X의 확률밀도함수, 누적분포함수이면

$$F(x) = \int_{-\infty}^{x} f(t)\,dt, \quad \frac{d}{dx}(F(x)) = f(x)$$

보기 8

지하철역에 지하철이 5분에 한 대씩 들어온다고 하자. 당신이 지하철역에 도착하였을 때, 바로 앞의 지하철이 언제 떠났는지 모른다면 3분 이내에 다음 지하철을 탈 수 있는 확률은 얼마인가?

풀이

확률변수 X를 지하철역 도착 후 다음 지하철이 들어올 때까지의 시간이라고 하자. 그러면 $0 \le X \le 5$이며 X는 이 구간에서 모두 같은 정도의 가능성을 가지므로 X의 확률밀도함수 $f(x)$는

$$f(x) = \begin{cases} c, & 0 \le x \le 5 \\ 0, & \text{기타} \end{cases}$$

이다.

$$\int_{-\infty}^{\infty} f(x)dx = \int_{0}^{5} cdx = 5c = 1$$

이므로 $c = 1/5$이고 구하는 확률은 다음과 같다.

$$P(X \le 3) = \int_{0}^{3} \frac{1}{5}dx = \frac{3}{5}$$

보기 8은 (연속)균일분포의 한 예이다. 일반적인 **(연속)균일분포(uniform distribution)**의 정의는 다음과 같다.

정의 (연속)균일분포

연속확률변수 X가 구간 $[a, b]$의 값을 취하며 구간의 모든 점에서 일어날 가능성이 같을 때, X는 구간 $[a, b]$에서 **균일분포**를 따른다고 하고

$$X \sim U(a, b)$$

로 나타낸다. 이때 확률밀도함수는 다음과 같다.

$$f(x) = \frac{1}{b-a}, \quad a \le x \le b$$

> **NOTE** 균일분포의 경우 확률밀도함수로 다음과 같이 정의할 수도 있다.
>
> $$f(x) = \frac{1}{b-a}, \quad a < x < b$$

한 점에서의 적분값은 항상 0이므로 주어진 구간에서 양끝점이 포함되거나 포함되지 않거나 확률분포에는 영향을 미치지 않는다.

균일분포의 경우 X가 구간 $[c,d]$에 속할 확률은 구간 $[c,d]$의 길이가 구간 $[a,b]$에서 차지하는 비율이다. 즉, $a \le c < d \le b$이면

$$P(c \le X \le d) = \frac{[c,d]\text{의 길이}}{[a,b]\text{의 길이}} = \frac{d-c}{b-a}$$

이다. 구간 $[a,b]$에서 누적분포함수는 기울기가 $\frac{1}{b-a}$이고 점 $(a,0)$을 지나는 직선이다.

$$F(x) = \begin{cases} 0, & x \le a \\ \frac{1}{b-a}(x-a), & a \le x \le b \\ 1, & x \ge b \end{cases}$$

X의 확률밀도함수와 누적분포함수의 그래프는 각각 다음과 같다.

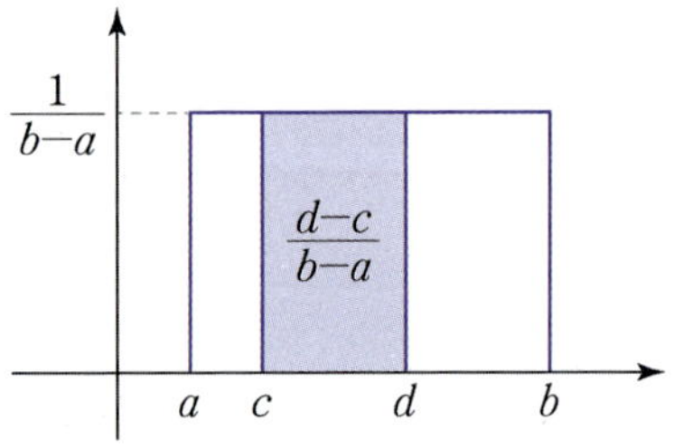

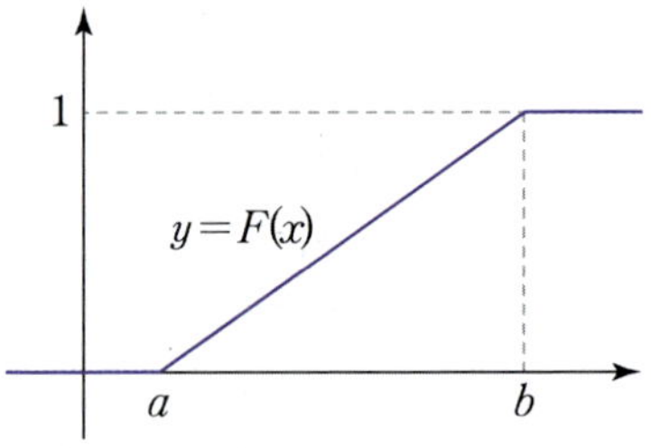

다음 보기에서는 X의 누적분포함수와 확률밀도함수로부터 $Y = g(X)$로 정의된 확률변수의 누적분포함수와 확률밀도함수를 구하는 방법을 소개한다.

보기 9

$f_X(x)$, $F_X(x)$가 각각 연속확률변수 X의 확률밀도함수, 누적분포함수라 하자. 다음 확률변수의 누적분포함수 $F_Y(y)=P(Y \le y)$와 확률밀도함수 $f_Y(y)$를 구하시오.

(a) $Y=X+1$ (b) $Y=2X$ (c) $Y=-X$

풀이

(a) $F_Y(y)=P(Y\le y)=P(X\le y-1)=F_X(y-1)$이므로 확률밀도함수는

$$f_Y(y)=\frac{d}{dy}F_Y(y)=\frac{d}{dy}F_X(y-1)=f_X(y-1)$$

(b) $F_Y(y)=P(Y\le y)=P\left(X\le \frac{y}{2}\right)=F_X\left(\frac{y}{2}\right)$이므로 확률밀도함수는

$$f_Y(y)=\frac{d}{dy}F_Y(y)=\frac{d}{dy}F_X\left(\frac{y}{2}\right)=\frac{1}{2}f_X\left(\frac{y}{2}\right)$$

(c) $F_Y(y)=P(Y\le y)=P(X\ge -y)=1-F_X(-y)$이므로 확률밀도함수는

$$f_Y(y)=\frac{d}{dy}F_Y(y)=\frac{d}{dy}(1-F_X(-y))=f_X(-y)$$

보기 10

확률변수 X의 확률밀도함수가 $f_X(x)=2e^{-2x}$, $x\ge 0$일 때 $Y=e^X$의 확률밀도함수 $g_Y(y)$를 구하시오.

풀이

$X\ge 0$이므로 $Y\ge 1$이다. $P(X\ge x)=e^{-2x}$, $x\ge 0$이고 $y\ge 1$일 때

$$P(Y\ge y)=P(e^X\ge y)=P(X\ge \ln y)=e^{-2\ln y}=\frac{1}{y^2}=1-G_Y(y)$$

이므로 Y의 확률밀도함수 $g_Y(y)$는 다음과 같다.

$$g_Y(y)=\frac{d}{dy}(G_Y(y))=\frac{2}{y^3},\ y\ge 1$$

연습문제 2.1

01 확률변수 X의 상태공간이 $\{1, 2, 3, 4, 5, 6, 7\}$이다.

$$P(X < 4) = 0.45, \qquad P(X > 4) = 0.35$$

일 때 다음을 구하시오.

(a) $P(X = 4)$ (b) $P(X < 5)$ (c) $P(X > 3)$

02 확률변수 X의 상태공간이 10 이하의 자연수 집합이다.

$$P(X < 5) = 0.4, \qquad P(X > 5) = 0.5$$

일 때 다음을 구하시오.

(a) $P(X = 5)$ (b) $P(X < 6)$ (c) $P(X > 4)$

03 연속확률변수 X의 확률밀도함수의 그래프가 다음과 같을 때 주어진 값을 구하시오.

(a) a (b) $P(-1 \le X \le 0.5)$ (c) $P(|X| \le b) = \frac{1}{2}$인 b

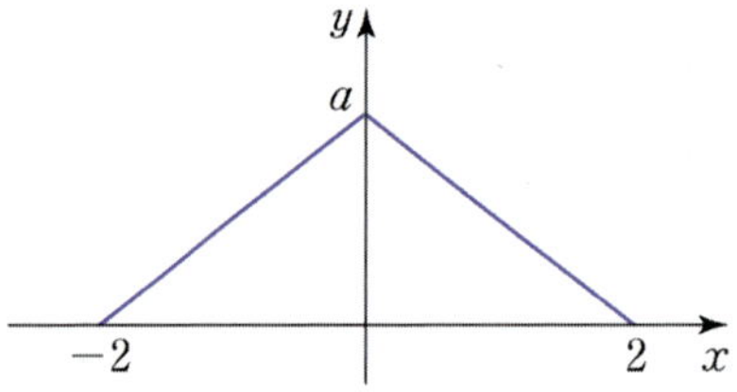

04 지시변수에 대하여 다음 식이 성립함을 보이시오.

(a) $I_{E \cap F} = I_E I_F$ (b) $I_{E \cup F} = I_E + I_F - I_{E \cap F}$

(c) $I_{E^c} = 1 - I_E$ (d) $E(I_A) = P(A)$

05 버스가 아침 5시부터 15분 간격으로 차고에서 출발한다. 어떤 승객이 차고에 도착하는 시각은 7시에서 7시 30분 사이에 균일분포를 한다고 한다. 이 승객이 버스가 출발할 때까지 10분 이상 기다릴 확률을 구하시오. 또, 5분 이하로 기다릴 확률을 구하시오.

06 (a) $f_1(x)$, $f_2(x)$가 각각 확률밀도함수이고 $\alpha\,(0 \le \alpha \le 1)$는 상수일 때 $\alpha f_1(x)+(1-\alpha)f_2(x)$도 확률밀도함수임을 보이시오.

(b) $F_1(x)$, $F_2(x)$가 각각 누적분포함수이고 $\alpha\,(0 \le \alpha \le 1)$는 상수일 때 $\alpha F_1(x)+(1-\alpha)F_2(x)$도 누적분포함수임을 보이시오.

07 연속확률변수 X의 분포가 임의의 실수 x에 대하여 다음 식을 만족하면 X는 0에 대하여 **대칭(symmetric)**이라고 한다.

$$P(X \le -x) = P(X \ge x)$$

(a) 연속확률변수 X가 0에 대하여 대칭일 때 X와 $-X$의 분포가 같음을 보이시오.

(b) $P(|X| \le x) = 2F_X(x) - 1$임을 보이시오.

08 연속확률변수 X의 확률밀도함수가 $f(x)$, 누적분포함수가 $F(x)$이다. $Y = aX + b$의 누적분포함수와 확률밀도함수를 다음 경우에 구하시오.

(a) $a > 0$ (b) $a < 0$

09 X의 확률밀도함수가 $f(x)$가 짝함수일 때 $Y = X^2$의 확률밀도함수 g를 f를 이용하여 나타내어라.

10 X는 확률밀도함수가 $f(x)$, 누적분포함수가 $F(x)$인 연속확률변수이다.

(a) $Y = e^X$의 누적분포함수 $G(y) = P(Y \le y)$를 X의 누적분포함수 $F(x) = P(X \le x)$를 이용하여 나타내어라.

(b) $Y = e^X$의 확률밀도함수 $g(y) = G'(y)$를 X의 확률밀도함수 $f(x) = F'(x)$를 이용하여 나타내어라. (단, $\frac{d}{dx}(\ln x) = \frac{1}{x}$이다.)

2.2 중심위치에 대한 측도

주어진 모집단, 또는 확률변수의 특성을 말할 때 가장 관심을 갖게 되는 것은 **중심위치**(central location)라 할 수 있다. 중심위치에 대한 측도로 가장 많이 쓰이는 것은 기댓값(expected value)이지만 경우에 따라서는 중앙값(median) 또는 최빈값(mode)을 사용하기도 한다. 중심위치의 측도 중에서 어느 것을 사용할 것인가를 결정하는 것은 확률변수의 속성에 따라 달라진다.

2.2.1 기댓값

확률변수의 기댓값은 분포의 중심위치를 나타내는 측도로서 확률론에서 가장 중요한 개념 중의 하나이다. X의 **기댓값**(expected value), 또는 **평균**(mean)을 $E(X)$, μ_X 또는 간단히 μ로 나타낸다.

이산확률변수 X의 확률질량함수가 $p(x)$일 때, X의 기댓값은 다음과 같이 정의한다.

$$\mu = E(X) = \sum x_j p(x_j)$$

다시 말하자면, X의 기댓값은 X가 취하는 값들에 대하여 확률질량함수를 **가중치**(weight)로 한 **가중평균**(weighted mean)이다.

연속확률변수 X의 기댓값은 확률밀도함수 $f(x)$를 이용하여 다음과 같이 정의한다.

$$E(X) = \int_{-\infty}^{\infty} x f(x) dx$$

dx가 0에 가까운 양수를 나타낸다면

$$P(x < X < x + dx) \approx f(x)dx$$

이므로 X의 기댓값은 X가 x 근방에 있을 확률 $f(x)$를 가중치로 한 가중평균으로 이해할 수 있다. 다시 말해서 이산확률변수나 연속확률변수 모두 기댓값은 확률질량함수 또는 확률밀도함수의 무게중심으로 이해할 수 있는데 x축에서 기댓값 아래 받침대를 놓으면 그래프는 평형을 이룬다.

정의 기댓값

- 확률질량함수가 $p(x)$인 이산확률변수 X의 기댓값은 다음과 같이 정의한다.

$$\mu = E(X) = \sum x_j p(x_j)$$

- 확률밀도함수가 $f(x)$인 연속확률변수 X의 기댓값은 다음과 같이 정의한다.

$$\mu = E(X) = \int_{-\infty}^{\infty} x f(x) dx$$

NOTE 기댓값의 정의로부터 음이 아닌 확률변수 X의 기댓값은 음이 아니다.

즉, $X \geq 0$이면 $E(X) \geq 0$이다.

보기 1

(a) 임의의 사건 $A \subset \Omega$에 대하여 다음과 같이 정의된 변수를 **지시변수**(characteristic random variable, 또는, indicator random variable)라 하고 I_A로 나타낸다.

$$I_A = \begin{cases} 1, & \text{사건 } A\text{가 일어났을 때} \\ 0, & \text{사건 } A\text{가 일어나지 않았을 때} \end{cases}$$

사건 A의 확률이 p일 때 사건 A의 지시변수 I_A의 기댓값은 사건 A의 확률 p와 같다.

$$E(I_A) = 0 \cdot P(A^C) + 1 \cdot P(A) = p$$

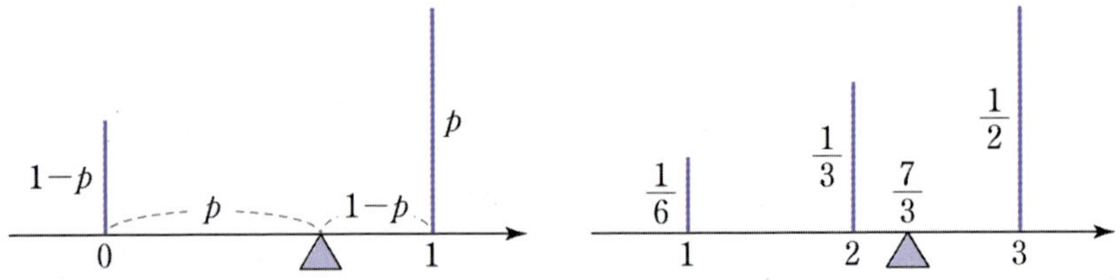

(b) 확률변수 X가 1, 2, 3의 값을 가질 확률이 각각 $\frac{1}{6}$, $\frac{2}{6}$, $\frac{3}{6}$이면 기댓값은

$$E(X) = 1 \cdot \frac{1}{6} + 2 \cdot \frac{2}{6} + 3 \cdot \frac{3}{6} = \frac{7}{3}$$

이다. 위 그림(오른쪽)은 X의 확률질량함수와 기댓값을 나타낸 것이다.

보기 2

배차 간격이 10분인 고속버스가 있다. 고속버스터미널에 도착하였을 때 제일 먼저 출발하는 고속버스를 탄다면 고속버스가 떠날 때까지 4분 이상 기다릴 확률을 구하시오. 또 고속버스가 떠날 때까지 기다리는 시간의 기댓값을 구하시오.

풀이

고속버스가 출발할 때까지 기다리는 시간을 T라 하자. 앞의 고속버스가 언제 떠났는지 모르는 상태에서 고속버스가 출발할 때까지 기다리는 시간은 0에서 10분까지 똑같은 가능성을 가지므로 T는 구간 $[0,10]$에서 균일분포를 따르고 확률밀도함수는

$$f(x) = \frac{1}{10}, \ 0 \le x \le 10$$

이다. 따라서 4분 이상 기다릴 확률은

$$P(T \ge 4) = \int_4^{10} \frac{1}{10} dt = \frac{1}{10}(10-4) = \frac{3}{5}$$

이다. 기다리는 시간의 기댓값은

$$E(T) = \int_{-\infty}^{\infty} tf(t)dt = \int_0^{10} \frac{t}{10} dt = \frac{1}{10} \cdot \frac{t^2}{2}\bigg|_0^{10} = 5$$

이다. 즉 평균적으로 5분 기다리면 고속버스는 출발한다.

일반적으로 연속확률변수 X가 구간 $[a, b]$에서 균일분포를 따르면 기댓값은 다음과 같다.

$$
\begin{aligned}
E(X) &= \int_{-\infty}^{\infty} f(x)dx = \int_{a}^{b} \frac{x}{b-a}dx = \frac{1}{(b-a)}\frac{x^2}{2}\bigg|_{a}^{b} \\
&= \frac{1}{2(b-a)}(b^2-a^2) = \frac{a+b}{2}
\end{aligned}
$$

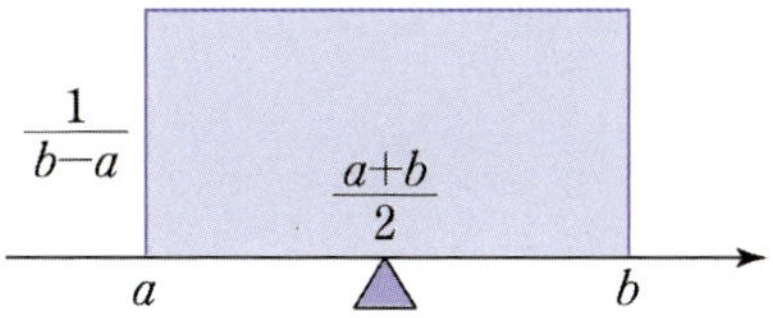

기댓값은 다음과 같은 **선형성(linearity)**을 가진다.

기댓값의 선형성

상수 a, b에 대하여 다음 식이 성립한다.

$$E(aX+b) = aE(X)+b$$

이 결과는 기댓값의 정의로부터 쉽게 보일 수 있다. X가 확률질량함수 $p_X(x)$를 갖는 이산확률변수이면

$$
\begin{aligned}
E(aX+b) &= \sum_x (ax+b)p(x) \\
&= a\sum_x (xp(x)) + b\sum_x p(x) = aE(X)+b
\end{aligned}
$$

이고 X가 확률밀도함수 $f(x)$를 갖는 연속확률변수이면

$$
\begin{aligned}
E(aX+b) &= \int_{-\infty}^{\infty} (ax+b)f(x)dx \\
&= a\int_{-\infty}^{\infty} xf(x)dx + b\int_{-\infty}^{\infty} f(x)dx = aE(X)+b
\end{aligned}
$$

이다.

2.2.2 기댓값의 덧셈법칙

확률변수의 합의 기댓값을 다음 보기에서 구해 보자.

보기 3

두 개의 주사위를 던져 나오는 눈의 합을 T라고 할 때, T의 확률분포를 구하고 기댓값을 구하시오.

풀이

표본공간은 36개의 원소를 갖는 등확률모형이므로 다음과 같은 T의 확률분포를 얻는다.

$$P(T=2)=P((1,1))=\frac{1}{36}$$

$$P(T=3)=P((1,2),(2,1))=\frac{2}{36}$$

$$P(T=4)=P((1,3),(2,2),(3,1))=\frac{3}{36}$$

$$P(T=5)=P((1,4),(2,3),(3,2),(4,1))=\frac{4}{36}$$

$$P(T=6)=P((1,5),(2,4),(3,3),(4,2),(5,1))=\frac{5}{36}$$

$$P(T=7)=P((1,6),(2,5),(3,4),(4,3),(5,2),(6,1))=\frac{6}{36}$$

$$P(T=8)=P((2,6),(3,5),(4,4),(5,3),(6,2))=\frac{5}{36}$$

$$P(T=9)=P((3,6),(4,5),(5,4),(6,3))=\frac{4}{36}$$

$$P(T=10)=P((4,6),(5,5),(6,4))=\frac{3}{36}$$

$$P(T=11)=P((5,6),(6,5))=\frac{2}{36}$$

$$P(T=12)=P((6,6))=\frac{1}{36}$$

따라서 다음과 같은 확률분포표를 얻는다.

t	2	3	4	5	6	7	8	9	10	11	12
$P(T=t)$	$\frac{1}{36}$	$\frac{2}{36}$	$\frac{3}{36}$	$\frac{4}{36}$	$\frac{5}{36}$	$\frac{6}{36}$	$\frac{5}{36}$	$\frac{4}{36}$	$\frac{3}{36}$	$\frac{2}{36}$	$\frac{1}{36}$

이 표를 이용하면 기댓값은 다음과 같다.

$$E(T) = \sum_{t=2}^{12} tP(T=t) = 7$$

보기 3에서 T의 기댓값은 다음과 같이 구할 수도 있다. 즉, 1번 주사위의 눈의 수를 X_1, 2번 주사위의 눈의 수를 X_2라 하면

$$T = X_1 + X_2$$

이다. X_1과 X_2는 이산균일분포를 따르고 $E(X_1) = E(X_2) = \frac{7}{2}$이다. 따라서

$$E(T) = E(X_1 + X_2) = E(X_1) + E(X_2) = 7$$

이다. 다시 말해서 T의 기댓값은 X_1과 X_2의 기댓값의 합과 같다. 마찬가지로 주사위를 n번 던져 나온 눈의 수의 합을 T_n, X_k를 k번째 던진 주사위의 눈의 수라 하면

$$T_n = X_1 + X_2 + \cdots + X_n$$

이고 다음 식이 성립한다.

$$E(T_n) = E(X_1) + E(X_2) + \cdots + E(X_n) = \frac{7}{2}n$$

이러한 확률변수의 합에 대한 기댓값의 결과는 일반적인 확률변수들에 대하여도 성립하며 **기댓값의 덧셈법칙**이라 한다.[3)]

3) 엄밀히 말하자면 기댓값의 덧셈법칙은 결합분포를 이용하여 증명해야 하는 결과이지만 증명 없이 받아들이기로 한다.

기댓값의 덧셈법칙

같은 표본공간에 정의된 n개의 확률변수 $X_1, X_2, \cdots, X_n$에 대하여

$$E(X_1 + X_2 + \cdots + X_n) = E(X_1) + E(X_2) + \cdots + E(X_n)$$

이 성립한다.

NOTE 기댓값의 덧셈법칙은 다음과 같이 일반화할 수 있다.

$$E(a_1X_1 + a_2X_2 + \cdots + a_nX_n) = a_1E(X_1) + a_2E(X_2) + \cdots + a_nE(X_n)$$

NOTE 기댓값의 덧셈법칙으로부터 같은 표본공간에 정의된 확률변수 X, Y에 대하여

$$X \le Y\text{이면 } E(X) \le E(Y)$$

임을 보일 수 있다.

기댓값의 덧셈법칙은 복잡한 확률변수를 여러 개의 간단한 확률변수의 합으로 나타내어 기댓값을 쉽게 구할 수 있게 해준다. 몇 개의 보기를 통해 그 유용성을 살펴보자.

보기 4

100명의 고객에게 보낼 편지의 편지지와 봉투가 분리되어 있다. 편지지를 무작위로 봉투에 넣을 때 편지지의 고객과 봉투의 고객이 일치하는 개수 X의 기댓값을 구하시오.

풀이

$i = 1, 2, \cdots, 100$에 대하여 사건 E_i를 i번째 편지지가 i번째 봉투에 들어가는 사건이라 하자. 사건 E_i의 확률은 100개의 봉투 중에서 i번째 봉투 하나를 선택하는 확률이므로

$$P(E_i) = \frac{1}{100}, \quad 1 \le i \le 100$$

이다. $X = I_{E_1} + I_{E_2} + \cdots + I_{E_{100}}$이고 $E(I_{E_i}) = P(E_i)$이므로

$$E(X) = E(I_{E_1} + I_{E_2} + \cdots + I_{E_{100}}) = 100E(I_{E_1}) = 100\frac{1}{100} = 1$$

이다.

보기 4는 확률론에서 아주 유명한 문제의 한 형태로 보통 **편지봉투 문제**라 불리며 다양한 형태의 변형은 연습문제에서 살펴보기로 한다.

보기 5

항아리에 m개의 빨간 공을 포함하여 총 N개의 공이 들어 있다. 이 중에서 n개의 공을 비복원추출로 꺼낼 때, 빨간 공의 수의 기댓값을 구하시오.

풀이

$i = 1, 2, \cdots, m$에 대하여 사건 A_i를 i번째 빨간 공이 선택되는 사건이라고 하자. 확률변수 X_i를 사건 A_i의 지시변수라고 하자.

$$X_i = \begin{cases} 1, & i\text{번째 빨간 공이 선택된 경우} \\ 0, & \text{그 이외의 경우} \end{cases}$$

선택된 공 가운데 빨간 공의 수를 X라 하면

$$X = X_1 + X_2 + \cdots + X_m$$

이다. 사건 A_i는 i번째 빨간 공을 포함하고 나머지 $N-1$개의 공 중에서 $n-1$개의 공을 선택하는 것과 같다. $E(X_i) = P(X_i = 1) = P(A_i)$이므로

$$E(X_i) = P(A_i) = \frac{\binom{1}{1}\binom{N-1}{n-1}}{\binom{N}{n}} = \frac{\dfrac{(N-1)!}{(N-1-(n-1))!(n-1)!}}{\dfrac{N!}{(N-n)!n!}} = \frac{n}{N}$$

이다. 기댓값의 덧셈법칙에서

$$E(X) = E(X_1) + E(X_2) + \cdots + E(X_m) = \frac{mn}{N}$$

을 얻는다.

2.2.3 확률변수의 함수

확률변수 X의 분포를 알고 있을 때, X의 기댓값 이외에도 X의 함수 $g(X)$의 기댓값(예를 들어, $g(X)=X^2$, $g(X)=e^X$ 등)이 필요할 때가 있다. $g(X)$의 기댓값을 구하는 방법을 알아보자. 다음 방법은 $g(X)$의 확률분포를 구한 후 기댓값 $E(g(X))$를 구한 것이다.

보기 6

동전을 세 번 던져 앞면이 나온 회수를 X라 하자. $Y=(X-1)^2$의 기댓값을 구하시오.

X	0	1	2	3
Y	1	0	1	4

풀이

$X=0$ 또는 $X=2$일 때 $Y=1$이므로 X의 분포를 이용하여 Y의 분포를 구하면 다음과 같다.

$$P(Y=0)=P(X=1)=\frac{3}{8}$$

$$P(Y=1)=P(X=0)+P(X=2)=\frac{1}{2}$$

$$P(Y=4)=P(X=3)=\frac{1}{8}$$

위의 분포를 정리하면 다음과 같은 Y의 확률분포표를 얻는다.

y	0	1	4
$P(Y=y)$	$\frac{3}{8}$	$\frac{1}{2}$	$\frac{1}{8}$

따라서 Y의 기댓값은 정의로부터 다음과 같다.

$$E(Y)=E((X-1)^2)=0\times\frac{3}{8}+1\times\frac{1}{2}+4\times\frac{1}{8}=1$$

보기 6처럼 X의 함수 $g(X)$의 분포를 구한 후 $g(X)$의 기댓값을 구할 수도 있지만 $g(X)$의 분포를 구하지 않고도 $g(X)$의 기댓값을 구할 수 있다.

기댓값 $E(g(X))$를 $g(X)$가 가지는 값들에 대한 가중평균으로 생각하면 $X=x$에서 $g(X)$의 값은 $g(x)$이고 $g(x)$에 대한 가중치는 $X=x$의 확률 $p_X(x)$(확률질량함수), 또는 $f_X(x)$(확률밀도함수)로 주어진다. 따라서 다음 결과를 얻는다.

$g(X)$의 기댓값

임의의 연속함수 g에 대하여 $g(X)$의 기댓값은 다음과 같다.

$$E(g(X))=\begin{cases}\sum_x g(x)p(x), & X\text{가 이산형일 때}\\ \int_{-\infty}^{\infty} g(x)f(x)\,dx, & X\text{가 연속형일 때}\end{cases}$$

NOTE 자연수 n에 대하여 $E(X^n)$을 X의 **n차 적률(nth moment)**이라 부른다. 위의 결과로부터 n차 적률에 대한 다음 결과를 얻는다.

$$E(X^n)=\begin{cases}\sum_x x^n p(x), & X\text{가 이산형일 때}\\ \int_{-\infty}^{\infty} x^n f(x)\,dx, & X\text{가 연속형일 때}\end{cases}$$

2.2.4 자료의 중앙값과 최빈값

모든 확률변수에 대하여 기댓값이 항상 존재하는 것은 아니다. 예를 들어, 확률변수 X의 확률밀도함수가

$$f(x)=\frac{1}{2x^{3/2}},\quad x\ge 1$$

이면

$$E(X)=\int_1^{\infty}\frac{x}{2x\sqrt{x}}\,dx=\left[\sqrt{x}\,\right]_1^{\infty}=\infty$$

이다. 이때 기댓값은 중심의 위치에 대하여 아무런 정보를 주지 못하므로 중심의 위치를 나타내는 다른 측도가 필요하다. 기댓값과 더불어 중심의 위치에 대한 측도로 많이 사용되는 것은 중앙값과 최빈값이다. 우선 유한개의 자료(등확률모형) $\{x_1, x_2, \cdots, x_n\}$ 에서 중앙값과 최빈값을 살펴보자.

중앙값

자료가 유한개일 때 **중앙값(median)**은 자료를 증가하는 순서, 또는 감소하는 순서로 나열할 때 가운데 놓이는 값이다. 중앙값은 이상점(outlier)에 크게 영향을 받는 평균의 단점을 보완하는 중심위치의 측도로 많이 사용한다. 자료의 수가 n개일 때 n이 홀수이면 $(n=2k+1)$ 중앙값은 $k+1=\frac{n+1}{2}$번째 값이고 n이 짝수이면$(n=2k)$ k번째 값과 $k+1$번째 값의 평균이다. 다시 말해서, 자료들을 크기 순서대로 나열한 것을

$$x_{(1)},\ x_{(2)},\ \cdots,\ x_{(n)}$$

이라 할 때 중앙값 m은 다음과 같이 정의한다.

$$m=\begin{cases} x_{(k+1)}, & n=2k+1 \\ \dfrac{x_{(k)}+x_{(k+1)}}{2}, & n=2k \end{cases}$$

예를 들어 $\{1,2,3,4,5,6\}$, $\{1,2,3,4,5,75\}$의 평균은 각각

$$\frac{1}{6}(1+2+3+4+5+6)=3.5,\quad \frac{1}{6}(1+2+3+4+5+75)=15$$

이지만 중앙값은 모두 세 번째 값 3과 네 번째 값 4의 평균 $\frac{1}{2}(3+4)=3.5$이다.

평균(기댓값)과 중앙값은 자료의 중심을 나타내는 측도로 사용되지만 평균은 모든 자료를 사용하는 반면 중앙값은 하나 또는 두 개의 자료만을 사용한다는 차이가 있다. 또한 평균은 이상점이 있는 경우 중심위치를 왜곡할 위험이 있지만 중앙값은 이상점에 거의 영향을 받지 않는다. 따라서 한쪽으로 치우치거나 이상점이 있는 경우 중앙값은 평균보다 중심위치를 나타내기에 더 좋은 값이다. 그러나 전체 자료를 순서대로 나열한 후 가운데 있는 값을 찾아야 하므로 자료의 수가 많은 경우 수학적으로 다루기 어렵다는 단점이 있다.

최빈값

최빈값(mode)은 두 번 이상 나타나는 자료의 값 중에서 가장 도수가 높은 자료의 값을 의미한다. 평균이나 중앙값은 양적 자료에서만 정의할 수 있고 유일한 값이다. 최빈값은 양적 자료뿐 아니라 질적 자료에도 정의할 수 있는데 질적 자료의 경우는 도수가 가장 높은 범주가 최빈값이다. 평균이나 중앙값과는 달리 최빈값은 여러 개일 수도 있고 없을 수도 있다. 도수분포표나 히스토그램을 이용하여 양적 자료의 최빈값을 구하는 경우 도수가 가장 큰 계급을 찾아 그 계급값을 최빈값으로 정한다. 최빈값은 기성복의 치수를 결정하거나 제품의 색상 선호도 등을 결정할 때 많이 쓰인다.

보기 7

다음 자료에서 평균, 중앙값, 최빈값을 구하여라.

36	71	79	42	46	63	75	88	90	58
80	84	46	62	70	76	92	79	48	96
72	73	84	67	57	66	68	95	73	65
90	61	70	80	69	98	61	59	72	86
28	65	96	73	68	52	67	56	52	72

풀이

평균은 50개의 값을 모두 더한 후 50으로 나눈 값이다.

$$\mu = \frac{1}{50}(36+71+\cdots+52+72) = 69.52$$

순서대로 나열하였을 때 25번째 자료의 값은 70, 26번째 자료의 값도 70이므로 중앙값은

$$m_e = \frac{1}{2}(70+70) = 70$$

이다. 72가 3번, 73이 3번 나오고 다른 값들은 2번 이하로 나타나므로 최빈값 m_o은 72와 73이다.

지금까지 살펴본 중심위치의 측도 중 어느 것이 다른 것보다 항상 좋다고 말할 수는 없다. 상황에 따라 달라지기 때문이다. 하지만 일반적으로 가장 많이 쓰이는 것은 평균으로 다음과 같은 장점을 지닌다.

- 자료의 값을 모두 사용한다.
- 편차의 합이 0이다. ($\sum(x_i - \mu) = 0$)
- 제곱오차의 합을 최소화하는 값이다.
- 수학적인 이론을 전개하기가 가장 수월하다.

2.2.5 확률변수의 중앙값과 최빈값

일반적인 확률변수 X에 대하여 중앙값 m은 다음 식을 만족하는 값으로 정의한다.

$$P(X \le m) \ge 0.5, \quad P(X \ge m) \ge 0.5$$

연속확률변수의 경우 중앙값 m은

$$P(X \le m) = P(X \ge m) = 0.5$$

인 값이다. 중앙값은 기댓값과는 달리 유일하지 않을 수도 있다. 또한 최빈값은 확률질량함수 $p_X(x)$, 또는 확률밀도함수 $f_X(x)$가 최대가 되는 x의 값으로 정의한다.

보기 8

(a) **보기 1**(a)에서 $p > \frac{1}{2}$이면

$$P(I_A \le 1) = 1 \ge \frac{1}{2}, \ P(I_A \ge 1) = P(I_A = 1) = p \ge \frac{1}{2}$$

이므로 $m = 1$은 중앙값이다. $0 \le a < 1$이면

$$P(I_A \le a) = P(I_A = 0) = 1 - p < \frac{1}{2}$$

이고 $a > 1$이면

$$P(I_A \geq a) = 0 < \frac{1}{2}$$

이므로 중앙값은 유일하다. 최빈값은 $m_e = 1$이다.

(b) **보기 1**(b)($P(X=i) = \frac{i}{6}$, $i = 1, 2, 3$)에서 $2 \leq x < 3$이면

$$P(X \leq x) = P(X=1) + P(X=2) = \frac{1}{2}$$

$$P(X \geq x) = P(X \geq 3) = \frac{1}{2}$$

이므로 $2 \leq x < 3$인 x는 모두 중앙값이다.

$$P(X \leq 3) = 1 \geq \frac{1}{2},\ P(X \geq 3) = \frac{1}{2}$$

이므로 $x = 3$도 중앙값이다. 최빈값은 $m_e = 3$이다.

(c) $X \sim U(a, b)$이면 확률밀도함수는 $x_0 = \frac{a+b}{2}$에 대하여 대칭이므로

$$P\left(X \leq \frac{a+b}{2}\right) = P\left(X \geq \frac{a+b}{2}\right) = \frac{1}{2}$$

이고 $x_0 = \frac{a+b}{2}$는 유일한 중앙값이다. $f(x) = \frac{1}{b-a}$, $a \leq x \leq b$이므로 구간 $[a, b]$의 모든 값이 최빈값이다.[4)]

(d) 확률밀도함수가 $f(x) = \frac{1}{2x^{3/2}}$, $x \geq 1$이면 중앙값 $m_o = m$은 다음 식을 만족한다.

$$\int_m^\infty \frac{1}{2x^{3/2}} dx = \frac{1}{\sqrt{m}} = \frac{1}{2}$$

따라서 중앙값 $m = 4$이다. $x = 1$일 때 f의 값이 가장 크므로 최빈값은 $m_e = 1$이다.

4) 교재에 따라 이런 경우 최빈값이 없다고 하기도 한다.

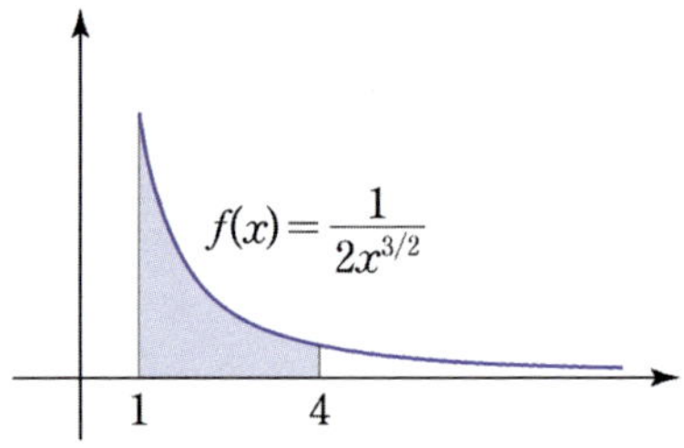

> **NOTE** **보기 8**(c)의 경우처럼 확률변수 X의 확률분포가 어떤 점 x_0에 대하여 좌우대칭이면 x_0은 중앙값이다. 또한 확률변수 X의 기댓값이 존재하고 X의 확률분포가 어떤 점 x_0에 대하여 좌우대칭이면 기댓값 μ와 중앙값 m은 모두 x_0이다.
>
> $$x_0 = m = \mu = E(X)$$

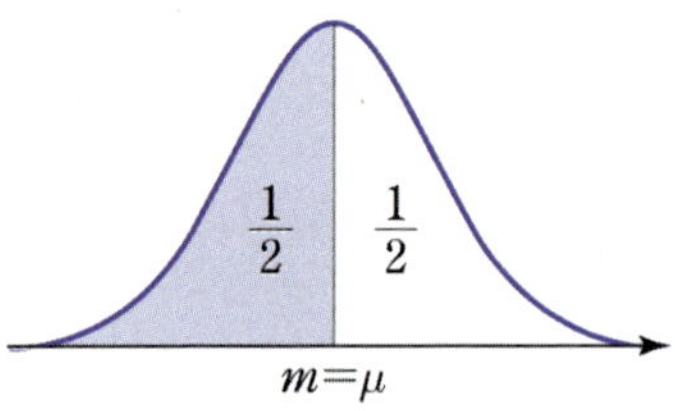

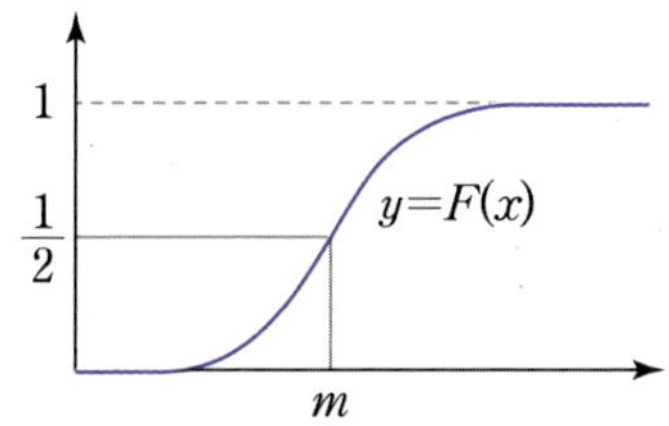

연속확률변수의 경우 중앙값은 누적분포함수의 값이 $\frac{1}{2}$이 되는 값이다. (위, 오른쪽 그림)

사분위수와 백분위수

확률분포를 4등분하는 수 Q_1, Q_2, Q_3를 X의 **사분위수**(quartile)라 한다. 또한 확률변수 X의 분포함수 $F(x)$에 대하여 다음을 만족하는 수 x_p를 $100p-$**백분위수**(percentile)라 한다.

$$F(x_p) = p, \quad 0 < p < 1$$

제1사분위수는 25−백분위수, 제2사분위수는 중앙값과 같으며 50−백분위수이며, 제3사분위수는 75−백분위수이다.

$$Q_1 = x_{0.25},\ \ Q_2 = m = x_{0.5},\ \ Q_3 = x_{0.75}$$

보기 9

다음 확률밀도함수를 가지는 연속확률변수 X에 대하여

$$f(x) = 1 - \frac{x}{2}, \quad 0 \le x \le 2$$

기댓값과 중앙값을 구하시오.

풀이

기댓값은

$$E(X) = \int_{-\infty}^{\infty} xf(x)dx = \int_0^2 x\left(1 - \frac{x}{2}\right)dx = \left[\frac{x^2}{2} - \frac{x^3}{6}\right]_0^2 = \frac{2}{3}$$

이고 중앙값 m은

$$P(X \le m) = \int_0^m \left(1 - \frac{x}{2}\right)dx = \left[x - \frac{x^2}{4}\right]_0^m = m - \frac{m^2}{4} = \frac{1}{2}$$

이므로 $m = 2 - \sqrt{2} \approx 0.5858$이다.

보기 9처럼 확률분포가 왼쪽으로 치우친 경우 중앙값이 기댓값보다 작다.

$$m < \mu = E(X)$$

반대로 확률분포가 오른쪽으로 치우친 경우 중앙값이 기댓값보다 크다.

$$m > \mu = E(X)$$

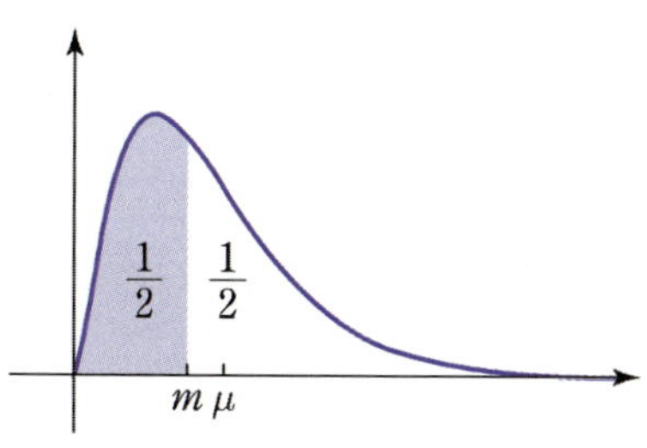

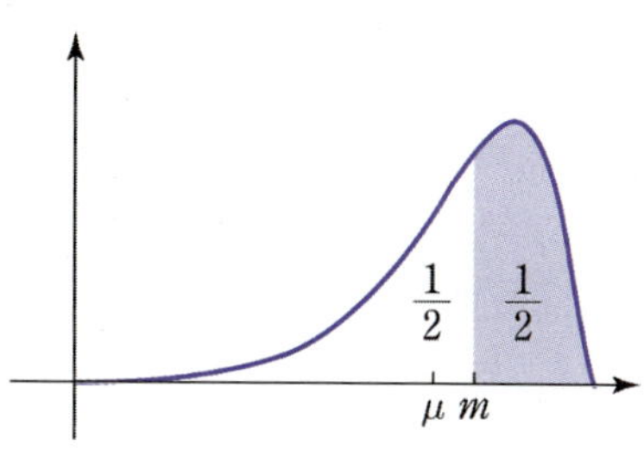

연습문제 2.2

01 확률변수 X가 취하는 값은 $-2, -1, 0, 1, 2$이고

$$p(2) = p(-2) = 0.2,\ p(1) = p(-1) = 0.15$$

이다.

(a) $p(0)$의 값을 구하시오.

(b) X의 기댓값과 중앙값을 구하시오.

(c) X의 분산과 표준편차를 구하시오.

02 500원짜리 동전 한 개와 100원짜리 동전 한 개를 동시에 던져 앞면이 나온 동전의 금액의 합을 X라 할 때 X의 기댓값을 구하시오.

03 한국시리즈는 7전 4선승제이다. 2022년 한국시리즈에는 S팀과 B팀이 진출하였고 S팀의 2022년 정규시즌 B팀과의 전적은 30승 20패이다. 한국시리즈에서의 승률도 정규시즌과 같다고 가정할 때 다음을 구하시오.

(a) 한국시리즈가 k $(k = 4,5,6,7)$ 게임 만에 끝날 확률 p_k

(b) 한국시리즈의 게임 수의 평균

(c) S팀이 우승할 확률

04 변수 X가 음이 아닌 정수 값만을 취할 때 다음을 보이시오.

$$E(X) = \sum_{n=1}^{\infty} P(X \geq n)$$

05 상자에 1부터 10까지 쓰여 있는 구슬이 하나씩 들어 있다. 복원 추출로 두 개의 공을 꺼냈을 때 첫 번째 수를 X_1, 두 번째 수를 X_2라 하자.

(a) $X = \max(X_1, X_2)$의 확률분포를 구하라.

HINT $P(X = k) = P(X \le k) - P(X \le k - 1)$

(b) X의 기댓값을 구하시오.

HINT $\sum_{k=1}^{n} k = \frac{n(n+1)}{2}$, $\sum_{k=1}^{n} k^2 = \frac{n(n+1)(2n+1)}{6}$

(c) $Y = \min(X_1, X_2)$의 기댓값을 구하시오.

06 4개의 주사위를 던져 i번째 나온 눈의 수를 X_i, $X = \min(X_1, X_2, X_3, X_4)$라 하자.

(a) $k = 1, 2, \ldots, 6$에 대하여 $P(X \ge k)$를 구하시오.

(b) 문제 **04**의 결과를 이용하여 $E(X)$를 구하시오.

07 주어진 도수분포표에 대하여 막대그래프를 그려보고 평균 μ, 중앙값 m_e, 최빈값 m_o을 구하시오.

(a)

계급값	1	2	3	4	5	6	7	8	9	합계
도수	2	4	6	8	11	8	6	4	2	51
누적도수	2	6	12	20	31	39	45	49	51	

(b)

계급값	1	2	3	4	5	6	7	8	9	합계
도수	3	8	11	8	7	5	4	2	2	50
누적도수	3	11	22	30	37	42	46	48	50	

(c)

계급값	1	2	3	4	5	6	7	8	9	합계
도수	2	2	4	5	6	8	10	8	5	50
누적도수	2	4	8	13	19	27	37	45	50	

08 어떤 전기제품의 수명(단위 : 년)의 확률밀도함수가 다음과 같다.

$$f(x)=\begin{cases}\dfrac{8}{x^3}, & x\ge a\\ 0, & x<a\end{cases}$$

(a) 상수 a를 구하시오.

(b) 신상품을 구입하였을 경우 3년 이상 사용할 수 있을 확률을 구하시오.

(c) 이 제품의 수명의 평균을 구하시오.

(d) 이 제품의 수명의 중앙값을 구하고 그 의미를 설명하여라.

09 확률변수 X의 확률밀도함수가

$$f(x)=\begin{cases}a+bx^2, & 0\le x\le 4\\ 0, & \text{기타}\end{cases}$$

이고 $E(X)=\dfrac{5}{2}$이다. a, b를 구하시오.

10 같은 해에 결혼한 N쌍의 부부 중에서 30년 동안 m명이 사망하였다. 30년 후

(a) 첫 번째 부부가 모두 생존해 있을 확률을 구하시오.

(b) 부부 모두 생존해 있는 쌍의 수를 X라 할 때, X의 기댓값을 구하시오.

2.3 산포에 대한 측도

2.3.1 분산과 표준편차

X의 기댓값 $\mu = E(X)$나 중앙값 m은 확률분포의 중심위치를 나타내는 측도이다. 그러나 기댓값이나 중앙값은 확률변수의 퍼져 있는 정도, 즉 **산포도**(measure of dispersion)에 대해 아무것도 알려주지 않는다. 두 확률변수의 기댓값 또는 중앙값 등의 중심위치가 같은 경우도 퍼져 있는 정도는 상당히 다를 수 있다.

확률밀도함수의 그래프가 다음과 같이 주어진 두 확률변수 X, Y를 생각해보자. X, Y의 기댓값이 존재하는 경우, 기댓값은 모두 0이지만 Y의 분포가 X의 분포보다 중심위치로부터 훨씬 넓게 퍼져 있음을 알 수 있다.

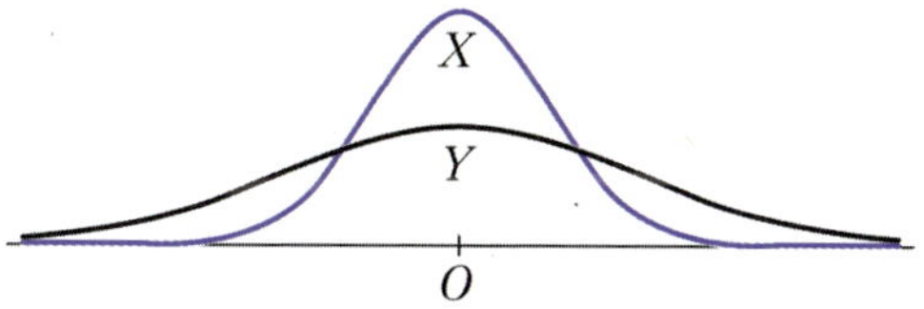

X의 분포가 기댓값 $\mu = E(X)$로부터 퍼져 있는 정도를 나타내는 값으로

$$E((X-\mu)^2)$$

을 많이 이용하는데 이를 X의 **분산**(variance)이라 하고 기호로는

$$\sigma_X^2, \quad \text{또는} \quad Var(X)$$

로 나타낸다. 정의로부터 분산은 음의 값을 가질 수 없으며 분산이 클수록 기댓값에서 멀리 퍼져 있고 0에 가까워질수록 기댓값 근방에 집중된다.

확률변수 X의 분산은 $(X-\mu)^2$의 기댓값이므로 X와 단위가 다르다. 확률변수와 같은 단위의 측도가 필요한 경우 분산의 양의 제곱근 $\sqrt{Var(X)}$를 이용한다. 이를 X의 **표준편차**(standard deviation)라 하고,

$$\sigma_X \quad \text{또는} \quad sd(X)$$

로 나타낸다.

정의 확률변수 X의 분산과 표준편차

$\mu = E(X)$일 때, X의 분산과 표준편차는 각각 다음과 같이 정의한다.

$$\sigma_X^2 = Var(X) = E[(X-\mu)^2]$$
$$\sigma_X = sd(X) = \sqrt{Var(X)}$$

기댓값의 성질을 이용하면 다음과 같은 분산의 성질을 알 수 있다.

$$\begin{aligned} V(X) &= E((X-\mu)^2\ ) = E(X^2 - 2\mu X + \mu^2) \\ &= E(X^2) - 2\mu E(X) + \mu^2 = E(X^2) - 2\mu^2 + \mu^2 \\ &= E(X^2) - \mu^2 \end{aligned}$$

따라서 X의 분산은 X^2의 기댓값에서 X의 기댓값의 제곱을 뺀 것이다. 또한

$$E(aX+b) = aE(X) + b = a\mu + b$$

이므로 $aX+b$의 분산에 대한 다음 결과를 얻는다.

$$\begin{aligned} Var(aX+b) &= E((aX+b-(a\mu+b))^2) = E(a^2(X-\mu)^2) \\ &= a^2 E((X-\mu)^2) = a^2\, Var(X) \end{aligned}$$

분산의 성질

확률변수 X의 기댓값 $\mu = E(X)$와 상수 a, b에 대하여 다음이 성립한다.

- $Var(X) = E(X^2) - \mu^2$
- $Var(aX+b) = a^2\, Var(X)$

보기 1

(a) 세 개의 동전을 던졌을 때 나오는 앞면의 개수를 X라 하자. 확률변수 X의 분산을 구하시오.

(b) 주사위를 던져 나온 눈의 수를 X라 할 때 확률변수 X의 분산을 구하시오.

(c) 지시변수 I_A의 평균과 분산을 구하시오.

풀이

(a) $p_0 = \frac{1}{8}$, $p_1 = \frac{3}{8}$, $p_2 = \frac{3}{8}$, $p_3 = \frac{1}{8}$이므로

$$E(X^2) = 0 \cdot \frac{1}{8} + 1^2 \cdot \frac{3}{8} + 2^2 \cdot \frac{3}{8} + 3^2 \cdot \frac{1}{8} = 3$$

이다. $E(X) = \frac{3}{2}$이므로 분산의 성질을 이용하면 X의 분산은

$$Var(X) = E(X^2) - E(X)^2 = 3 - \left(\frac{3}{2}\right)^2 = \frac{3}{4}$$

이다.

(b) $p_1 = p_2 = p_3 = p_4 = p_5 = p_6 = \frac{1}{6}$이므로

$$E(X^2) = 1^2 \cdot \frac{1}{6} + 2^2 \cdot \frac{1}{6} + 3^2 \cdot \frac{1}{6} + 4^2 \cdot \frac{1}{6} + 5^2 \cdot \frac{1}{6} + 6^2 \cdot \frac{1}{6} = \frac{91}{6}$$

이다. 분산의 성질을 이용하면 X의 분산은

$$Var(X) = E(X^2) - E(X)^2 = \frac{91}{6} - \left(\frac{7}{2}\right)^2 = \frac{35}{12}$$

이다.

(c) 지시변수 I_A의 평균은 사건 A의 확률과 같다.

$$E(I_A) = P(A) = p$$

$(I_A)^2 = I_A$이므로 I_A의 분산은

$$Var(I_A) = E((I_A)^2) - [E(I_A)]^2 = p - p^2 = p(1-p)$$

이다.

보기 2

$X \sim U(a, b)$일 때 X의 분산을 구하시오.

풀이

$E(X) = \dfrac{a+b}{2}$이고

$$E(X^2) = \int_a^b \frac{x^2}{b-a} dx = \frac{1}{b-a}\left[\frac{x^3}{3}\right]_a^b$$
$$= \frac{1}{3(b-a)}(b^3 - a^3) = \frac{1}{3}(a^2 + ab + b^2)$$

이므로 분산은 다음과 같다.

$$Var(X) = E(X^2) - [E(X)]^2$$
$$= \frac{1}{3}(a^2 + ab + b^2) - \frac{1}{4}(a^2 + 2ab + b^2) = \frac{(a-b)^2}{12}$$

지금까지 배운 연속균일분포에 대한 결과를 정리하면 다음과 같다.

연속균일분포

연속확률변수 X가 구간 $[a, b]$에서 균일분포를 따르면

- 확률밀도함수: $f(x) = \dfrac{1}{b-a},\ a \le x \le b$
- 기댓값과 중앙값: $E(X) = m = \dfrac{a+b}{2}$
- 분산: $Var(X) = \dfrac{(a-b)^2}{12}$

2.3.2 독립변수와 기댓값의 곱셈법칙

임의의 실수 x, y에 대하여 사건 $P(X \le x)$와 $P(Y \le y)$가 독립이면, 다시 말해서 다음 식이 성립하면 확률변수 X와 Y는 **독립**(independent)이라 한다.

$$P(X \le x, Y \le y) = P(X \le x)P(Y \le y)$$

정의 독립변수

두 확률변수 X와 Y가 임의의 실수 x, y에 대하여

$$P(X \le x,\ Y \le y) = P(X \le x)P(Y \le y)$$

이면 X와 Y는 독립이라 한다. 독립이 아닌 확률변수들은 **종속관계**에 있다고 한다.

독립인 시행에서 얻어지는 확률변수 X, Y는 독립이다. X, Y가 이산확률변수인 경우 X와 Y가 독립인 것은 임의의 m, n에 대해 두 사건 $(X=m)$과 $(Y=n)$이 독립인 것과 필요충분조건이다.[5)]

$$P(X=m,\ Y=n) = P(X=m)P(Y=n)$$

X와 Y가 독립이고 취하는 값이 각각 x_0, x_1, $\cdots$, 그리고 y_0, y_1, $\cdots$이면 두 변수의 곱 XY의 기댓값은 다음과 같이 정의한다.

$$E(XY) = \sum_{i=0}^{\infty}\sum_{j=0}^{\infty} x_i y_j P(X=x_i,\ Y=y_j)$$

X와 Y가 독립이면 $P(X=x_i,\ Y=y_j) = P(X=x_i)P(Y=y_j)$이므로

$$\begin{aligned} E(XY) &= \sum_{i=0}^{\infty}\sum_{j=0}^{\infty} x_i y_j P(X=x_i)P(Y=y_j) = \sum_{i=0}^{\infty} x_i P(X=x_i) \sum_{j=0}^{\infty} y_j P(Y=y_j) \\ &= E(X)E(Y) \end{aligned}$$

5) 증명 없이 받아들이기로 한다.

이다. X, Y가 연속확률변수일 때도 같은 결과가 성립한다. 이러한 기댓값의 성질을 **기댓값의 곱셈법칙**이라 한다.

기댓값의 곱셈법칙

두 확률변수 X와 Y가 독립변수이면

$$E(XY) = E(X)E(Y)$$

이다. 일반적으로 X와 Y가 독립이면 함수 f, g에 대하여 다음 식이 성립한다.

$$E(f(X)g(Y)) = E(f(X))E(g(Y))$$

보기 3

확률변수 X, Y는 독립이고

$$E(X) = 2,\ E(Y) = -2,\ Var(X) = 1,\ Var(Y) = 4$$

일 때 XY의 분산을 구하시오.

풀이

X, Y는 독립이므로

$$\begin{aligned} Var(XY) &= E(X^2Y^2) - (E(XY))^2 \\ &= E(X^2)E(Y^2) - (E(X)E(Y))^2 \end{aligned}$$

이다. $E(XY) = E(X)E(Y) = -4$이고

$$E(X^2) = Var(X) + (E(X))^2 = 5, \quad E(Y^2) = Var(Y) + (E(Y))^2 = 8$$

이므로 XY의 분산은 다음과 같다.

$$Var(XY) = 40 - 16 = 24$$

n개의 확률변수에 대해서도 독립성은 다음과 같이 자연스러운 방법으로 확장된다. 임의의 실수 $x_1,\ x_2,\ \cdots,\ x_n$에 대하여

$$P(X_1 \le x_1, X_2 \le x_2, \cdots, X_n \le x_n) = P(X_1 \le x_1)P(X_2 \le x_2) \cdots P(X_n \le x_n)$$

이면 확률변수 $X_1, X_2, \cdots, X_n$은 독립이라 한다.

2.3.3 분산의 덧셈법칙

확률변수들의 합의 기댓값은 확률변수들의 기댓값의 합과 같다.

$$E(X_1 + X_2 + \cdots + X_n) = E(X_1) + E(X_2) + \cdots + E(X_n)$$

이러한 성질은 일반적으로 분산에 대해서는 성립하지 않는다. 예를 들어

$$\begin{aligned} Var(X+X) &= Var(2X) = 2^2\,Var(X) = 4\,Var(X) \\ &\ne Var(X) + Var(X) \end{aligned}$$

이다. 그러나 독립인 변수들에 대해서는 이러한 성질이 성립한다.

독립변수 X, Y에 대하여 $U = X + Y$라 하자. $\mu_X = E(X),\ \mu_Y = E(Y)$이면

$$E(U) = E(X+Y) = E(X) + E(Y) = \mu_X + \mu_Y$$

이다. X, Y는 독립이므로

$$E(XY) = E(X)E(Y) = \mu_X \mu_Y$$

이고 U의 분산은 다음과 같다.

$$\begin{aligned} Var(U) &= E(U^2) - [E(U)]^2 = E((X+Y)^2) - (\mu_{X+}\mu_Y)^2 \\ &= E(X^2) - \mu_X^2 + E(Y^2) - \mu_Y^2 + 2E(X)E(Y) - 2\mu_X\mu_Y \\ &= Var(X) + Var(Y) \end{aligned}$$

이 결과는 독립인 n개의 확률변수에 대하여 자연스러운 방법으로 확장되며 **분산의 덧셈법칙**이라 한다.

분산의 덧셈법칙

- X, Y가 독립변수이면 다음 식이 성립한다.

$$Var(X+Y) = Var(X) + Var(Y)$$

- 독립인 n개의 확률변수 $X_1, X_2, \cdots, X_n$에 대하여 다음 식이 성립한다.

$$Var(X_1 + X_2 + \cdots + X_n) = Var(X_1) + Var(X_2) + \cdots + Var(X_n)$$

- 같은 분포를 따르는 독립변수 $X_1, X_2, \cdots, X_n$에 대하여 다음 식이 성립한다.

$$Var(X_1 + X_2 + \cdots + X_n) = n\,Var(X_1)$$

보기 4

n개의 주사위를 던졌을 때 나온 눈의 수의 합을 T_n이라 하자. T_n의 분산을 구하시오.

풀이

X_k를 k번째 던진 주사위의 눈의 수라 하자. $X_1, X_2, \cdots, X_n$은 독립이고

$$T_n = X_1 + X_2 + \cdots + X_n$$

이다. $Var(X_1) = \dfrac{35}{12}$이므로 T_n의 분산은 다음과 같다.

$$Var(T_n) = n\,Var(X_1) = \frac{35}{12}n$$

2.3.4 마르코프 부등식과 체비쇼프 부등식

음이 아닌 확률변수에 대하여 알려진 것이 기댓값뿐일 때 다음 부등식은 확률분포에 대한 정보를 알려 준다. 즉, 음이 아닌 값만 가지는 확률변수가 어떤 양수 a보다 큰 값을 가질 확률이, 기댓값을 a로 나눈 것보다 클 수 없음을 알려 준다. 이 부등식을 러시아의 수학자 마르코프[6]의 이름을 따라 **마르코프 부등식(Markov's inequality)**이라 부른다.

마르코프 부등식

음의 값을 가지지 않는 확률변수 X가 유한한 기댓값을 가질 때, 양수 a에 대하여 다음 부등식이 성립한다.

$$P(X \geq a) \leq \frac{E(X)}{a}$$

마프코프 부등식의 증명

음이 아닌 확률변수 X와 양수 a에 대하여 확률변수 Y를 다음과 같이 정의하자.

$$Y = \begin{cases} a, & X \geq a \\ 0, & X < a \end{cases}$$

$Y \leq X$이므로 $E(Y) \leq E(X)$이고

$$E(Y) = aP(X \geq a)$$

이므로 원하는 결과를 얻는다.

보기 5

음이 아닌 확률변수 X의 중앙값이 m일 때 다음 부등식이 성립함을 보이시오.

$$m \leq 2E(X)$$

6) Markov, A. A. ; 1856 ~ 1922

풀이

$m=0$이면 $E(X) \geq 0$이므로 부등식이 성립한다. 중앙값의 정의로부터 다음 두 부등식이 성립한다.

$$P(X \geq m) \geq \frac{1}{2}, \quad P(X \leq m) \geq \frac{1}{2}$$

따라서, 음이 아닌 확률변수 X에 대하여 $m > 0$이면 마르코프 부등식에 의하면

$$P(X \geq m) \leq \frac{E(X)}{m}$$

이고 $P(X \geq m) \geq \frac{1}{2}$이므로 원하는 결과를 얻는다.

$$m \leq 2E(X)$$

체비쇼프 부등식

마르코프 부등식은 확률변수의 기댓값만 알려졌을 때 확률분포에 대한 정보를 알려 준다. **체비쇼프 부등식**(Chebyshev's inequality)은 확률변수의 기댓값과 분산이 알려진 경우, 확률분포가 평균에서 어느 정도 벗어나는지를 알려준다. 체비쇼프 부등식은 **큰 수의 법칙**과 같은 중요한 정리의 증명에 사용된다.

체비쇼프 부등식

평균 $\mu = E(X)$, 분산 $\sigma^2 = Var(X)$인 확률변수 X와 양수 k에 대하여 다음 부등식이 성립한다.

$$P(|X-\mu| \geq k\sigma) \leq \frac{1}{k^2}, \quad \text{또는} \quad P(|X-\mu| \geq k) \leq \frac{\sigma^2}{k^2}$$

체비쇼프 부등식의 증명

음이 아닌 확률변수 $Y=(X-\mu)^2 \geq 0$와 음이 아닌 상수 $a=k^2\sigma^2$에 대하여 마르코프 부등식을 생각한다.

$$E(Y) = E[(X-\mu)^2] = \sigma^2$$

이므로 다음 결과를 얻는다.

$$P(Y \geq k^2\sigma^2) = P((X-\mu)^2 \geq k^2\sigma^2) \leq \frac{E((X-\mu)^2)}{k^2\sigma^2} = \frac{1}{k^2}$$

따라서 $P(|X-\mu| \geq k\sigma) \leq \dfrac{1}{k^2}$이고 k 대신 $\dfrac{k}{\sigma}$를 대입하면 두 번째 부등식을 얻는다.

$$P(|X-\mu| \geq k) \leq \frac{\sigma^2}{k^2}$$

체비쇼프 부등식 $P(|X-\mu| \geq k\sigma) \leq \dfrac{1}{k^2}$은 다음과 같이 고쳐 쓸 수 있다.

$$P(|X-\mu| \leq k\sigma) \geq 1-\frac{1}{k^2}$$

이 부등식은 확률변수 X가 평균으로부터 특정 거리 내에 놓일 확률의 최솟값을 알려준다. 특히 확률변수 X가 평균으로부터 각각 2σ, 3σ 이내에 있을 확률은 각각 다음 부등식을 만족한다.

$$P(\mu-2\sigma < X < \mu+2\sigma) = P(|X-\mu| < 2\sigma) \geq 1-\frac{1}{2^2} = 0.75$$

$$P(\mu-3\sigma < X < \mu+3\sigma) = P(|X-\mu| < 3\sigma) \geq 1-\frac{1}{3^2} = \frac{8}{9} \approx 0.89$$

이처럼 체비쇼프 부등식은 확률변수에 대하여 평균과 분산만 알려져 있을 때 확률분포를 어림할 수 있게 하는 중요한 부등식이다.

보기 6

양의 확률변수 X에 대하여 $E(X) = 6$, $E(X^2) = 40$이다.

(a) X가 2와 10 사이에 있을 확률의 범위를 체비쇼프 부등식을 이용하여 구하시오.

(b) X가 10보다 클 확률의 범위를 각각 마르코프 부등식과 체비쇼프 부등식을 이용하여 구하시오.

풀이

(a) $Var(X) = E(X^2) - [E(X)]^2 = 40 - 6^2 = 4$이다. 따라서 $\sigma = 2$이고 체비쇼프 부등식에 의하여 다음 부등식을 얻는다.

$$P(2 \le X \le 10) = P(|X-6| \le 2\sigma) \ge 1 - \frac{1}{2^2} = 0.75$$

따라서 X가 2와 10 사이에 있을 확률은 0.75보다 크다.

(b) 마르코프 부등식에 의하면

$$P(X > 10) \le \frac{6}{10} = \frac{3}{5} = 0.6$$

이다. 체비쇼프 부등식에 의하면

$$P(X > 10) = P(X-6 > 4) \le P(|X-6| > 4) \le \frac{1}{2^2} = 0.25$$

이다.

보기 6(b)에서 본 것처럼 마르코프 부등식은 기댓값만 사용하지만 체비쇼프 부등식은 기댓값과 분산을 모두 사용하므로 체비쇼프 부등식이 더 정확한 정보를 알려준다.

보기 7

$Var(X) = 0$이면 $\mu = E(X)$에 대하여 $P(X = \mu) = 1$임을 보이시오.7)

풀이

n이 자연수일 때 체비쇼프의 부등식에 의하여 다음 부등식이 성립한다.

$$P\left(|X-\mu| > \frac{1}{n}\right) \le \frac{Var(X)}{1/n^2} = 0$$

따라서 $P(|X-\mu| > 0) = \lim_{n \to \infty} P\left(|X-\mu| > \frac{1}{n}\right) = 0$이고 다음 결과를 얻는다.

$$P(X = \mu) = P(|X-\mu| = 0) = 1$$

---

7) 이때 X는 확률 1로 상수 μ라고 한다.

연습문제 2.3

01 빨간 공 4개와 파란 공 3개가 들어 있는 상자에서 임의로 3개의 공을 꺼낼 때 파란 공의 개수를 확률변수 X라 하자.

(a) X의 확률질량함수를 구하여 표(확률분포표)로 나타내어라.

(b) 파란 공이 2개 이상일 확률을 구하시오.

(c) $E(X)$, $Var(X)$를 구하시오.

(d) 중앙값 m을 구하시오.

02 확률변수 X의 확률분포가 다음과 같을 때 주어진 값을 구하시오.

x	1	2	3	4	합계
$P(X=x)$	0.12	0.23	a	0.32	1

(a) 상수 a

(b) 누적분포함수 $F(x)=P(X \le x)$

(c) $P(2 < X \le 4)$

(d) $E(X)$, $Var(X)$

(e) 중앙값 m

03 주머니에 500원짜리 동전 3개와 100원짜리 동전 4개가 들어있다. 4개의 동전을 임의로 꺼냈을 때 500원짜리의 개수를 X라 하자.

(a) X의 확률질량함수를 구하시오.

(b) X의 평균과 분산을 구하시오.

(c) 4개 동전의 액수 Y를 X를 이용하여 나타내고 Y의 평균과 분산을 구하시오.

04 확률변수 X의 누적분포함수의 그래프가 다음과 같을 때

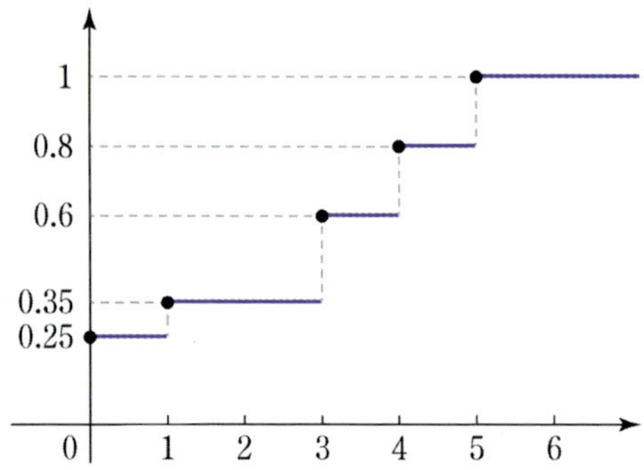

(a) X의 확률질량함수를 구하여 표(확률분포표)로 나타내어라.

(b) $P(1 \le X \le 4)$

(c) $E(X)$, $Var(X)$를 구하시오.

(d) 중앙값 m을 구하시오.

05 52장의 카드에서 복원추출로 4장의 카드를 뽑을 때 에이스의 개수를 X라 하자.

(a) X의 확률질량함수를 구하여 표(확률분포표)로 나타내어라.

(b) X의 누적분포함수를 구하시오.

(c) $E(X)$, $Var(X)$를 구하시오.

06 문제 **05**에서 비복원추출로 카드를 뽑을 때 같은 질문에 답하여라.

07 전산실습실에 30대의 컴퓨터가 있다. 지난 1년(52주) 동안 매주 점검한 결과 고장인 컴퓨터 대수는 다음 표와 같다.

고장컴퓨터	0	1	2	3	4	5	6
회수	6	8	10	11	8	5	4

(a) 고장인 컴퓨터 대수를 X라 할 때 X의 확률질량함수를 구하시오.

(b) 수강생이 27명인 수업에서 모든 학생이 실습을 할 수 있을 확률을 구하시오.

(c) $E(X)$, $Var(X)$를 구하시오.

08 확률변수 X의 기댓값과 분산이 각각 5, 7이다. $Y=2X-3$이라 할 때 다음 값을 구하시오.

(a) $E(X^2)$ (b) $E(Y)$, $Var(Y)$

09 독립인 두 변수 X, Y의 기댓값과 분산이 모두 3과 2이다. 다음 변수의 평균과 분산을 구하시오.

(a) $X+Y$ (b) XY

10 두 변수 X, Y의 분산이 같으면 다음 식이 성립함을 보이시오.

$$E((X+Y)(X-Y))=E(X+Y)E(X-Y)$$

11 $E(X)=\mu$, $Var(X)=\sigma^2$일 때, 임의의 상수 a에 대하여 다음 식이 성립함을 보이시오.[8)]

$$E((X-a)^2)=\sigma^2+(\mu-a)^2$$

12 함수 $f(x)=kx,\ 0 \le x \le 4$가 확률변수 X의 확률밀도함수일 때 다음을 구하시오.

(a) 상수 k (b) $P(1 \le X \le 3)$

(c) $E(X)$, $Var(X)$ (d) 사분위수 Q_1, Q_2, Q_3

13 $f(x)=1/\sqrt{x},\ 1 \le x \le k$가 확률밀도함수일 때 다음을 구하시오.

(a) 상수 k (b) $P(1 \le X \le 1.96)$

(c) $E(X)$, $Var(X)$ (d) 중앙값

---

8) 따라서 평균 μ는 $E((X-a)^2)$을 최소화하는 값이다.

14 다음 그림은 연속확률변수 X의 확률밀도함수이다. 다음을 구하시오.

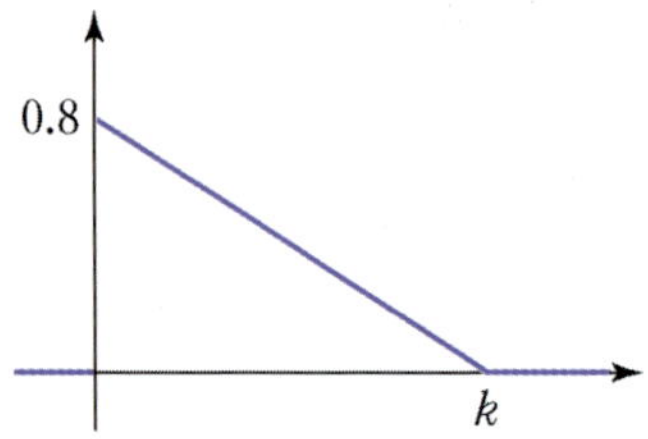

(a) 상수 k값

(b) X의 확률밀도함수

(c) X의 누적분포함수

(d) $E(X)$, $Var(X)$

(e) 중앙값

15 연속확률변수 X의 누적분포함수가 다음과 같다.

$$F(x) = \begin{cases} 0, & x < 0 \\ x(2-x), & 0 \le x \le k \\ 1, & x > k \end{cases}$$

(a) 상수 k 값을 구하시오.

(b) X의 확률밀도함수를 구하시오.

(c) $P(X \ge 1/2)$를 구하시오.

(d) $E(X)$, $Var(X)$를 구하시오.

(e) 중앙값을 구하시오.

16 X가 구간 $[-1,1]$에서 균일분포를 따른다.

(a) $F(x) = P(X \le x)$를 구하시오.

(b) $Y = |X|$라고 할 때 Y의 누적분포함수 $G(y) = P(Y \le y)$를 구하시오.

(c) Y의 확률밀도함수 $g(y)$를 구하시오.

(d) $E(Y)$, $Var(Y)$를 구하시오.

2.4 생성함수

2.4.1 확률생성함수

음이 아닌 정수값만 취하는 이산확률변수 X에 대하여 **확률생성함수(probability generating function)**는 t의 다항식 또는 거듭제곱급수이다. 이때 각 항의 계수는 확률질량함수로 주어진다.

정의 확률생성함수

음이 아닌 정수값만 취하는 이산확률변수 X에 대하여 확률생성함수는 다음과 같이 정의한다. 이때 $p_k = P(X=k)$이다.

$$g(t) = E(t^X) = \sum_{k=0}^{\infty} p_k t^k = p_0 + p_1 t + p_2 t^2 + \cdots + p_k t^k + \cdots$$

NOTE 정의로부터 $g(1) = 1$이다.

예를 들어, 변수 X의 확률분포가

$$P(X=0) = 1-p, \quad P(X=1) = p$$

이면[9] X의 확률생성함수는 다음과 같다.

$$g(t) = (1-p) + pt$$

9) 이러한 분포를 갖는 확률변수를 성공확률이 p인 **베르누이 시행**이라고 한다. 3장 참조

보기 1

확률변수 X의 확률질량함수가 다음과 같을 때 확률생성함수를 구하시오.

(a) $p_k = P(X=k) = \frac{1}{6}, \quad k = 1, 2, \cdots, 6$

(b) $p_k = P(X=k) = p(1-p)^{k-1}, \quad k \geq 1$ 10)

풀이

(a) $g(t) = \frac{1}{6}(t + t^2 + t^3 + t^4 + t^5 + t^6) = \frac{t(1-t^6)}{6(1-t)}$

(b) $k \geq 1$일 때, $p_k = p(1-p)^{k-1}$이다. $|r| < 1$이면 $\sum_{k=1}^{\infty} r^{k-1} = \frac{1}{1-r}$이므로

$|(1-p)t| < 1$, 즉 $|t| < \frac{1}{1-p}$일 때 확률생성함수는 다음과 같다.

$$
\begin{aligned}
g(t) &= \sum_{k=0}^{\infty} p_k t^k = \sum_{k=1}^{\infty} p(1-p)^{k-1} t^k \\
&= pt \sum_{k=1}^{\infty} ((1-p)t)^{k-1} = \frac{pt}{1-(1-p)t}
\end{aligned}
$$

2.4.2 확률생성함수와 확률분포

거듭제곱급수(또는 다항식)

$$g(t) = \sum_{n=0}^{\infty} p_n t^n$$

의 모든 계수가 음이 아니고 계수들의 합이 1이면, 다시 말해서

$$p_n \geq 0, \ g(1) = \sum_{n=0}^{\infty} p_n = 1$$

10) 이러한 확률질량함수를 갖는 확률변수는 성공확률이 p인 **기하분포**를 따른다고 한다. 기하분포에 대해서는 3장에서 자세하게 다룬다.

이면 $g(t)$는 어떤 확률변수의 확률생성함수이다. 예를 들어

$$g(t) = \frac{1}{2} + \frac{1}{3}t + \frac{1}{6}t^2$$

은 확률생성함수이다. 또한 X가 확률생성함수가 $g(t)$인 확률변수이면 X의 확률분포는 다음과 같다.

$$P(X=0) = \frac{1}{2}, \qquad P(X=1) = \frac{1}{3}, \qquad P(X=2) = \frac{1}{6}$$

X의 확률생성함수 $g(t) = E(t^X) = \sum_{k=0}^{\infty} p_k t^k$에 대하여 **거듭제곱급수의 기본정리**[11]에 의하면 다음 식이 성립한다.

$$g'(t) = \sum_{k=1}^{\infty} p_k k t^{k-1} = p_1 + 2p_2 t + 3p_3 t^2 + \cdots$$
$$\Rightarrow g'(0) = p_1$$

$$g''(t) = \sum_{k=2}^{\infty} p_k k(k-1) t^{k-2} = 2p_2 + 3 \cdot 2p_3 t + 4 \cdot 3p_4 t^2 + \cdots$$
$$\Rightarrow g''(0) = 2p_2$$

같은 식으로 반복하면

$$\begin{aligned} g^{(n)}(t) &= \sum_{k=n}^{\infty} p_k k(k-1) \cdots (k-n+1) t^{k-n} \\ &= n!\, p_n + (n+1)n \cdots 2\, p_{n+1} t + (n+2)(n+1) \cdots 3t^2 p_{n+2} + \cdots \end{aligned}$$

에서 $g^{(n)}(0) = n!\, p_n$ 이다.

11) 부록 **A.2** 참조

확률생성함수와 p_n

음이 아닌 정수값만 취하는 확률변수 X와 X의 확률생성함수 $g(t) = E(t^X)$에 대하여 다음 식이 성립한다.

$$p_n = P(X = n) = \frac{g^{(n)}(0)}{n!}$$

위의 결과에 따르면 확률생성함수 g를 알면 X의 확률분포를 모두 알 수 있다. 또한, 같은 확률생성함수를 가지는 두 (이산)확률변수는 같은 확률분포를 따른다. 즉, 같은 확률질량함수를 가진다.

보기 2

확률변수 X의 확률생성함수가 $g(t) = c + \frac{t}{2} + \frac{t^2}{4} + \frac{t^3}{8} + \frac{t^4}{16}$일 때 상수 c와 $P(1 \le X \le 3)$를 구하시오.

풀이

$g(1) = c + \frac{15}{16} = 1$이므로 $c = \frac{1}{16}$이고 구하는 확률은 다음과 같다.

$$\begin{aligned} P(1 \le X \le 3) &= P(X = 1) + P(X = 2) + P(X = 3) \\ &= \frac{1}{2} + \frac{1}{4} + \frac{1}{8} = \frac{7}{8} \end{aligned}$$

평균과 분산도 확률생성함수를 이용하여 구할 수 있다. X의 확률생성함수를 g라고 하면 거듭제곱급수의 기본정리에서 다음 사실들을 알 수 있다.

$$g'(t) = \sum_{k=1}^{\infty} k p_k t^{k-1}, \quad g''(t) = \sum_{k=1}^{\infty} k(k-1) p_k t^{k-2}$$

따라서 다음 관계식이 성립한다.

$$g'(1) = \sum_{k=1}^{\infty} kp_k = E(X)$$

$$g''(1) = \sum_{k=2}^{\infty} k(k-1)p_k = E(X(X-1)) = E(X^2) - E(X)$$

이 결과를 이용하면 다음 결과를 얻는다.

확률생성함수의 성질: 기댓값과 분산

확률변수 X의 확률생성함수를 $g(t)$라 하면 X의 평균과 분산은 각각 다음과 같다.

- $E(X) = g'(1)$
- $Var(X) = g''(1) + g'(1) - [g'(1)]^2$

보기 3

보기 2에 주어진 확률변수 X의 평균과 분산을 구하시오.

풀이

g의 도함수와 이계도함수를 구하면

$$g'(t) = \frac{1}{2} + \frac{x}{2} + \frac{3x^2}{8} + \frac{x^3}{4}, \quad g''(t) = \frac{1}{2} + \frac{3x}{4} + \frac{3x^2}{4}$$

이므로

$$E(X) = g'(1) = \frac{13}{8}$$

이고 $g''(1) = 2$이므로 분산은 다음과 같다.

$$Var(X) = g''(1) + g'(1) - [g'(1)]^2 = 2 + \frac{13}{8} - \left(\frac{13}{8}\right)^2 = \frac{63}{64}$$

2.4.3 적률생성함수

확률생성함수는 X가 음이 아닌 정수값만 취하는 이산확률변수에 대하여 정의할 수 있다. 좀 더 일반적으로 다음과 같이 확률변수 X의 **적률생성함수**(moment generating function)를 정의한다. 적률생성함수는 확률변수의 적률 $E(X^n)$뿐 아니라 확률분포에 대한 완벽한 정보를 알려주는 중요한 함수이다.

$$m_X(t) = E(e^{tX})$$

확률변수 X가 확률질량함수 $p(x)$를 갖는 이산확률변수이면 적률생성함수는

$$m_X(t) = E(e^{tX}) = \sum_x e^{tx} p(x)$$

로 정의한다. 확률변수 X가 음이 아닌 정수값만을 가지는 경우 확률생성함수를 $g_X(t)$라 하면 두 함수가 존재하는 t의 범위에서 다음 관계식이 성립한다.

$$m_X(t) = E(e^{tX}) = E((e^t)^X) = g_X(e^t)$$

예를 들어 **보기 1**(b)에 주어진 분포

$$p_n = (1-p)^{n-1}p, \quad n = 1, 2, \cdots$$

의 확률생성함수와 적률생성함수는 각각 다음과 같다. 이때 $q = 1 - p$이다.

$$g(t) = \frac{pt}{1-qt}\left(t < \frac{1}{q}\right), \qquad m(t) = \frac{pe^t}{1-qe^t}\,(t < -\ln q)$$

확률밀도함수 $f(x)$를 갖는 연속확률변수이면 적률생성함수는 다음과 같다.

$$m_X(t) = E(e^{tX}) = \int_{-\infty}^{\infty} e^{tx} f(x)\,dx$$

정의 적률생성함수

확률변수 X에 대하여 X의 적률생성함수를 다음과 같이 정의한다.

$$m_X(t) = E(e^{tX})$$

보기 4

확률변수 X가 다음 분포를 따를 때 적률생성함수를 구하시오.

(a) 이산균일분포 $DU(n)$

(b) 연속균일분포 $U(a, b)$

풀이

(a) $m_X(t) = E(e^{tX}) = \dfrac{1}{n}(e^t + e^{2t} + \cdots + e^{nt}) = \dfrac{e^t(1-e^{nt})}{n(1-e^t)}$

(b) $m_X(t) = E(e^{tX}) = \dfrac{1}{b-a}\displaystyle\int_a^b e^{tx}\,dx = \dfrac{e^{tb}-e^{ta}}{(b-a)t}$

두 확률변수가 같은 적률생성함수를 가지면 두 확률변수의 확률분포가 같다. 다시 말해서

$$m_X(t) = m_Y(t) \quad \Rightarrow \quad P(X \le x) = P(Y \le x)$$

가 성립한다.[12)]

X의 n번째 **적률(moment)** $E(X^n)$은 적률생성함수 $m_X(t)$로부터 다음과 같이 쉽게 구할 수 있다. e^{tx}의 거듭제곱급수

$$e^{tx} = 1 + xt + \frac{x^2}{2!}t^2 + \frac{x^3}{3!}t^3 + \cdots + \frac{x^n}{n!}t^n + \cdots$$

를 이용하면

$$\begin{aligned} m_X(t) = E(e^{tX}) &= E\left(1 + Xt + \frac{X^2}{2!}t^2 + \cdots + \frac{X^n}{n!}t^n + \cdots\right) \\ &= 1 + E(X)t + \frac{E(X^2)}{2!}t^2 + \cdots + \frac{E(X^n)}{n!}t^n + \cdots \end{aligned}$$

이므로 다음 식이 성립한다.

$$m_X^{(n)}(0) = E(X^n), \quad n \ge 1$$

---

12) 증명은 이 교재의 수준에서 다루기 어려워 증명 없이 받아들이기로 한다.

특히 $n=1,2$일 때

$$m_X'(0)=E(X),\quad m_X''(0)=E(X^2)$$

이므로 다음 결과를 얻는다.

$$E(X)=m_X'(0)$$
$$Var(X)=m_X''(0)-(m_X'(0))^2$$

적률생성함수의 성질

- 적률생성함수는 확률분포를 유일하게 결정한다.

$$m_X(t)=m_Y(t)\quad\Rightarrow\quad P(X\le x)=P(Y\le x)$$

- X의 평균과 분산은 다음과 같다.

$$E(X)=m_X'(0),\quad Var(X)=m_X''(0)-(m_X'(0))^2$$

보기 5

연속확률변수 X의 확률밀도함수가 양수 λ에 대하여 다음과 같다.[13)]

$$f(x)=\begin{cases}\lambda e^{-\lambda x}, & x\ge 0\\ 0, & \text{기타}\end{cases}$$

X의 적률생성함수를 구하고 이를 이용하여 평균과 분산을 구하시오.

풀이

적률생성함수의 정의에 의하면

$$m_X(t)=E(e^{tX})=\lambda\int_0^\infty e^{tx}e^{-\lambda x}dx$$
$$=\lambda\int_0^\infty e^{(t-\lambda)x}dx=\left[\frac{\lambda}{t-\lambda}e^{(t-\lambda)x}\right]_0^\infty$$

13) 이러한 확률밀도함수를 갖는 확률변수는 모수가 λ인 **지수분포**를 따른다고 한다. 지수분포에 대해서는 3장에서 다룬다.

이다. 마지막 값은 $t-\lambda<0$일 때, 즉 $t<\lambda$일 때 $\dfrac{\lambda}{\lambda-t}$로 수렴한다. 따라서 적률생성함수 $m_X(t)$는 다음과 같다.

$$m_X(t)=\frac{\lambda}{\lambda-t}, \quad t<\lambda$$

적률생성함수의 도함수와 이계도함수는

$$m_X{}'(t)=\frac{\lambda}{(\lambda-t)^2}, \quad m_X{}''(t)=\frac{2\lambda}{(\lambda-t)^3}, \quad t<\lambda$$

이므로 평균은

$$E(X)=m_X{}'(0)=\frac{1}{\lambda}$$

분산은

$$Var(X)=m_X{}''(0)-(m_X{}'(0))^2=\frac{2}{\lambda^2}-\frac{1}{\lambda^2}=\frac{1}{\lambda^2}$$

이다.

보기 6

보기 5에서 $Y=aX$, $a>0$일 때 Y의 적률생성함수를 구하시오.

풀이

X의 적률생성함수는

$$m_X(t)=\frac{\lambda}{\lambda-t}, \quad t<\lambda$$

이므로 Y의 적률생성함수는 다음과 같다.

$$m_Y(t)=E(e^{tY})=E(e^{atX})=m_X(at)=\frac{\lambda}{\lambda-at}, \quad at<\lambda$$

2.4.4 독립변수들의 합의 생성함수

음이 아닌 정수값을 가지는 두 변수 X, Y가 독립이라 하자. 그러면 $X+Y$도 음이 아닌 정수값을 가진다. X와 Y의 확률생성함수를 각각 $f(t)$, $g(t)$, $X+Y$의 확률생성함수를 $h(t)$라고 하자.

$$f(t)=E(t^X),\quad g(t)=E(t^Y),\quad h(t)=E(t^{(X+Y)})$$

X와 Y는 독립이므로 t^X, t^Y도 독립이고

$$\begin{aligned} h(t) &= E(t^{X+Y}) = E(t^X t^Y) \\ &= E(t^X)E(t^Y) = f(t)g(t) \end{aligned}$$

이다. 즉, 독립변수의 합의 확률생성함수는 확률생성함수의 곱으로 주어진다.

n개의 독립변수에 대하여도 같은 결과가 성립한다. 적률생성함수에 대하여도 같은 결과가 성립하는데 증명은 연습문제로 남긴다.

독립변수의 합의 확률생성함수와 적률생성함수

확률변수 $X_1, X_2, \cdots, X_n$이 독립이라 하자.

- 이산인 경우 확률생성함수가 각각 $g_1(t)$, $g_2(t)$, $\cdots$, $g_n(t)$이면
  $Y=X_1+X_2+\cdots+X_n$의 확률생성함수 g_Y는 다음과 같다.

$$g_Y(t)=g_1(t)g_2(t)\cdots g_n(t)$$

- 적률생성함수가 각각 $m_1(t)$, $m_2(t)$, $\cdots$, $m_n(t)$이면
  $Y=X_1+X_2+\cdots+X_n$의 적률생성함수 m_Y는 다음과 같다.

$$m_Y(t)=m_1(t)m_2(t)\cdots m_n(t)$$

연습문제 2.4

01 이산확률변수 X의 확률질량함수가 다음과 같을 때 확률생성함수 $g_X(t) = E(t^X)$와 적률생성함수 $m_X(t) = E(e^{tX})$를 구하시오.

(a) $p_k = \binom{4}{k}\left(\frac{1}{4}\right)^k\left(\frac{3}{4}\right)^{4-k}, \quad k = 0, 1, 2, 3, 4$

(b) $p_k = \frac{1}{2^k}, \ k = 1, 2, \cdots$

02 이산확률변수 X의 확률질량함수가 $p_k = c\left(\frac{1}{2^k} - \frac{1}{3^k}\right), \ k = 0, 1, 2, \cdots$일 때

(a) 상수 c의 값을 구하시오.

(b) 확률생성함수를 구하시오.

(c) 적률생성함수를 구하시오.

03 이산확률변수 X의 확률생성함수가 $g(t) = e^t - e - t + c$일 때

(a) 상수 c의 값을 구하시오.

(b) $i = 0, 1, 2, 3$에 대하여 $p_i = P(X = i)$를 구하시오.

HINT $e^t = 1 + t + \frac{1}{2!}t^2 + \cdots + \frac{1}{n!}t^n + \cdots$

(c) X의 평균과 분산을 구하시오.

04 이산확률변수 X의 확률생성함수가 $g(t) = \frac{c}{(2-t)^2}$일 때

(a) 상수 c의 값을 구하시오.

(b) $i = 0, 1, 2, 3$에 대하여 $p_i = P(X = i)$를 구하시오.

(c) X의 평균과 분산을 구하시오.

05 이산확률변수 X의 확률생성함수가 $g(t)$일 때 다음이 성립함을 보이시오.

$$P(X=\text{짝수})=\frac{g(1)+g(-1)}{2},\quad P(X=\text{홀수})=\frac{g(1)-g(-1)}{2}$$

06 이산확률변수 X의 확률생성함수가 $g(x)=c(e^x+e^{-x})$이다.

(a) c를 구하시오.

(b) X가 홀수일 확률을 구하시오.

(c) X의 평균과 분산을 구하시오.

07 이산확률변수 X의 확률생성함수가 $g(t)=E(t^X)$일 때, 다음 확률변수의 생성함수를 g를 이용하여 나타내어라.

(a) $Y=X+1$

(b) $Y=2X$

08 이산확률변수 X의 확률질량함수가

$$P(X=n)=\frac{2}{3^{n-2}},\quad n=3,4,5,\cdots$$

라고 한다. 다음을 구하시오.

(a) X의 확률생성함수 $g(t)=E(t^X)$

(b) $E(X)$

(c) $Var(X)$

09 연속확률변수 X의 확률밀도함수가 $f(x)=ce^{-|x|}$, $-\infty<x<\infty$일 때

(a) 상수 c의 값을 구하시오.

(b) 적률생성함수를 구하시오.

(c) $E(X)$, $E(X^2)$, $Var(X)$를 구하시오.

10 확률변수 X의 적률생성함수가 다음과 같을 때 $E(X)$, $Var(X)$을 구하시오.

(a) $m(t)=\left(\frac{3}{3-t}\right)^2$, $t<3$

(b) $m(t)=\exp(2t^2)$

11 $X\sim U(0,1)$일 때 다음 확률변수 $Y=(b-a)X+b$의 분포를 구하시오.

03

대표선수 알아보기

중요 확률분포

2장에서는 확률변수가 취하는 값의 형태에 따라 이산확률변수와 연속확률변수로 구분하고 확률질량함수, 확률밀도함수를 이용하여 확률을 정의하는 방법과 확률변수의 중심위치, 산포도 등 중요한 정보를 구하는 방법을 다루었다.

이 장에서는 대표적인 이산확률분포인 이항분포, 기하분포, 음이항분포, 푸아송 분포 등과 연속확률분포 중에서 지수분포, 감마분포, 정규분포 등을 소개한다. 각 분포들의 확률질량함수, 확률밀도함수와 기댓값, 분산 등의 기본 특성들과 각 분포 사이의 연관관계를 살펴보고 확률변수들의 합이 어떤 분포를 가지는지도 살펴보기로 한다.

모든 수학용 또는 통계용 소프트웨어는 확률분포의 값을 구하는 함수를 제공하고 있다. 이 교재에서는 엑셀에서 확률분포를 구하는 방법을 소개한다. 엑셀에서 확률분포를 나타내는 방법은 기본적으로 다음과 같다.

$$\text{분포이름.DIST}(x,\ \text{모수들},0) = P(X=x)$$
$$\text{분포이름.DIST}(x,\ \text{모수들},\ 1) = P(X \le x)$$

마지막 숫자가 0이면 확률질량함수 또는 확률밀도함수의 x에서의 값을, 1이면 누적분포함수 $F(x)$의 값을 구할 수 있다. 예를 들어 $X \sim Bin(100, 0.3)$일 때 수식 입력창에 `=BINOM.DIST(17, 100, 0.3, 0)`, `=BINOM.DIST(17, 100, 0.3, 1)` 을 입력하면 각각 다음 값을 구할 수 있다.

$$P(X=17) = \binom{100}{17}0.3^{17}0.7^{83}, \qquad P(X \le 17) = \sum_{k=0}^{17}\binom{100}{k}0.3^{k}0.7^{100-k}$$

3.1 이항분포와 다항분포

3.1.1 베르누이 시행

동전을 던지면 앞면 또는 뒷면이 나온다. 신생아는 남·여로 구분된다. 제품의 품질 검사 결과는 합격, 불합격으로 분류된다. 이와 같이 어떤 시행을 독립적으로 반복할 때 가능한 결과가 오직 두 가지인 경우 **베르누이 시행**(Bernoulli trials)이라 한다. 베르누이 시행에 대하여 다음을 가정한다.

- 각 시행의 결과는 반드시 '성공(success)'과 '실패(failure)' 중 하나이다.[1)]
- 각 시행에서 성공 확률 p와 실패 확률 $1-p$는 항상 일정하다.
- 각 시행은 독립이다.

보기 1

(a) 앞면과 뒷면으로 구분된 동전을 반복하여 던지는 것은 베르누이 시행이다. 이때 앞면이 나오는 사건을 성공, 뒷면이 나오는 사건을 실패로 정의하면 공정한 동전에 대하여 성공 확률은 $\frac{1}{2}$이다.

(b) 공정한 주사위를 반복하여 던지는 것은 베르누이 시행이다. 3의 배수가 나오는 것을 성공, 나머지 수가 나오는 것을 실패라고 한다면 성공 확률은 $\frac{1}{3}$이다.

1) 보통 두 개의 결과 중 관심을 갖고 있는 사건이 일어나면 '**성공**(success)', 그 이외에는 '**실패**(failure)'로 부른다.

(c) n개의 흰 공과 m개의 파란 공이 든 항아리에서 복원추출로 공을 꺼내어 공의 색깔을 기록하는 시행은 베르누이 시행이다. 흰 공이 나오면 성공, 파란 공이 나오면 실패라 하면 성공 확률은 $\frac{n}{n+m}$이다.

정의 베르누이 변수

시행의 결과가 '성공'일 때 $X=1$, '실패'일 때 $X=0$으로 정의되는 확률변수 X를 **베르누이 변수**(Bernoulli random variable)라 하고 성공확률이 p이면

$$X \sim Bin(1,p)$$

로 나타낸다.

베르누이 시행에서 성공인 사건을 A라 할 때 베르누이 변수는 지시변수 I_A와 같다. 베르누이 시행은 이항분포와 기하분포 등을 정의하는 데 사용되며, 이산확률분포에서 중요한 역할을 한다. 성공확률이 p인 베르누이 분포를 따르는 확률변수 X의 평균과 분산은 다음과 같다.

$$E(X)=E(X^2)=0 \cdot (1-p)+1 \cdot p=p$$
$$Var(X)=E(X^2)-[E(X)]^2=p-p^2=p(1-p)$$

베르누이 변수의 성질

성공 확률이 p인 베르누이 변수 X에 대하여

- 확률질량함수: $p(0)=1-p,\quad p(1)=p(0<p<1)$
- 평균과 분산: $E(X)=p,\ Var(X)=p(1-p)$

3.1.2 이항분포

이항변수는 베르누이 시행을 n번 반복했을 때 성공 횟수로 정의한다.

정의 이항변수

성공 확률이 p인 베르누이 시행을 n번 반복했을 때 나온 성공 횟수 X를 모수가 (n,p)인 **이항변수(binomial random variable)**라 하고

$$X \sim Bin(n,p)$$

로 나타낸다.

예를 들어, 동전을 10번 던져 앞면이 나오는 횟수를 X라 하면 성공확률은 $p = \frac{1}{2}$이므로

$$X \sim Bin\left(10,\ \frac{1}{2}\right)$$

이다. 또한 주사위를 20번 던져 1 또는 3이 나오는 횟수를 X라 하면 성공확률은 $p = \frac{1}{3}$이고

$$X \sim Bin\left(20,\ \frac{1}{3}\right)$$

이다. 베르누이 변수는 시행이 1번인 경우이므로 모수가 $(1, p)$인 이항변수이다.

보기 2

동전을 세 번 던져 나온 앞면의 수를 X로 정의하자. $X=j$라는 사건이 일어날 경우의 수는 3번의 시행에서 j번의 앞면(S), $(3-j)$번의 뒷면(F)이 나와야 하므로 3개에서 j개를 뽑는 조합의 수 $\binom{3}{j}$와 같다. 따라서 X의 확률분포는 다음과 같이 구할 수 있다.

X의 값 j	0	1	2	3
가능한 결과	FFF	SFF FSF FFS	SSF FSS SFS	SSS
경우의 수	$\binom{3}{0}=1$	$\binom{3}{1}=3$	$\binom{3}{2}=3$	$\binom{3}{3}=1$
각 경우의 확률	$\left(\frac{1}{2}\right)^0\left(\frac{1}{2}\right)^3$	$\left(\frac{1}{2}\right)^1\left(\frac{1}{2}\right)^2$	$\left(\frac{1}{2}\right)^2\left(\frac{1}{2}\right)^1$	$\left(\frac{1}{2}\right)^3\left(\frac{1}{2}\right)^0$
$P(X=j)$	$\binom{3}{0}\left(\frac{1}{2}\right)^3=\frac{1}{8}$	$\binom{3}{1}\left(\frac{1}{2}\right)^3=\frac{3}{8}$	$\binom{3}{2}\left(\frac{1}{2}\right)^3=\frac{3}{8}$	$\binom{3}{3}\left(\frac{1}{2}\right)^3=\frac{1}{8}$

이제 성공확률이 p인 시행을 3번 한 결과 성공 횟수를 X라 할 때 확률질량함수를 구하여 보자. 이때 각 시행에서 실패가 나올 확률은 $q=1-p$이고 가능한 결과와 경우의 수는 위의 표와 동일하다. 그러나 각 경우의 확률과 $P(X=j)$는 다음과 같이 달라진다.

X의 값 j	0	1	2	3
가능한 결과	FFF	SFF FSF FFS	SSF FSS SFS	SSS
경우의 수	$\binom{3}{0}=1$	$\binom{3}{1}=3$	$\binom{3}{2}=3$	$\binom{3}{3}=1$
각 경우의 확률	p^0q^3	p^1q^2	p^2q^1	p^3q^0
$P(X=j)$	$\binom{3}{0}p^0q^3$	$\binom{3}{1}p^1q^2$	$\binom{3}{2}p^2q^1$	$\binom{3}{3}p^3q^0$

마찬가지로 n번의 베르누이 시행에서 j회의 성공과 $(n-j)$회의 실패가 있는 경우의 수는 $\binom{n}{j}$이다. 이때 각 경우의 확률은 $p^j(1-p)^{n-j}$이므로 다음 결과를 얻는다.

이항변수의 확률질량함수

이항변수 $X \sim Bin(n,p)$의 확률질량함수는 다음과 같다.

$$p_X(j) = \binom{n}{j} p^j (1-p)^{n-j}, \qquad j = 0, 1, \cdots, n$$

다음 그림은 $p=0.4, 0.7$일 때 $n=10,\ 20,\ 50$(왼쪽, 가운데, 오른쪽)인 경우의 이항분포의 확률질량함수를 각각 그린 것이다. 그래프에서 볼 수 있듯이 이항분포 $Bin(n,p)$의 그래프는 n이 커질수록 좌우가 대칭인 종모양의 곡선에 가까워진다.

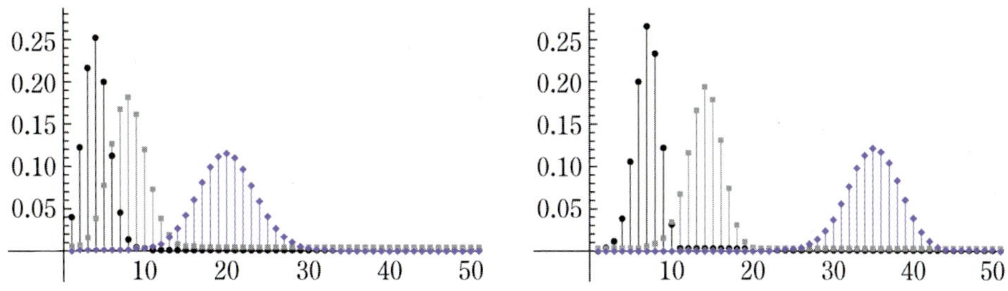

$p=0.4$ $\qquad$ $p=0.7$

확률변수 X가 모수가 (n,p)인 이항분포를 따르면 X는 성공확률이 p인 베르누이 시행을 n번 반복한 결과의 합으로 생각할 수 있다. 다시 말해서, X_i를 i번째 시행에서 성공이면 1, 실패이면 0인 베르누이 변수라 하면

$$X = X_1 + X_2 + \cdots + X_n$$

이다. 따라서 기댓값은

$$\begin{aligned} E(X) &= E(X_1 + X_2 + \cdots + X_n) \\ &= p + p + \cdots + p = np \end{aligned}$$

이다. 각 베르누이 시행이 독립이고 모든 i에 대하여

$$Var(X_i) = pq$$

이므로 분산의 덧셈법칙으로부터 이항변수의 분산은 다음과 같이 구할 수 있다.

$$\begin{aligned} Var(X) &= Var(X_1 + X_2 + \cdots + X_n) \\ &= Var(X_1) + Var(X_2) + \cdots + Var(X_n) \\ &= p(1-p) + p(1-p) + \cdots + p(1-p) \\ &= np(1-p) \end{aligned}$$

이항변수의 기댓값과 분산

확률변수 X가 모수 (n,p)인 이항분포를 따를 때

$$\text{기댓값과 분산 : } E(X) = np, \quad Var(X) = np(1-p)$$

보기 3

항아리에 N개의 공이 들어 있다. 이 중 M개는 하얀 공이고 나머지는 파란 공이다. 복원추출로 공을 하나씩 n번 꺼낼 때 하얀 공의 개수 X의 확률질량함수와 기댓값, 분산을 구하시오.

풀이

한 번의 시행에서 하얀 공이 나올 확률은 $p = \dfrac{M}{N}$이다. 복원추출의 경우 n번의 시행은 모두 독립이고 같은 성공확률을 가지므로 X는 모수가 (n, p)인 이항분포를 따른다. 따라서 확률질량함수는

$$p_X(k) = \binom{n}{k}\left(\frac{M}{N}\right)^k\left(1 - \frac{M}{N}\right)^{n-k}, \quad k = 0, 1, 2, \cdots, n$$

이다. 기댓값과 분산은 각각 다음과 같다.

$$E(X) = n\frac{M}{N}, \quad Var(X) = n\frac{M}{N}\left(1 - \frac{M}{N}\right) = \frac{nM(N-M)}{N^2}$$

보기 4

어느 식당을 예약한 사람 중에 예약을 지키지 않는(No Show) 비율이 25%라 한다. 이 식당을 예약한 10팀 중에 실제로 식당을 방문하는 팀의 수를 X라 할 때 다음을 구하시오.

(a) X의 확률질량함수 (b) X의 평균과 분산 (c) $P(X \geq 8)$

풀이

(a) X는 모수가 $(10, 0.75)$인 이항분포를 따른다. 따라서

$$P(X=j) = \binom{10}{j}(0.75)^j(0.25)^{10-j}, \quad j = 0, 1, 2, \cdots, 10$$

이다.

(b) $X \sim Bin(10{,}0.75)$이므로

$$E(X) = 10 \cdot 0.75 = 7.5, \quad Var(X) = 10 \cdot 0.75 \cdot 0.25 = 1.875$$

이다.

(c)
$$\begin{aligned} P(X \geq 8) &= P(X=8) + P(X=9) + P(X=10) \\ &= \binom{10}{8}(0.75)^8(0.25)^2 + \binom{10}{9}(0.75)^9(0.25)^1 + \binom{10}{10}(0.75)^{10}(0.25)^0 \\ &\approx 0.5256 \end{aligned}$$

독립인 두 확률변수 X, Y가 각각 모수가 (n, p), (m, p)인 이항분포를 따른다면 $X+Y$는 성공확률이 p인 베르누이 시행을 $(n+m)$번 반복했을 때 성공 회수이므로

$$X+Y \sim Bin(n+m, p)$$

이다. 이 결과는 적률생성함수를 이용하여 보일 수도 있는데 증명은 연습문제로 남긴다.

3.1.3 다항분포

다항분포(multinomial distribution)는 이항분포를 다음과 같이 일반화한 분포이다. 각 시행에 대하여 r개의 결과 $(E_1,\ E_2,\ \cdots,\ E_r)$가 가능하고 i번째 결과 E_i가 일어날 확률이 p_i라고 하자. 동일한 시행을 독립적으로 n번 반복했을 때, X_i를 i번째 결과가 나온 횟수라 하면

$$X_1 + X_2 + \ \cdots\ + X_r = n, \qquad \sum_{i=1}^{r} p_i = p_1 + p_2 + \ \cdots\ + p_r = 1$$

이다. 이때 확률변수 $X_1,\ X_2,\ \cdots,\ X_r$는 모수가 $(n; p_1,\ p_2,\ \cdots,\ p_r)$인 다항분포를 따른다고 한다.

정의 다항분포

각 시행에 대하여 r개의 결과 $(E_1,\ E_2,\ \cdots,\ E_r)$가 가능하고 i번째 결과 E_i가 일어날 확률이 p_i라고 하자. 동일한 시행을 독립적으로 n번 반복했을 때, X_i를 i번째 결과가 나온 횟수일 때 확률변수 $X_1, X_2,\ \cdots,\ X_r$는 모수가 $(n; p_1,\ p_2,\ \cdots,\ p_r)$인 다항분포를 따른다고 한다.

NOTE X_i는 모수가 (n, p_i)인 이항분포를 따른다. 따라서

$$E(X_i) = np_i, \qquad V(X_i) = np_i(1-p_i)$$

이다.

확률변수 $X_1, X_2,\ \cdots,\ X_r$에 대하여

$$p_{X_1,\ \cdots,\ X_r}(n_1,\ \cdots, n_r) = P(X_1 = n_1,\ \cdots,\ X_r = n_r)$$

는 다음과 같이 구할 수 있다.

각 시행은 독립이므로 각 사건 $E_i(i=1,2,\cdots,r)$가 n_i번씩 일어날 확률은 사건이 일어나는 순서와는 무관하게 항상 $p_1^{n_1}p_2^{n_2}\cdots p_r^{n_r}$이다. 한편 각 사건 $E_i(i=1,\cdots,r)$가 일어나는 n_i개의 위치를 정하는 방법의 수는 n개의 위치를 크기가 각각 $n_1, n_2, \cdots, n_r$개인 부분집합으로 분할하는 방법의 수

$$\binom{n}{n_1}\binom{n-n_1}{n_2}\cdots\binom{n-n_1-\cdots-n_{r-1}}{n_r}$$

와 같다. 이 값을 간단히 하면 다음과 같이 다항계수를 얻는다.

$$\binom{n}{n_1, n_2, \cdots, n_r} = \frac{n!}{n_1!\,n_2!\cdots n_r!}$$

다항분포와 다항계수

확률변수 $X_1, X_2, \cdots, X_r$가 모수 $(n; p_1, p_2, \cdots, p_r)$인 다항분포를 따르면 다음 식이 성립한다.

$$\begin{aligned} p_{X_1, X_2, \cdots, X_r}(n_1, n_2, \cdots, n_r) &= P(X_1=n_1, X_2=n_2, \cdots, X_r=n_r) \\ &= \binom{n}{n_1, n_2, \cdots, n_r} p_1^{n_1}p_2^{n_2}\cdots p_r^{n_r} \end{aligned}$$

여기서 $n_i\ (i=1, \cdots, r)$는 음이 아닌 정수이며 조건 $n_1+\cdots+n_r=n$을 만족한다.

공정한 주사위를 9번 던졌을 때 i의 눈이 나온 횟수를 X_i라고 하면 $X_1, \cdots, X_6$은 모수가 $\left(9; \frac{1}{6}, \frac{1}{6}, \frac{1}{6}, \frac{1}{6}, \frac{1}{6}, \frac{1}{6}\right)$인 다항분포를 따른다. 예를 들어,

$$\begin{aligned} P(X_1=X_2=X_3=1,\ X_4=X_5=X_6=2) &= \binom{9}{1,1,1,2,2,2}\left(\frac{1}{6}\right)^1\left(\frac{1}{6}\right)^1\left(\frac{1}{6}\right)^1\left(\frac{1}{6}\right)^2\left(\frac{1}{6}\right)^2\left(\frac{1}{6}\right)^2 \\ &= \frac{9!}{1!1!1!2!2!2!}\left(\frac{1}{6}\right)^9 = \frac{35}{6^5} \approx 0.0045 \end{aligned}$$

이다.

보기 5

공정한 주사위를 던져 1 또는 2가 나오면 삼순이가 이기고 6이 나오면 삼식이가 이긴다고 하자. 나머지 경우는 비긴다고 한다. 주사위를 7번 던졌을 때 삼순이와 삼식이가 각각 2번, 1번 이길 확률을 구하시오.

풀이

X_1을 삼순이가 이긴 횟수, X_2를 삼식이가 이긴 횟수, X_3을 비긴 횟수라고 하면, X_1, X_2, X_3은 모수가 $\left(7; \frac{1}{3}, \frac{1}{6}, \frac{1}{2}\right)$인 다항분포를 따른다. 이때 삼순이와 삼식이가 각각 2번, 1번 이기면 4번은 비겨야 하므로 구하는 확률은 다음과 같다.

$$\begin{aligned} P(X_1 = 2, X_2 = 1, X_3 = 4) &= \binom{7}{2,1,4}\left(\frac{1}{3}\right)^2\left(\frac{1}{6}\right)^1\left(\frac{1}{2}\right)^4 \\ &= \frac{7!}{2!1!4!}\frac{1}{3^2 6^1 2^4} = \frac{35}{9 \cdot 2^5} \\ &\approx 0.1215 \end{aligned}$$

연습문제 3.1

01 $X \sim Bin(40, 0.25)$일 때 다음 값을 구하시오.

(a) $P(X=10)$

(b) $P(X \le 10)$

(c) $P(10 \le X \le 20)$

(d) $E(X)$

(e) $Var(X)$

02 10개의 O, X 문제가 있다. 임의로 O, X를 선택하였을 때

(a) 모두 틀릴 확률을 구하시오.

(b) 정답인 문제의 개수를 X라 할 때 X의 분포와 기댓값을 구하시오.

(c) 맞으면 4점, 틀리면 -2점일 때 점수의 기댓값을 구하시오.

03 5지선다형 문제가 10개 있다. 임의로 하나의 보기를 선택할 때 문제 **02**의 질문에 답하여라.

04 한 상자에는 10개의 USB가 들어 있다. 하나의 USB가 불량일 확률은 0.05이고 한 상자에 불량 USB가 하나라도 있으면 불량으로 분류한다.

(a) 어떤 상자가 불량일 확률을 구하시오.

(b) 어떤 손님이 5상자를 구입했을 때 한 상자라도 불량일 확률을 구하시오.

(c) 100개의 상자 중에 불량인 상자의 개수를 Y라 할 때 Y의 분포를 구하고 기댓값과 분산을 구하시오.

05 4개의 동전을 던졌을 때 앞면이 나온 수 X와 뒷면이 나온 수 Y의 차이를 $D = X - Y$라 하자. 앞면이 나올 확률과 뒷면이 나올 확률은 같다고 할 때

(a) D의 확률분포를 구하시오.

(b) D의 기댓값과 분산을 구하시오.

06 컴퓨터는 모든 문자를 이진법의 기호 0과 1을 이용하여 나타낸다. 각 기호가 잘못 전달될 확률이 1/4이다. 중요한 암호문을 전달하는 데 있어서 오류를 줄이기 위하여 0은 000으로, 1은 111로 대신 나타내기로 한다. 수신된 기호가 0이 더 많으면 0으로 1이 더 많으면 1로 해독한다. 즉,

000, 001, 010, 100

은 원래 기호가 0이라고 해독한다.

(a) 원래 기호의 길이가 1인 암호가 맞게 해독될 확률은 얼마인가?

(b) 원래 기호의 길이가 n인 암호가 맞게 해독될 확률은 얼마인가?

07 크기가 100인 로트에 불량이 10개 포함되어 있다. 이 로트에서 5개의 제품을 복원추출로 꺼내어 조사한 결과 불량품의 개수를 X라 하자.

(a) 불량품이 2개 들어 있을 확률을 구하시오.

(b) 불량품이 1개 이상 들어 있을 확률을 구하시오.

(c) 확률변수 X의 기댓값과 분산을 구하시오.

08 혈액형이 AB, AO인 부모에게 4명의 자녀가 있다. 자녀 중에 A형이 2명, B형과 AB형이 각각 1명일 확률을 구하시오. 단, 자녀의 혈액형은 부에게서 하나, 모에게서 하나의 대립형질을 받아서 결정되며 각 자녀의 혈액형은 독립적으로 결정된다.

09 500원짜리 동전 2개와 100원짜리 동전 3개, 10원짜리 동전 4개가 들어 있는 상자에서 임의로 3개의 동전을 꺼낼 때 동전의 액수를 X라 하자.

(a) X의 확률질량함수를 구하여 표(확률분포표)로 나타내어라.

(b) 300원 이상일 확률을 구하시오.

(c) 300원 이하일 확률을 구하시오.

10 국가대표 양궁선수는 과녁에 맞출 확률이 10점이 0.6, 9점이 0.3, 8점이 0.1이다. 화살을 3번 쏠 때

(a) 총점의 기댓값을 구하시오.

(b) 총점이 28점일 확률을 구하시오.

11 모수가 (n,p)인 이항변수 X에 대하여 $P(X=k)$가 증가하는 k의 범위를 구하시오. 즉, $P(X=k) \le P(X=k+1)$인 k의 범위를 구하시오.

12 성공확률이 p인 베르누이 시행을 $m+n$회 반복하였다. S_n을 처음 n번 시행 중 성공의 횟수, T_m을 마지막 m번 시행 중 성공의 횟수라고 하자.

(a) S_n, T_m, $S_n + T_m$의 분포를 구하시오.

(b) S_n과 T_m은 독립인가? 그 이유를 설명하시오.

(c) $0 \le k \le \min(n, m)$일 때 다음 등식이 성립함을 보이시오.

$$\sum_{j=0}^{k} \binom{n}{j}\binom{m}{k-j} = \binom{n+m}{k}$$

13 어떤 복권의 1등 당첨확률은 10%, 2등 당첨확률은 20%, 3등 당첨확률은 30%, 꽝일 확률은 40%이다. 5장의 복권을 샀을 때 다음을 구하시오.

(a) 적어도 한 장은 당첨될 확률

(b) 2등이 2장 당첨될 확률

(c) 1등, 2등, 3등 모두 1장씩 당첨될 확률

(d) 5장 모두 당첨될 확률

(e) 1등 상금 5만 원, 2등 상금 1만 원, 3등 상금 1천 원이라 할 때 상금의 기댓값

14 $X \sim Bin(n, p)$일 때 다음을 구하시오.

(a) 확률생성함수 $g_X(t)$ (b) 적률생성함수 $m_X(t)$

15 $X \sim Bin(n, p)$, $Y \sim Bin(m, p)$이고 X, Y는 독립일 때 확률생성함수를 이용하여 다음을 보이시오.

$$X + Y \sim Bin(n+m, p)$$

3.2 기하분포와 음이항분포

3.2.1 기하분포

기하변수(geometric random variable)는 성공이 나올때까지의 시행횟수로 정의한다.

정의 기하변수

성공확률이 p인 베르누이 시행을 성공할 때까지 반복할 때, 처음 성공할 때까지의 시행횟수 X를 변수를 모수가 p인 **기하변수**라 하고

$$X \sim Geo(p)$$

로 나타낸다.

$X \sim Geo(p)$일 때 $X=n$일 사건은 처음 $(n-1)$번은 실패, n번째에서는 성공인 사건이다.

	$X=1$	$X=2$	$X=3$	$X=4$	$\cdots$
가능한 결과	S	FS	FFS	FFFS	$\cdots$
경우의 수	1	1	1	1	$\cdots$
각 경우의 확률	p	$(1-p)p$	$(1-p)^2p$	$(1-p)^3p$	$\cdots$
$P(X=j)$	p	$(1-p)p$	$(1-p)^2p$	$(1-p)^3p$	$\cdots$

따라서

$$P(X=n) = P(FF\cdots FS) = (1-p)^{n-1}p$$

이다. 다음 그림은 $p=0.3$일 때와(왼쪽) $p=0.5$일 때의(오른쪽) 확률질량함수의 그래프를 나타낸 것이다.

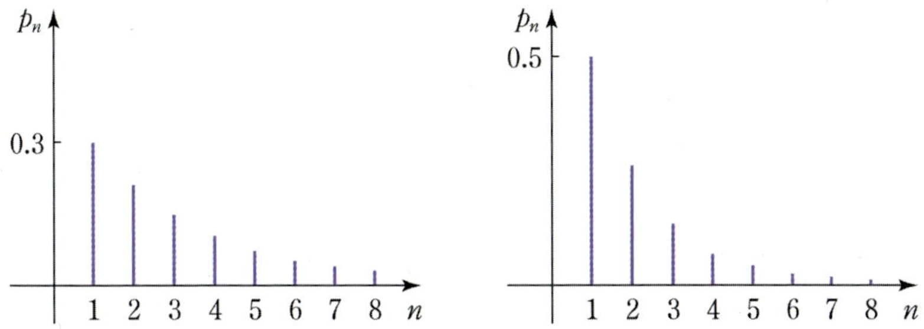

$X \sim Geo(p)$일 때 $X > n$인 사건은 n번째 시행까지 모두 실패만 일어나는 사건이므로

$$P(X > n) = P(FF\cdots F) = (1-p)^n$$

이고 누적분포함수는 다음과 같다.

$$P(X \le n) = 1 - P(X > n) = 1-(1-p)^n$$

기하분포는 양의 정수 n, m에 대하여 다음과 같은 **무기억성질**(memoryless property)을 가진다.[2)]

$$P(X > n+m | X > m) = P(X > n)$$[3)]

무기억성질은 다음과 같은 상황을 생각하면 쉽게 이해할 수 있다.

- 매번 당첨될 확률이 같은 복권을 m번 구매하여 한 번도 당첨되지 않았을 때 그 다음 n번의 구매에서도 당첨되지 않을 확률은 처음부터 n번 구매하여 당첨되지 않을 확률과 같다.

---

2) 이러한 성질이 성립하는 이산확률분포는 기하분포밖에 없다.

3) 교재에 따라 기하변수를 '최초 성공이 나오기 전까지의 실패 횟수'로 정의하는 경우도 있다. 이 정의에 따르면 다음 등식이 성립한다.

$$P(X \ge n+m | X \ge m) = P(X \ge n)$$

거듭제곱급수의 기본정리에 의하면 다음 식이 성립한다.

$$\frac{d}{dx}\left(\sum_{k=0}^{\infty} x^k\right) = \sum_{k=0}^{\infty} \frac{d}{dx}(x^k) = \sum_{k=1}^{\infty} kx^{k-1}$$

$|x|<1$일 때, $\sum_{k=0}^{\infty} x^k = \frac{1}{1-x}$이고 $\frac{d}{dx}\left(\frac{1}{1-x}\right) = \frac{1}{(1-x)^2}$이므로 기하분포의 평균은 다음과 같다.

$$E(X) = \sum_{k=1}^{\infty} k(1-p)^{k-1}p = \frac{p}{(1-(1-p))^2} = \frac{1}{p}$$

분산을 구하는 것은 연습문제로 남긴다.

기하변수의 성질

X가 모수 p인 기하분포를 따를 때($q=1-p$),

- 확률질량함수 : $p_X(n) = q^{n-1}p,\ n=1, 2, \cdots$
- 평균과 분산 : $E(X) = \frac{1}{p},\quad Var(X) = \frac{q}{p^2}$

보기 1

상자 속에 빨간 공 a개와 파란 공 b개가 들어 있다. 복원추출로 파란 공이 처음 나올 때까지 반복하여 공을 꺼낸다고 한다.

(a) 정확히 공을 n번 꺼낼 확률을 구하시오.

(b) 공을 n번 이상 꺼낼 확률은 얼마인가?

풀이

파란 공이 처음 나올 때까지 공을 꺼낸 횟수를 X라고 하자. 그러면 매번의 시행에서 성공(파란 공이 나올) 확률은

$$p = \frac{b}{a+b}$$

이다. 따라서

(a) 정확히 공을 n번 꺼낼 확률은

$$P(X=n)=\left(\frac{a}{a+b}\right)^{n-1}\left(\frac{b}{a+b}\right)=\frac{a^{n-1}b}{(a+b)^n}$$

이다.

(b) 공을 n번 이상 꺼내는 사건은 처음 $(n-1)$번의 시행에서 모두 빨간 공을 꺼내는 사건과 동일하다. 따라서

$$P(X\geq n)=\left(\frac{a}{a+b}\right)^{n-1}$$

이다.

3.2.2 음이항분포

음이항변수는 r번째 성공이 나올 때까지의 시행횟수로 정의한다.

정의 음이항분포

성공확률이 p인 독립시행을 반복할 때 성공이 r번 나올 때까지 시행횟수 X를 모수가 (r,p)인 **음이항분포(negative binomial distribution)**를 따른다고 하고

$$X\sim NB(r,p)$$

로 나타낸다.

NOTE $r=1$이면 음이항분포는 기하분포와 같다.

$$NB(1, p) = Geo(p)$$

보기 2

$r=3$인 경우 X의 확률분포를 알아보자. $n \geq 3$일 때 $X=n$인 사건은 n번째는 S이고 처음 $(n-1)$개 중에서 2개가 S, 나머지 $(n-3)$개는 모두 F이어야 한다. 이러한 경우의 수는 $(n-1)$개 중에서 2개를 뽑는 조합의 수 $\binom{n-1}{2}$와 같다. 각 경우 실패 $(n-3)$번, 성공 3번이고 이때 확률은 $(1-p)^{n-3}p^3$이므로

$$P(X=3) = \binom{n-1}{2}(1-p)^{n-1}p^3$$

이다.

	$X=3$	$X=4$	$X=5$	$\cdots$
가능한 결과	SS S	SSF S SFS S FSS S	SSFF S SFSF S SFFS S FSSF S FSFS S FFSS S	$\cdots$
경우의 수	$\binom{3}{3}=1$	$\binom{4-1}{2}=3$	$\binom{5-1}{2}=6$	$\cdots$
각 경우의 확률	p^3	$(1-p)p^3$	$(1-p)^2p^3$	$\cdots$
$P(X=j)$	p^3	$3(1-p)p^3$	$6(1-p)^2p^3$	$\cdots$

일반적으로 $n \geq r$일 때 $X=n$이면 n번째 시행에서는 성공이 나오고 처음 $(n-1)$번의 시행에서는 $(r-1)$번의 성공과

$$n-1-(r-1) = n-r$$

번의 실패가 나와야 한다. 그러므로 $n \geq r$일 때

$$P(X=n)=\binom{n-1}{r-1}p^{r-1}(1-p)^{n-r}p = \binom{n-1}{r-1}(1-p)^{n-r}p^r$$

$$= \frac{(n-1)!}{(r-1)!(n-r)!}(1-p)^{n-r}p^r$$

이다.

X의 평균과 분산은 기하분포의 평균과 분산에서 구할 수 있다. X_1을 성공이 처음 나올 때까지의 시행횟수라고 하자. X_2는 첫 번째 성공이 나오고 나서 다음 성공이 나올 때까지의 시행횟수, 같은 방법으로 X_r까지 정의하자. 그러면

$$X = X_1 + X_2 + \cdots + X_r$$

이다. 모든 시행은 독립이므로 X_1, X_2, $\cdots$, X_r은 각각 성공확률이 p인 기하분포를 따른다. 따라서 기댓값의 덧셈법칙으로부터

$$E(X) = E(X_1 + X_2 + \cdots + X_r) = rE(X_1) = \frac{r}{p}$$

을 얻는다. 또한 X_1, X_2, $\cdots$, X_r은 서로 독립이므로 분산의 덧셈법칙으로부터

$$Var(X) = Var(X_1 + X_2 + \cdots + X_r)$$

$$= r\,Var(X_1) = \frac{r(1-p)}{p^2}$$

임을 알 수 있다.

음이항분포의 성질

X가 모수 (r, p)인 음이항분포를 따를 때,

- 확률질량함수 : $P(X=n)=\binom{n-1}{r-1}(1-p)^{n-r}p^r,\quad n=r, r+1, r+2, \cdots$
- 평균과 분산 : $E(X)=\frac{r}{p},\quad Var(X)=\frac{r(1-p)}{p^2}$

보기 3

여론조사 기관에서 전화설문을 실시하는 데 응답률은 0.25이다.

(a) 4개의 설문 결과를 얻기 위해 전화통화를 10통 해야 할 확률을 구하시오.

(b) 100개의 설문 결과를 얻으려면 평균 몇 번의 통화를 해야 하는지 구하시오.

풀이

(a) X를 4개의 설문 결과를 얻기 위한 전화통화수라 하면 X는 모수가 $(4, 0.25)$인 음이항분포를 따른다. 따라서 구하는 확률은 다음과 같다.[4]

$$P(X=10)=\binom{9}{3}\left(\frac{3}{4}\right)^6\left(\frac{1}{4}\right)^4\approx 0.0584$$

(b) X를 100개의 설문 결과를 얻기 위해 해야 하는 전화통화수라 하면 X는 모수가 $(100, 0.25)$인 음이항분포를 따른다.

$$E(X)=\frac{100}{0.25}=400$$

이므로 평균 400통의 전화 통화를 하여야 한다.

4) 엑셀에서 =NEGBINOM>DIST(4, 6, 0.3, 0)을 입력하면 된다. 4는 성공횟수, 6은 실패횟수이다. 모수의 10이 아닌 실패횟수임에 주의해야 한다.

연습문제 3.2

01 $X \sim Geo(0.4)$일 때 다음 값을 구하시오.

(a) $P(X=3)$ (b) $P(X \leq 3)$ (c) $P(3 \leq X \leq 6)$

(d) $P(X \geq 6 | X \geq 3)$ (e) $E(X)$ (f) $Var(X)$

02 $X \sim NB(3, 0.6)$일 때 다음 값을 구하시오.

(a) $P(X=4)$ (b) $P(X \geq 4)$ (c) $P(5 \leq X \leq 8)$

(d) $E(X)$ (e) $Var(X)$

03 타율이 0.25인 타자가 있다. 20개의 안타를 칠 때까지 연습 스윙을 한다고 할 때

(a) 연습 스윙의 기댓값을 구하시오.

(b) 연습 스윙을 100개 이상 할 확률을 구하시오.

(c) (a), (b)에서 어떤 가정을 하였는가?

04 하나의 복권이 당첨될 확률이 0.002이다. 매주 한 장씩 복권을 산다고 할 때 X를 처음 당첨될 때까지 복권을 구입한 횟수라 하자.

(a) X의 확률질량함수를 구하시오.

(b) 1년 안에 당첨될 확률을 구하시오. (단, 1년은 52주로 계산한다.)

05 고객과 상담 결과 계약을 체결할 확률이 0.08인 보험 설계사가 있다. 하루에 12명의 고객과 상담을 한다고 할 때 X를 하루 동안 계약을 체결한 고객의 수, Y를 마지막 계약 후 다음 계약을 하기까지 상담한 고객의 수라 하자.

(a) 하루 동안 이루어진 계약 체결 건수의 기댓값을 구하시오.

(b) 처음 계약을 성사시키기까지 필요한 상담 수의 기댓값을 구하시오.

(c) 하루 동안 계약이 하나도 이루어지지 않을 확률을 각각 X, Y를 이용하여 나타내시오.

06 성공률이 p인 베르누이 시행을 반복하고 있다. 적어도 한 번의 성공과 실패가 일어날 때까지의 시행횟수를 X라 할 때

(a) X의 확률질량함수를 구하시오.

(b) $E(X)$를 구하시오.

07 캐릭터 스티커가 들어 있는 과자가 있다. 스티커는 모두 5가지이고 과자 한 봉지에 한 개의 스티커가 들어 있으며 각 스티커가 들어 있을 확률은 모두 같다. 과자 봉지를 뜯기 전까지는 어떤 스티커가 들어 있는지 알 수 없다.

(a) $k(k=0,1,2,3,4)$종류의 스티커를 갖고 있는 상황에서 다른 종류의 스티커를 얻을 때까지 뜯어 본 과자 봉지의 수를 X_k라고 할 때 $E(X_k)$를 구하시오.

(b) 5종류의 스티커를 모으기 위해서 필요한 과자 봉지 수의 기댓값은 얼마인가?

08 독립인 두 변수 X, Y가 각각 $X \sim Geo(0.2)$, $Y \sim Geo(0.2)$일 때 다음 확률을 구하시오.

(a) $P(X=Y)$ (b) $P(X<Y)$

09 $X \sim Geo(p)$이면

$$P(X>n+m|X>n)=P(X>m)$$

임을 보이시오.

10 동전 1은 앞면이 나올 확률이 p_1, 동전 2는 앞면이 나올 확률이 p_2이다. 임의로 동전을 선택한 후 그 동전을 앞면이 나올 때까지 던진 횟수를 X라 할 때

(a) X의 확률질량함수를 구하시오.

(b) X의 기댓값을 구하시오.

11 앞면이 나올 확률이 p인 동전을 앞면이 나올 때까지 던진 횟수를 X라 할 때 $E(2^X)$를 구하시오.

12 독립인 두 변수 X, Y는 각각 성공확률이 p_1, p_2인 기하분포를 따른다고 한다. 다음을 구하시오.

(a) $P(X=Y)$

(b) $M_1 = \min(X, Y)$일 때, $P(M_1 \geq n)$

(c) $M_2 = \max(X, Y)$일 때, $P(M_2 \geq n)$

13 문제 **12**에서 정의된 M_1, M_2에 대하여 다음을 구하시오.

(a) $E(M_1)$　　(b) $E(M_2)$

HINT 확률변수 X가 음이 아닌 정수 값만을 취할 때 $E(X) = \sum_{n=1}^{\infty} P(X \geq n)$

14 $X \sim Geo(p)$이고 n이 양의 정수일 때 다음 확률변수의 확률질량함수를 구하시오.

(a) $X_1 = \min(X, n)$　　(b) $X_2 = \max(X, n)$

(c) $X_3 = 2X$

15 $X \sim Bin(n, p)$, $Y \sim Geo(p)$이면 다음 식이 성립함을 설명하시오.

$$P(X=0) = P(Y > n)$$

16 $X \sim Geo(p)$일 때 확률생성함수 $g_X(t)$와 적률생성함수 $m_X(t)$를 구하시오.

17 $X \sim Geo(p)$일 때 다음을 보이시오. (단, $q = 1-p$는 실패할 확률)

(a) $E(X(X-1)) = \dfrac{2q}{p^2}$

HINT $E(X(X-1)) = p(1-p)\sum_{k=2}^{\infty} k(k-1)(1-p)^{k-2}$

(b) $Var(X) = \dfrac{q}{p^2}$

18 $X \sim NB(r, p)$일 때 확률생성함수 $g_X(t)$와 적률생성함수 $m_X(t)$를 구하시오.

3.3 푸아송 분포와 푸아송 과정

3.3.1 푸아송 근사

성공확률 α가 아주 작은 베르누이 시행을 반복한다고 하자. n번 반복하였을 때 성공횟수를 X_n이라고 하면 $X_n \sim Bin(n,\alpha)$이고

$$E(X_n) = n\alpha$$

이다. $n\alpha$의 값이 적당히 크면(일반적으로 10 이상) X_n의 분포는 근사적으로 정규분포를 따른다.5) 그러나 $n\alpha$의 값이 작으면 이항분포는 평균을 중심으로 대칭을 이루지 않는다. 다음 그림은 $\alpha = 0.01$이고 $n = 100, 200$일 때 이항분포를 그린 것이다.

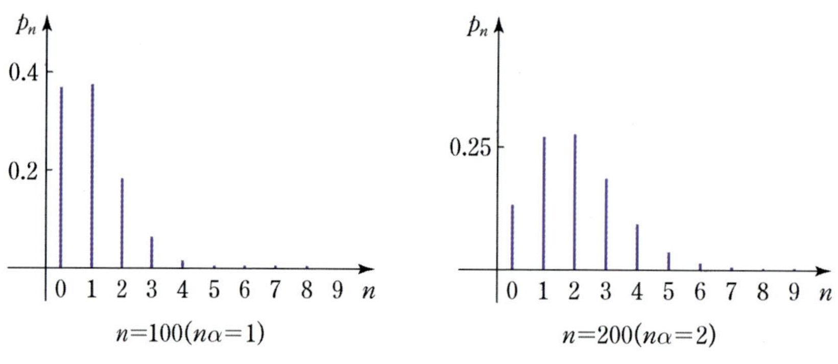

N이 아주 큰 수이고 $\alpha > 0$은 아주 작은 수이어서 $\lambda = N\alpha$가 적당한 크기이면6) 다음 근사식이 성립함이 알려져 있다.

---

5) 중심극한정리(**4.5**절)

6) 근삿값을 구하는 것이라 정확히 N은 얼마 이상, α는 얼마 이하라는 정해진 기준은 없다. 일반적으로 N은 100 이상, α는 0.01 이하 정도이면 푸아송 근사를 사용한다.

$$P(X=k)=\binom{N}{k}\alpha^k(1-\alpha)^{N-k}\approx\frac{\lambda^k e^{-\lambda}}{k!}$$

이 근사식을 프랑스의 수학자 푸아송[7]의 이름을 따서 **푸아송 근사**(Poisson approximation) 라고 한다.

푸아송 근사

$X\sim Bin(N,\alpha)$일 때, N이 아주 크고 α가 아주 작아서 $\lambda=N\alpha$의 값이 적당한 크기이면 다음 근사식이 성립한다.

$$P(X=k)\approx e^{-\lambda}\frac{\lambda^k}{k!}$$

예를 들어 능숙한 편집자가 영어로 타이프를 친다고 하자. A4 한 페이지에 들어가는 알파벳이 2000개이고 각 알파벳에 오타가 생길 확률은 $\frac{1}{1000}$이라면 한 페이지에 발생하는 오타의 수는 이항분포 $Bin\left(2000,\frac{1}{1000}\right)$을 따른다고 할 수 있다. 따라서 한 페이지에 발생하는 오타의 수 X가 2개일 확률은 근사적으로 다음과 같다.

$$P(X=2)=\binom{2000}{2}\left(\frac{999}{1000}\right)^{1998}\left(\frac{1}{1000}\right)^2\approx e^{-2}\frac{2^2}{2}\approx 0.2707$$

보기 1

어떤 생산라인의 제품의 불량률은 0.001이라고 한다. 4000개의 제품을 대상으로 검사를 할 때 불량품이 5개일 확률을 구하시오. 또 불량품이 6개일 확률을 구하시오.

7) Siméon D Poisson(1781~1840) 프랑스의 수학자이자 물리학자

풀이

불량품의 개수를 X라 하면 $X \sim Bin(4000, 0.001)$이다. 4000은 충분히 큰 수이고 확률 0.001은 충분히 작은 확률이므로 푸아송 근사를 사용한다. 이 경우

$$\lambda = Np = 4000 \cdot 0.001 = 4$$

이므로 구하는 확률은 각각

$$P(X=5) = \frac{4^5 e^{-4}}{5!} \approx 0.1563, \quad P(X=6) = \frac{4^6 e^{-4}}{6!} \approx 0.1042$$

이다. 이항분포를 이용하여 구하면 다음과 같다.

$$P(X=5) = \binom{4000}{5}(0.001)^5(0.999)^{3995} \approx 0.1564$$
$$P(X=6) = \binom{4000}{6}(0.001)^6(0.999)^{3994} \approx 0.1042$$

3.3.2 푸아송 분포

임의의 양수 λ에 대하여[8]

$$\sum_{k=0}^{\infty} e^{-\lambda}\frac{\lambda^k}{k!} = e^{-\lambda}\sum_{k=0}^{\infty}\frac{\lambda^k}{k!} = e^{-\lambda}e^{\lambda} = 1$$

이다. 따라서

$$p(k) = e^{-\lambda}\frac{\lambda^k}{k!}, \qquad k = 0, 1, 2, \cdots$$

는 확률질량함수이다. 이러한 확률질량함수를 가지는 확률변수를 **푸아송 변수**(Poisson random variable)이라 한다.

---

8) 부록 **A.2** 거듭제곱급수를 참고할 것 $e^{\lambda} = \sum_{k=0}^{\infty}\frac{\lambda^k}{k!}$

정의 푸아송 변수

이산확률변수 Y의 확률질량함수가 $p(k)=e^{-\lambda}\dfrac{\lambda^k}{k!}\,(k=0,1,2,\cdots)$이면 Y를 모수가 λ인 **푸아송 분포**(Poisson distribution)를 따른다고 하고

$$Y \sim Poi(\lambda)$$

로 나타낸다.

다음 그림은 모수가 각각 $\lambda=1,2$인 푸아송 분포의 그래프이다.

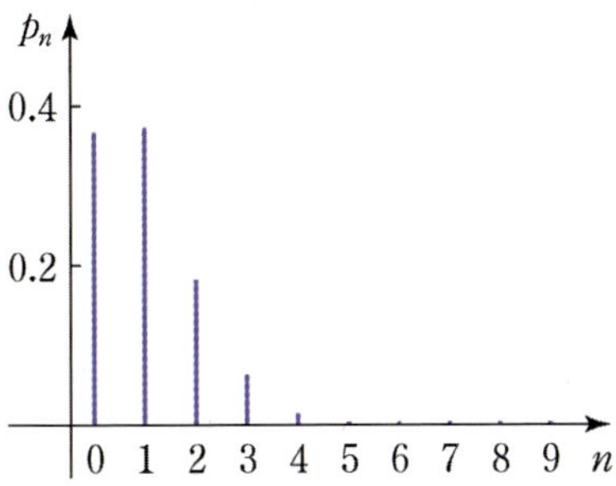

$\lambda=1$

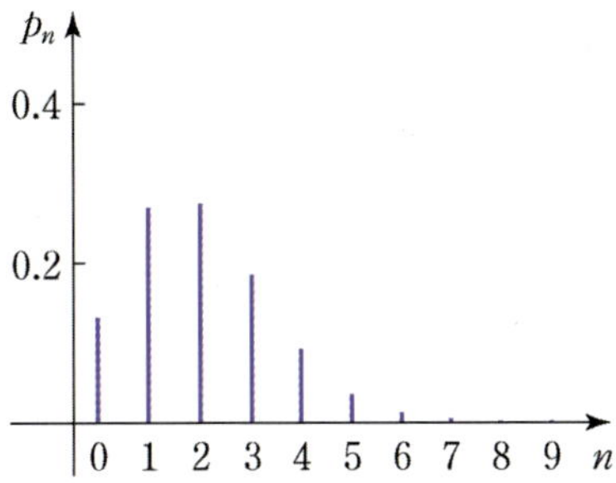

$\lambda=2$

보기 2

X가 모수가 λ인 푸아송 분포를 따를 때,

(a) 확률생성함수를 구하시오.

(b) (a)의 결과를 이용하여 기댓값과 분산을 구하시오.

풀이

(a) $P(X=k)=e^{-\lambda}\dfrac{\lambda^k}{k!}$이므로

$$g(t)=E(t^X)=\sum_{k=0}^{\infty}t^k p_k=e^{-\lambda}\sum_{k=1}^{\infty}\frac{t^k\lambda^k}{k!}=e^{-\lambda}\sum_{k=1}^{\infty}\frac{(t\lambda)^k}{k!}$$
$$=e^{-\lambda}e^{t\lambda}=e^{\lambda(t-1)}$$

이다.

(b) $g'(t) = \lambda e^{\lambda(t-1)}$, $g''(t) = \lambda^2 e^{\lambda(t-1)}$이므로

$$g'(1) = E(X) = \lambda, \qquad g''(1) = E(X(X-1)) = \lambda^2$$

이다. 따라서 분산은 다음과 같다.

$$Var(X) = E(X^2) - E(X)^2 = E(X(X-1)) + E(X) - E(X)^2 = \lambda$$

푸아송 변수의 기댓값과 분산

X가 모수 λ인 푸아송 분포를 따를 때 $(X \sim Poi(\lambda))$

- 확률생성함수 : $g(t) = e^{\lambda(t-1)}$
- 평균과 분산 : $E(X) = \lambda$, $Var(X) = \lambda$

보기 3

어떤 도시에서 한 주에 발생하는 교통사고의 횟수는 평균이 7인 푸아송 분포를 따른다고 한다. 이번 주에 교통사고가 2회 이하로 일어날 확률을 구하시오.

풀이

X를 이번 주에 일어나는 교통사고 횟수라 하자. 푸아송 분포의 평균은 모수 λ와 같으므로 X의 분포는 다음과 같다.

$$P(X = k) = e^{-7}\frac{7^k}{k!}, \quad k = 0, 1, 2, \cdots$$

따라서 구하는 확률은 다음과 같다.[9)]

$$\begin{aligned} P(X \le 2) &= P(X=0) + P(X=1) + P(X=2) \\ &= e^{-7}\left(1 + 7 + \frac{7^2}{2!}\right) \approx 0.0296 \end{aligned}$$

---

9) 엑셀에서는 =POISSON.DIST(2,7,1)을 입력하면 된다.

우리 주변에서 흔히 볼 수 있는 다음과 같은 것들을 조사한다고 하자.

- 어느 사거리에서 하루 동안 발생하는 교통사고의 수
- 어느 보험회사의 생명보험 가입자 중 6개월 안에 암으로 사망한 가입자의 수
- 물 1ml에 들어 있는 대장균의 수
- 노트북 화면의 불량화소의 개수

이러한 확률적 실험의 공통점은 모두 시간이나 공간의 단위('하루', '6개월', '물 1ml', '노트북 화면')당 발생하는 사건('교통사고', '암으로 사망', '대장균', '불량화소')의 수를 조사하는 것이다. 이러한 '단위당 발생하는 사건의 수'를 나타내는 데에는 푸아송 분포를 많이 사용한다.[10)]

3.3.3 푸아송 분포의 합

만약 어느 사거리에서 매일 발생하는 교통사고의 수가 독립이라 하고 하루 동안 일어나는 교통사고의 수가 푸아송 분포를 따른다면 이틀 동안 일어나는 교통사고의 수도 푸아송 분포를 따른다고 가정하는 것이 자연스럽다. 실제로 독립인 두 푸아송 분포의 합은 다시 푸아송 분포를 따른다.

보기 4

X, Y가 독립이고 $X \sim Poi(\lambda)$, $Y \sim Poi(\mu)$일 때 $X+Y$의 분포를 구하시오.

풀이

X, Y의 확률생성함수는 각각 $g_X(t) = e^{\lambda(t-1)}$, $g_Y(t) = e^{\mu(t-1)}$이고 X, Y는 독립이므로 $X+Y$의 확률생성함수는

10) 예를 들어 사거리에서 하루 동안 발생하는 교통사고의 수를 X라 하면 하루 동안 사거리를 지나가는 자동차의 대수는 아주 큰 자연수이고 각 자동차가 사고를 내는 확률은 아주 작은 양수라고 할 수 있다. 확률변수 X는 n이 크고 p가 작은 이항분포를 따른다고 할 수 있고 따라서 근사적으로 푸아송 분포를 따른다고 할 수 있다. 다른 경우도 비슷한 설명이 가능하다.

$$g_{X+Y}(t) = g_X(t)g_Y(t) = e^{\lambda(t-1)}e^{\mu(t-1)} = e^{(\lambda+\mu)(t-1)}$$

이므로 $X+Y$는 모수가 $\lambda+\mu$인 푸아송 분포를 따른다.

푸아송 변수의 합

X, Y가 독립이고 $X \sim Poi(\lambda)$, $Y \sim Poi(\mu)$이면 $X+Y$도 푸아송 분포를 따른다.

$$X+Y \sim Poi(\lambda+\mu)$$

겹치지 않는 구간에서 일어나는 사건의 횟수가 독립이라 가정하면 이러한 성질은 다음 보기와 같이 중요한 결과를 보여준다.

보기 5

보기 3의 도시에서 이번 주와 다음 주 2주 동안 발생하는 교통사고의 횟수가 따르는 분포를 구하시오. 또 n주 동안 일어나는 교통사고의 횟수가 따르는 분포는 무엇인가? 이때 어떠한 가정이 필요한가?

풀이

이번 주와 다음 주에 발생하는 교통사고의 횟수를 각각 X_1, X_2라 하면

$$X_1 \sim Poi(7), \quad X_2 \sim Poi(7)$$

이고 이번 주와 다음 주 2주 동안 발생하는 교통사고의 횟수는

$$X = X_1 + X_2$$

이다. X_1, X_2가 독립이라 가정하면 X는 모수가 14인 푸아송 분포를 따른다. 같은 방법으로 n주 동안 발생하는 교통사고의 횟수는 모수가 $7n$인 푸아송 분포를 따른다.

3.3.4 푸아송 과정

보기 5는 푸아송 과정의 특별한 사례이다. 일반적으로 어떤 특정한 사건이 구간 $(0, t]$에서 일어나는 사건의 회수를 $N(t)$라 하자. 실수 $\lambda > 0$에 대하여 다음 조건들이 성립할 때

$$\{N(t) : t > 0\}$$

를 변화율이 λ인 **푸아송 과정**(Poisson process)이라 한다.

(1) $N(0) = 0$

(2) 겹치지 않는 두 구간에서 발생하는 사건들의 수는 서로 독립이다.

(3) 특정 구간에서 발생하는 사건의 건수의 분포는 구간의 길이에만 의존한다. 다시 말해서 구간 $(0, t]$에서 일어나는 사건의 건수와 구간 $(s, s+t]$에서 일어나는 사건의 건수는 같은 분포를 따른다.

(4) $\lim_{h \to 0} \dfrac{P(N(h) = 1)}{h} = \lambda, \quad \lim_{h \to 0} \dfrac{P(N(h) \geq 2)}{h} = 0$

- 조건 (1)로부터 구간 $[0, t]$에서 일어나는 사건의 건수는 $N(t)$이다.
- 조건 (2)는 **독립증분**(independent increment)을 가진다고 표현한다. 조건 (2)에 의하면 $N(s)$와 $N(t+s) - N(s)$은 서로 독립이다.
- 조건 (3)은 $N(t+s) - N(s)$의 분포는 $N(t)$와 같음을 의미한다.

$$P(N(t+s) - N(s) = k) = P(N(t) = k), \quad k = 0, 1, 2, \cdots$$

- 마지막 조건 (4)는 길이가 h인 아주 짧은 구간에서 한 개의 사건이 발생할 확률은 근사적으로 λh이지만 두 개 이상 일어날 확률은 거의 0임을 의미한다.

주어진 조건으로부터 다음 결과를 보일 수 있다.[11]

---

11) 증명은 본 교재의 수준을 벗어나므로 생략한다.

푸아송 과정의 성질

$\{N(t): t > 0\}$가 변화율이 λ인 푸아송 과정일 때 $N(t)$는 모수가 λt인 푸아송 분포를 따른다.

$$P(N(t) = k) = \frac{(\lambda t)^k}{k!} e^{-\lambda t}$$

예를 들어 $N(t)$를 지하수 t ml에 들어 있는 대장균의 수라 할 때 $\{N(t): t \geq 0\}$이 푸아송 과정이라 하자. 지하수 1ml에 들어 있는 대장균의 수 $N(1)$이 평균 $\lambda = 10$인 푸아송 분포를 따른다면 2ml에 들어 있는 대장균의 수 $N(2)$는 평균 $\lambda \cdot 2 = 20$인 푸아송 분포를 따른다. 또한 0.5ml에 들어 있는 대장균의 수 $N(0.5)$는 평균 $\lambda \cdot 0.5 = 5$인 푸아송 분포를 따른다.

보기 6

어떤 지역에서 연간 지진 횟수는 변화율이 4인 푸아송 과정을 따른다고 한다.

(a) 내년에 지진이 2번 이상 발생할 확률을 구하시오.

(b) 내년 전반부(1월부터 6월까지)에 지진이 한 번도 일어나지 않을 확률을 구하시오.

(c) 내년 전반부(1월부터 6월까지)에 지진이 한 번도 일어나지 않았을 때 내년 후반부(7월부터 12월까지)에 지진이 3번 이상 일어날 확률을 구하시오.

풀이

(a) 내년에 일어나는 지진 횟수 $X(1)$는 모수가 4인 푸아송 분포를 따르므로

$$\begin{aligned} P(X(1) \geq 2) &= 1 - P(X(1) = 0) - P(X(1) = 1) \\ &= 1 - e^{-4} - 4e^{-4} \approx 0.9084 \end{aligned}$$

(b) 내년 전반부(1월부터 6월까지)에 일어나는 지진 횟수는 $X(0.5)$이고 푸아송 과정의 성질에 의하여

$$X(0.5) \sim Poi(0.5 \cdot 4) = Poi(2)$$

이다. 따라서 구하는 확률은 다음과 같다.

$$P(X(0.5)=0)=e^{-2} \approx 0.1353$$

(c) 내년 후반부에 일어나는 지진 횟수는 $X(1)-X(0.5)$이고 $X(0.5)$와 독립이다. 또한 $X(1)-X(0.5)$은 $X(0.5)$와 같은 분포를 따르므로 구하는 확률은 다음과 같다.

$$\begin{aligned} P(X(1)-X(0.5)=3 \mid X(0.5)=0) &= P(X(1)-X(0.5)=3) \\ &= P(X(0.5)=3) = \frac{2^3 e^{-2}}{3!} \approx 0.1804 \end{aligned}$$

연습문제 3.3

01 $X \sim Poi(4)$일 때 다음 확률을 구하시오.

(a) $P(X=3)$ (b) $P(X \le 3)$ (c) $P(4 \le X \le 6)$

02 $X \sim Bin(2000, 0.002)$일 때 다음 확률을 푸아송 근사를 이용하여 구하시오.

(a) $P(X=3)$ (b) $P(X \le 3)$ (c) $P(4 \le X \le 6)$

03 동남아시아의 어느 지역은 1년에 평균 4.5회의 태풍이 지나간다. 이 지역에 태풍이 지나가는 횟수가 푸아송 분포를 따를 때 올해 태풍이 4회 이상 지나갈 확률을 구하시오.

04 노트북 화면의 불량화소 수는 평균 12인 푸아송 분포를 따른다. 불량화소 수가 15개 이상이면 불량으로 분류할 때 임의의 노트북 화면이 불량일 확률을 구하여라.

05 독감 예방주사에 의한 부작용이 일어날 확률은 개인당 0.001이라고 한다. 보건소에서 주민 5000명을 대상으로 예방접종을 하였을 때

(a) 4명이 부작용을 일으킬 확률을 구하시오.

(b) 부작용을 일으킨 사람이 4명 이하일 확률을 구하시오.

06 어느 비서는 1분에 200자를 타이핑하는 데 분당 평균 0.5개의 오타가 발생한다고 한다. 각 글자의 오타 여부는 모두 독립이라고 할 때

(a) 1분 동안 타이핑에서 생기는 오타 수의 확률분포를 구하시오.

(b) 10분 동안 타이핑을 했을 때 생기는 오타 수의 확률분포를 구하시오.

(c) 10분 동안 타이핑을 했을 때 생기는 오타 수가 3개일 확률을 근사적으로 구하시오.

07 어느 자동차 회사에서 생산하는 자동차가 1년 안에 고장을 일으키는 확률은 0.015이다. 판매된 400대의 자동차 중에서 1년 안에 고장을 일으키는 자동차가 5대 이하일 확률을 근사적으로 구하시오.

08 우연히 모인 365명의 사람이 있다.

(a) 이 중, 정확히 두 명의 생일이 9월 19일일 확률을 근사적으로 구하시오.

(b) 생일이 9월 19일인 사람이 하나도 없을 확률을 근사적으로 구하시오.

(c) 적어도 두 사람의 생일이 9월 19일일 확률을 근사적으로 구하시오. (단, 1년은 365일이라고 가정한다.)

09 당첨될 확률이 0.001인 복권을 100장 샀다. 다음과 같은 방법으로 주어진 확률을 구하시오.

- 이항분포를 이용하여
- 푸아송 근사를 이용하여

(a) 적어도 하나는 당첨될 확률을 구하시오.

(b) 정확히 하나 당첨될 확률을 구하시오.

10 문제 **09**에서 복권을 1000장 산 경우에 대하여 답하여라.

11 어떤 사람이 1년에 감기에 걸리는 횟수는 모수가 3인 푸아송 분포를 따른다고 한다. 2년 동안 감기에 3번 이하 걸릴 확률은 얼마인가? (단, 해마다 감기에 걸리는 횟수는 독립이라고 가정한다.)

12 $X \sim Poi(\lambda)$일 때 다음 등식이 성립함을 보이시오.

$$\lambda P(X=k) = (k+1)P(X=k+1)$$

13 X는 모수가 λ인 푸아송 분포를 따른다. λ가 정수이면 다음 식이 성립함을 보이시오.

$$P(X=\lambda-1) = P(X=\lambda)$$

14 X가 모수 $\lambda(0 < \lambda < 1)$인 푸아송 분포를 따를 때, $E(X!)$을 구하시오. (단, $0! = 1$로 정의한다.)

15 X가 모수 λ인 푸아송 분포를 따른다.

(a) 다음 식이 성립함을 보이시오.

$$E(X^n) = \lambda E((X+1)^{n-1})$$

(b) 이 식을 이용하여 $E(X^3)$을 구하시오.

3.4 지수분포와 감마분포

3.4.1 지수분포

기하분포는 어떤 사건이 일어날 때까지 기다리는 횟수를 나타내는 이산확률분포이다. 지수분포는 어떤 사건이 일어날 때까지 기다리는 시간을 나타내는 연속확률분포이다.

양수 $\lambda > 0$에 대하여

$$f(x) = \lambda e^{-\lambda x}, \quad x \geq 0$$

는 확률밀도함수이다. 이러한 확률밀도함수를 가지는 확률변수를 **지수분포**(exponential distribution)를 따른다고 한다.

정의 지수분포

X의 확률밀도함수가 양수 $\lambda > 0$에 대하여

$$f(x) = \begin{cases} \lambda e^{-\lambda x}, & x \geq 0 \\ 0, & \text{기타} \end{cases}$$

일 때, X는 모수가 λ인 지수분포를 따른다고 하고 $X \sim \mathrm{Exp}(\lambda)$로 나타낸다.

지수분포의 확률밀도함수는 $x = 0$에서 최댓값 λ를 가지고 이후 감소하는 함수이다. 다음 그래프는 $\lambda = 1, 2, 3$일 때 확률밀도함수의 그래프이다.

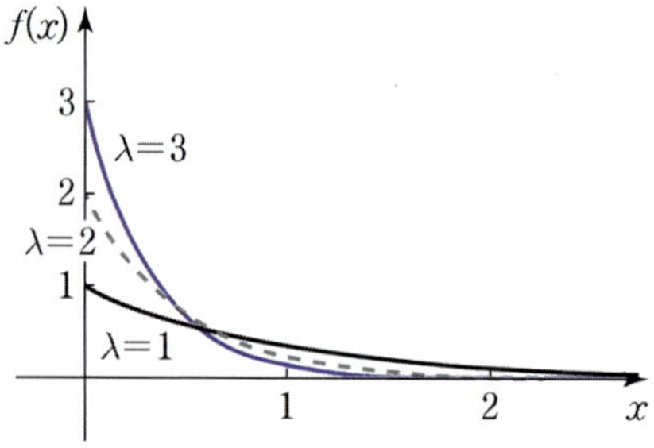

NOTE 위의 그래프로부터 다음 사실들을 추론할 수 있다.

- λ 값이 클수록 초반의 확률밀도함수의 값이 크다.
- λ 값이 클수록 시간이 흐르면 확률밀도함수의 값이 빨리 감소한다.

2.4절의 **보기 5**의 결과에 의하면 지수분포의 확률생성함수와 기댓값, 분산은 다음과 같다.

지수분포의 성질

X가 모수가 λ인 지수분포를 따르면 $(X \sim \text{Exp}(\lambda))$

- 확률생성함수 : $g(t) = \dfrac{1}{\lambda - t}, \quad t < \lambda$
- 기댓값과 분산 : $E(X) = \dfrac{1}{\lambda}, \quad Var(X) = \dfrac{1}{\lambda^2}$

NOTE 지수분포에서 모수 λ는 기댓값의 역수이다. 따라서 λ가 커지면 기댓값은 작아지고 λ가 작아지면 기댓값은 커진다. X가 어떤 위험한 사건이 일어날 때까지의 시간이나 사망할 때까지의 시간이라 하자. $E(X) = \dfrac{1}{\lambda}$가 크면, 즉, λ가 작다면 짧은 시간 내에 사건이 일어날 가능성은 작아지고 따라서 위험도는 줄어든다. 반대로 $E(X)$가 작다면, 즉, λ가 크다면 사건이 짧은 시간 내에 일어남을 의미하므로 위험도는 커진다. 이런 의미에서 모수 λ를 **위험계수**(hazard rate)라 부른다.

지수분포는 다음과 같이 생명체, 또는 기계의 수명이나 어떤 사건이 일어날 때까지의 시간을 모형화하기에 적합하다.

- 자동차 배터리의 수명
- 암 수술을 받은 환자의 생존기간
- 방사성 물질이 붕괴를 시작할 때까지의 시간
- 어느 지역에서 지진이 일어난 후 다음 지진이 일어날 때까지의 시간
- DNA에서 돌연변이가 일어나는 사건 사이의 시간

보기 1

삼순이가 구입한 노트북의 배터리는 100% 충전하였을 때 평균 지속시간이 5시간이라 한다. 배터리의 지속시간이 지수분포를 따를 때 2시간 반짜리 영화를 전원 없이 볼 수 있는 확률을 구하시오. (단, 배터리는 100% 충전되어 있다고 가정한다.)

풀이

X를 100% 충전된 배터리의 지속시간이라 하면 X는 평균이 5인 지수분포를 따른다. 따라서 X는 모수가 1/5인 지수분포를 따르고 구하는 확률은 다음과 같다.

$$P(X \geq 2.5) = \int_{2.5}^{\infty} \frac{e^{-t/5}}{5} dt = e^{-1/2} \approx 0.6065$$

X가 모수 λ인 지수분포를 따르면 누적분포함수는

$$F(t) = P(X \leq t) = \int_0^t \lambda e^{-\lambda x} dx$$

$$= -\frac{\lambda}{\lambda} e^{-\lambda x} \Big|_0^t = 1 - e^{-\lambda t}$$

이다. 만약 X가 어떤 생명체의 수명을 의미한다면 $P(X > t)$는 그 생명체가 시간 t가 지나서도 살아 있을 확률을 의미하고

$$P(X > t) = \int_t^\infty \lambda e^{-\lambda x} dx = e^{-\lambda t}$$

이다. 이런 의미에서 함수

$$S(t) = P(X > t)$$

를 **생존함수**(survival function)라고 부른다. 다음 그림은 각각 $\lambda = 1,\ 2,\ 3$일 때, 누적분포함수와 생존함수의 그래프이다. 위험계수 λ가 클수록 누적분포함수는 빨리 증가하고 생존함수는 빨리 감소한다.

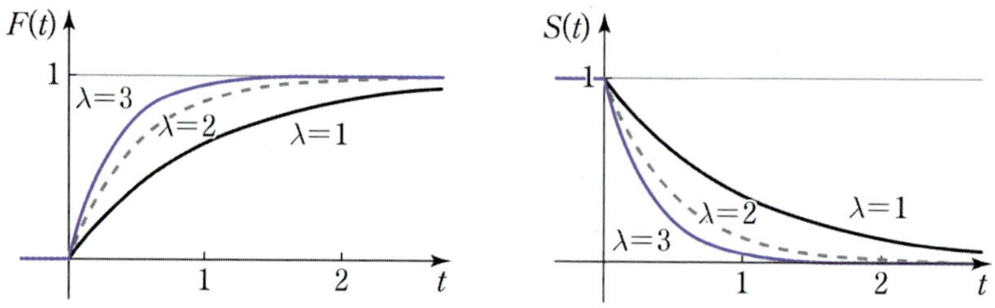

보기 2

다음과 같이 연결된 두 시스템을 살펴 보자.

(a) 시스템 1

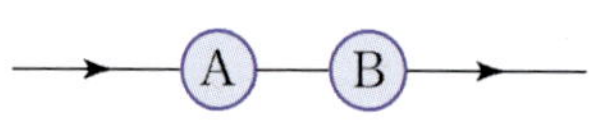

(b) 시스템 2

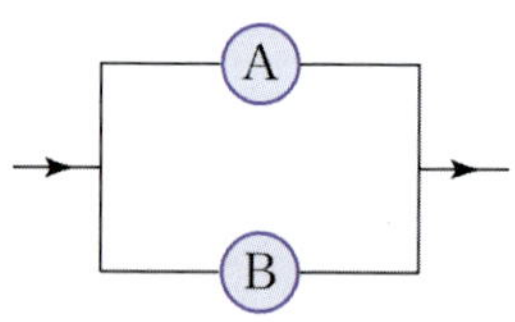

시스템 1에서는 하나의 공정이라도 고장이 나면 시스템이 작동을 멈추지만 시스템 2에서는 하나의 공정이라도 작동을 하면 시스템이 작동한다. 공정 A와 B가 고장날 때까지의 시간은 서로 독립이고 각각 평균 4(단위는 개월)인 지수분포를 따른다. 각 시스템이 작동을 멈출 때까지의 시간을 X라 할 때 X의 확률밀도함수를 각각 구하시오.

풀이

X_A, X_B를 각각 공정 A, B가 고장날 때까지의 시간(단위는 개월)이라 하자.

(a) 시스템 1에서 사건 $X > t$는 공정 A, B가 시각 t까지 고장나지 않는 사건 $(X_A > t, X_B > t)$이고 X_A, X_B는 독립이므로

$$P(X > t) = P(X_A > t, X_B > t) = P(X_A > t)P(X_B > t)$$
$$= e^{-t/4}e^{-t/4} = e^{-t/2}$$

이다. 따라서 X의 확률밀도함수는

$$f(t) = \frac{d}{dt}P(X \le t) = \frac{d}{dt}(1 - e^{-t/2}) = \frac{1}{2}e^{-t/2}$$

이다. 즉, X는 모수가 1/2인 지수분포를 따른다.

(b) 시스템 2에서 사건 $X \le t$는 공정 A, B가 모두 시각 t까지 고장나는 사건 $(X_A \le t, X_B \le t)$이고 X_A, X_B는 독립이므로

$$P(X \le t) = P(X_A \le t, X_B \le t) = P(X_A \le t)P(X_B \le t)$$
$$= (1 - e^{-t/4})(1 - e^{-t/4}) = (1 - e^{-t/4})^2$$

이다. 따라서 X의 확률밀도함수는

$$f(t) = \frac{d}{dt}P(X \le t) = \frac{1}{2}e^{-t/4}(1 - e^{-t/4})$$

이다.

3.4.2 무기억성질

음이 아닌 확률변수 X가 모든 $s, t \ge 0$에 대하여 다음 등식을 만족하면 X는 **무기억성질**(memoryless property)을 갖는다고 한다.

$$P(X > s + t | X > t) = P(X > s)$$

조건부확률의 정의로부터 무기억성질은

$$\frac{P(X>s+t, X>t)}{P(X>t)}=P(X>s)$$

로 쓸 수 있고 $\{X>s+t, X>t\}=\{X>s+t\}$이므로 무기억성질은 다음과 같이 쓸 수 있다.

$$P(X>s+t)=P(X>s)P(X>t)$$

확률변수 X가 지수분포를 따른다면

$$\begin{aligned} P(X>s+t) &= e^{-\lambda(s+t)} = e^{-\lambda s}e^{-\lambda t} \\ &= P(X>s)P(X>t) \end{aligned}$$

이므로 X는 무기억성질을 갖는다.

역으로 양의 값을 취하는 연속확률변수가 무기억성질을 가지면 지수분포를 따름을 보일 수 있다.[12] 따라서 X가 지수분포를 따른다는 것을 다음과 같이 다양한 방법으로 나타낼 수 있다.

지수분포: 동치인 명제

X가 음이 아닌 값을 취하는 연속확률변수일 때, 다음 명제들은 모두 동치이다.

- X는 모수가 λ인 지수분포를 따른다.
- X의 확률밀도함수는 $f(x)=\lambda e^{-\lambda x}, \quad x \geq 0$
- 모든 $t>0$에 대하여 $P(X>t)=e^{-\lambda t}$이다.
- 모든 $s, t>0$에 대하여 다음 식이 성립한다.

$$P(X>s+t)=P(X>s)P(X>t)$$

12) 증명은 이 교재의 수준을 넘어가므로 생략한다.

보기 3

삼식이는 자전거로 전국일주를 하려고 한다. 서울에서 출발하여 부산까지 600 km, 부산에서 서울까지 800km의 경로를 계획하였다. 운전자가 자전거 사고를 낼 때까지의 주행거리는 평균 2000km인 지수분포를 따른다고 한다. 부산까지 사고 없이 도착하였을 때 삼식이가 사고를 내지 않고 여행을 끝낼 확률을 구하시오.

풀이

사고가 날 때까지의 주행거리를 X라고 하면 X는 위험계수가 1/2(단위 : 1000 km)인 지수분포를 따른다. 지수분포는 무기억성질을 가지므로 지금까지의 주행거리와는 상관없이 구하는 확률은 다음과 같다.

$$\begin{aligned} P(X > 1.4 | X > 0.6) &= P(X > 0.8) \\ &= e^{-0.8/2} \approx 0.6703 \end{aligned}$$

보기 4

두 명의 상담원이 있는 매장이 있다. 당신이 매장에 들어갔을 때, 두 명의 고객이 상담 중이었고 대기 중인 고객은 없었다. 고객들의 상담시간은 평균 10분인 지수분포를 따른다고 한다. 모든 고객의 상담시간은 다른 고객들과 독립이라고 한다.

(a) 당신이 상담을 시작할 때까지 t분 이상 기다릴 확률은 얼마인가?

(b) 당신이 상담을 마치고 나올 때까지 시간의 기댓값은 얼마인가?

(c) 새로운 고객이 들어오지 않는다면 당신이 매장을 떠나는 마지막 사람이 될 확률은 얼마인가?

풀이

(a) 상담원 $i\,(i = 1,2)$와 상담하는 사람이 상담이 끝날 때까지의 시간을 X_i라고 하자. 두 명의 고객이 얼마나 상담을 했는지에 상관없이 지수분포의 무기억성에 의하여 X_1과 X_2는 모수가 1/10인 지수분포를 따른다. 즉, $i = 1,2$에 대하여

$$P(X_i > t) = e^{-0.1t}$$

이다. 당신이 상담을 할 수 있기까지 기다린 시간 X는

$$X = \min(X_1, X_2)$$

이고 X_1과 X_2는 독립이므로 구하는 확률은 다음과 같다.

$$\begin{aligned} P(X > t) &= P(\min(X_1, X_2) > t) = P(X_1 > t, X_2 > t) \\ &= P(X_1 > t)P(X_2 > t) \\ &= e^{-0.1t}e^{-0.1t} = e^{-0.2t} \end{aligned}$$

(b) 상담할 때까지 기다린 시간을 X, 상담한 시간을 Y라고 하자. 그러면 상담을 마칠 때까지의 시간은

$$\text{기다린시간} + \text{상담한시간} = X + Y$$

이다. X는 평균이 5인 지수분포를 따르고 Y는 평균이 10인 지수분포를 따르므로

$$E(X + Y) = E(X) + E(Y) = 5 + 10 = 15$$

이다.

(c) 한 사람이 떠난 후 남은 사람과 당신의 상담시간은 다시 지수분포의 무기억성에 의하여 둘 다 모수가 1/10인 지수분포를 따른다. 따라서 당신이 마지막으로 떠날 확률과 다른 사람이 마지막으로 떠날 확률은 같다. 즉, 당신이 마지막으로 매장을 떠날 확률은 1/2이다.

3.4.3 감마분포

확률변수 $X_1, X_2, \cdots, X_k$이 독립이고 모두 모수가 λ인 지수분포를 따르면 확률변수

$$X = X_1 + X_2 + \cdots + X_k$$

은 모수가 (k, λ)인 감마분포를 따른다고 하고 기호로 $X \sim \Gamma(k, \lambda)$와 같이 나타낸다.[13)] 이때 기댓값의 덧셈법칙과 분산의 덧셈법칙으로부터 다음 결과를 얻는다.

$$E(X) = E(X_1) + \cdots + E(X_k) = \frac{k}{\lambda}$$

$$Var(X) = Var(X_1) + \cdots + Var(X_k) = \frac{k}{\lambda^2}$$

다음 그림은 $\lambda = 2$, $\lambda = 3$일 때 $k = 1,3,5,7$에 대하여 감마분포의 확률밀도함수를 그린 것이다.

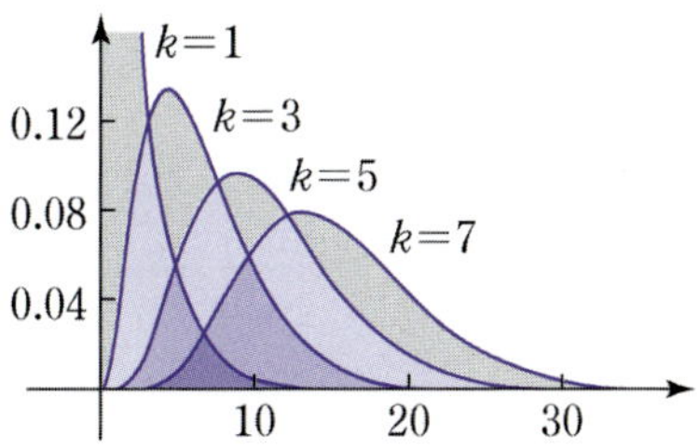

$\lambda = 2$일 때 감마분포 $\Gamma(k, \lambda)$

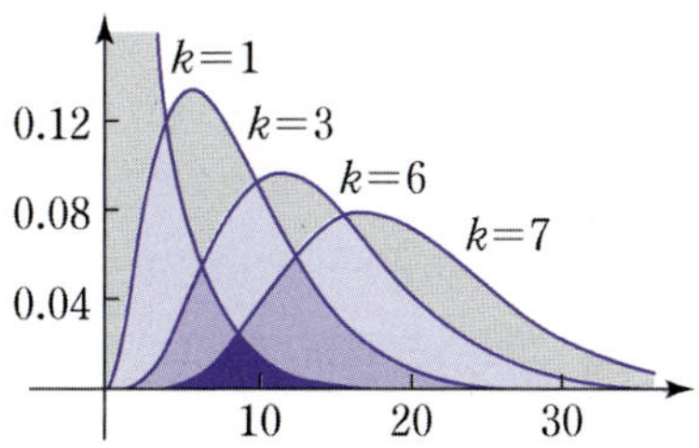

$\lambda = 3$일 때 감마분포 $\Gamma(k, \lambda)$

---

13) 일반적으로 양의 실수 $k > 0, \lambda > 0$에 대하여도 감마분포를 정의할 수 있으며 확률밀도함수가 다음과 같다.

$$f(x) = \begin{cases} \frac{(\lambda x)^{k-1}}{\Gamma(k)} \lambda e^{-\lambda x}, & x \geq 0 \\ 0, & x < 0 \end{cases}$$

여기서 $\Gamma : (0, \infty) \to (0, \infty)$는 다음과 같이 정의된 **감마함수**(Gamma function)이다.

$$\Gamma(x) = \int_0^\infty t^{x-1} e^{-t} dt, \quad x > 0$$

특히 자연수 n에 대하여 $\Gamma(n) = (n-1)!$이다.

감마분포

자연수 k와 양의 실수 λ에 대하여 $X \sim \Gamma(k, \lambda)$이면

- X의 확률밀도함수 : $f(x) = \begin{cases} \dfrac{(\lambda x)^{k-1}}{(k-1)!}\lambda e^{-\lambda x}, & x \geq 0 \\ 0, & x < 0 \end{cases}$
- X의 기댓값과 분산 : $E(X) = \dfrac{k}{\lambda}, \quad Var(X) = \dfrac{k}{\lambda^2}$

보기 5

보험사 고객상담실에서 한 명의 고객과의 상담은 평균 0.5(시간)인 지수분포를 따른다고 한다. 상담실 업무가 시작되는 오전 10시에 보험 상담사 삼식이에게 상담을 요청하고 기다리는 고객이 5명일 때 12시까지 5명 모두 상담을 마칠 확률을 구하시오. (단, 각 고객과의 상담시간은 모두 독립이다.)

풀이

한 명의 고객과의 상담은 모수가 2인 지수분포를 따른다. 따라서 5명의 고객과 상담을 모두 마치는 데 걸리는 시간을 X라 하면 X는 모수가 $(5, 2)$인 감마분포를 따른다. 따라서 2시간 이내에 상담을 마칠 확률은

$$P(X \leq 2) = \frac{1}{\Gamma(5)} \int_0^2 (2x)^4 2e^{-2x} dx \approx 0.3712$$

이다.14)

---

14) 위 계산은 엑셀의 함수 마법사에서 GAMMA.DIST$(x, k, 1/\lambda, 1)$을 입력하면 얻을 수 있다. 여기서는 $x = 2$, $k = 5$, $1/\lambda = 0.5$이고 마지막 값 1은 누적분포함수를 의미한다. 부록 **B** 참고할 것.

연습문제 3.4

01 확률변수 X가 모수가 $\lambda = \frac{1}{100}$인 지수분포를 따른다.

(a) X의 확률밀도함수와 누적분포함수를 구하시오.

(b) X의 생존함수를 구하시오.

(c) X의 기댓값과 분산을 구하시오.

02 확률변수 X는 지수분포를 따르며 기댓값이 10이다.

(a) X의 확률밀도함수와 누적분포함수를 구하시오.

(b) X의 생존함수를 구하시오.

(c) X의 기댓값과 분산을 구하시오.

03 사고 다발 지역에서 일어나는 교통사고 발생시간의 간격 X(단위는 연)의 확률밀도함수가 $f(x) = 8e^{-8x}\ (x \geq 0)$이다.

(a) 사고 발생 후 3개월 안에 다시 사고가 일어날 확률을 구하시오.

(b) 사고 발생 후 6개월 안에 사고가 나지 않을 확률을 구하시오.

04 어떤 자동차의 부품이 고장날 때까지의 시간은 평균 2(단위 연)인 지수분포를 따른다고 한다.

(a) 1년 이내에 이 부품이 고장나지 않을 확률을 구하시오.

(b) 이 부품에 아무 문제 없이 1년을 사용하고 난 후 다시 1년 동안 고장나지 않을 확률을 구하시오.

(c) 부품이 고장나면 바로 같은 제품으로 교체한다고 한다. 18개월 이내에 부품을 세 번 이상 교체할 확률을 구하시오.

05 확률변수 T는 모수가 λ인 지수분포를 따른다. $X = [T] + 1$는 기하분포를 따름을 보이시오. 여기서 $[x]$는 x를 넘지 않는 최대정수이다.

06 어느 주차장의 주차요금은 처음 30분은 무료이고 이후 15분마다 1000원이 추가된다. (예: 31분이면 1000원) 차량의 주차시간은 평균이 30분인 지수분포를 따를 때 다음을 구하시오.

(a) 주차비를 내지 않을 확률

(b) 주차비가 2000원일 확률

(c) 주차비가 4000원 이상일 확률

07 건전지의 수명은 모수가 2(단위 개월)인 지수분포를 따른다고 한다.

(a) 2개의 건전지를 직렬로 연결하여 사용할 때, 건전지를 한 달 이상 교체하지 않고 사용할 수 있을 확률을 구하시오.

(b) 2개의 건전지를 병렬로 연결하여 사용할 때, 건전지를 한 달 이내에 교체해야 할 확률을 구하시오.

08 n개의 독립변수 $X_1, \cdots, X_n$이 모수가 λ인 지수분포를 따를 때

$$S = \min(X_1, X_2, \cdots, X_n)$$

의 분포를 구하시오.

09 모수가 λ인 지수분포의 $100 \times p$ 백분위 수를 구하시오.

10 $X \sim \Gamma(6, 2)$에 대하여 다음을 구하시오.

(a) $E(X)$, $Var(X)$

(b) $P(X \leq 2)$

11 컴퓨터 부품의 수명은 모수가 4(단위 연)인 지수분포를 따른다. 새로운 컴퓨터를 구입하였을 때 부품이 3개 들어 있었다면 이 부품으로 유지 가능한 기간은 평균 얼마인지 구하시오. (단, 부품이 수명이 다하면 즉시 교체하며 각 부품의 수명은 독립이라 한다.)

12 $X \sim \Gamma(k, \lambda)$일 때 X의 적률생성함수 $m_X(t)$를 구하시오. (단, k는 자연수)

3.5 정규분포

3.5.1 정규분포

다음 표는 병원에서 태어난 신생아 100명의 몸무게를 기록하여 놓은 것이다.(단위: g)

2378	2555	2847	2911	2988	3011	3045	3078	3086	3105
3119	3143	3177	3189	3201	3207	3217	3222	3222	3233
3235	3249	3261	3273	3281	3295	3301	3307	3311	3319
3325	3325	3330	3337	3341	3345	3347	3355	3359	3366
3371	3374	3379	3384	3391	3395	3409	3411	3417	3418
3421	3421	3426	3429	3431	3437	3441	3449	3453	3458
3467	3471	3477	3480	3485	3489	3493	3506	3510	3519
3526	3535	3541	3547	3555	3561	3566	3573	3579	3584
3592	3612	3671	3632	3645	3649	3659	3662	3675	3681
3693	3721	3752	3769	3845	3879	3966	4011	4129	4376

다음 그림은 위의 자료를 구간의 크기가 각각 100(단위: g)인 확률막대그래프로 나타낸 것이다.

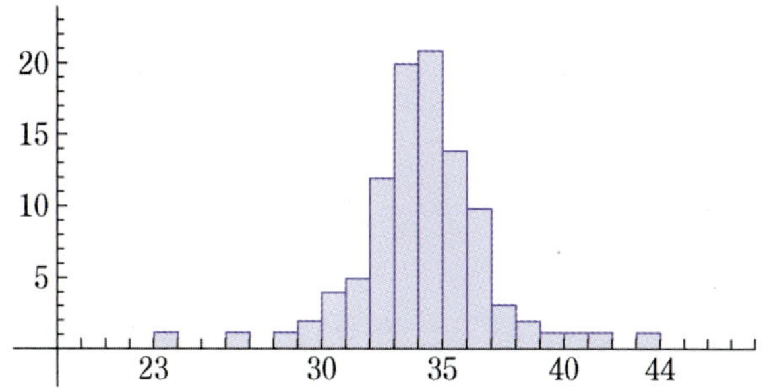

몸무게는 연속형 자료의 한 예인데 대부분의 연속형 자료들은 앞의 그래프와 유사한 분포를 따른다. 즉, 자료들이

- 평균 근처에서 밀도가 가장 높고
- 평균에서 멀어질수록 밀도가 낮아지며
- 평균을 기준으로 하여 좌우대칭이다.

이러한 연속형 자료들의 분포는 **정규분포**(normal distribution)를 이용하여 나타낼 수 있는데 프랑스의 수학자 **드므와브르**(De Moivre, A)에[15] 의하여 처음 제시되었다. 그 후 정규분포의 확률밀도함수는 독일의 수학자 **가우스**(Gauss, Karl F)에[16] 의하여 수리적으로 유도되었다. 가우스는 각종 물리학 실험의 계측오차에 대한 수학적 모형으로 정규분포를 사용하였으며 그 후 많은 다른 학문 분야에도 널리 응용되고 있다.

자연현상, 사회현상에 대한 실험이나 조사에서 얻어지는 자료들은 대부분 정규분포의 형태를 따른다. 또한 **중심극한정리**(central limit theorem)에 의하면 대부분의 확률표본에서 표본평균의 분포는 정규분포로 근사할 수 있다. 이 정리는 모집단이 따르는 분포에 관계 없이 성립하며 통계적 추론에서 중요한 역할을 한다. 이러한 점에서 정규분포는 모든 확률분포 중에서 가장 핵심적인 역할을 한다.

정의 정규분포 $X \sim N(\mu, \sigma^2)$

연속확률분포 X의 확률밀도함수가[17]

$$f(x) = \frac{1}{\sqrt{2\pi}\,\sigma} \exp\left(-\frac{(x-\mu)^2}{2\sigma^2}\right), \qquad -\infty < x < \infty$$ [18]

일 때 확률변수는 모수가 (μ, σ^2)인 정규분포를 따른다고 하고 $X \sim N(\mu, \sigma^2)$로 나타낸다.

---

15) De Moivre, Alexander, 1667~1754

16) Gauss, Karl Friedrich, 1777~1855

17) 주어진 함수 $f(x)$가 확률밀도함수가 되는 것, 즉 $\int_{-\infty}^{\infty} f(x)\,dx = 1$임을 보이는 것은 교양수학의 수준을 넘어서므로 증명 없이 받아들이기로 한다.

18) $\exp(x) = e^x$로 정의한다.

확률변수 X가 정규분포 $X \sim N(\mu, \sigma^2)$를 따를 때 X의 분포함수는

$$F(x) = P(X \le x) = \frac{1}{\sqrt{2\pi}\,\sigma}\int_{-\infty}^{x} \exp\left(-\frac{(t-\mu)^2}{2\sigma^2}\right)dt$$

이며 확률밀도함수와 분포함수의 그래프는 각각 다음과 같다.

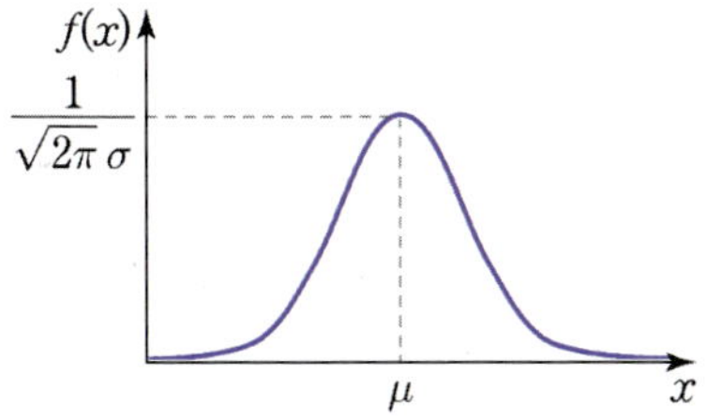

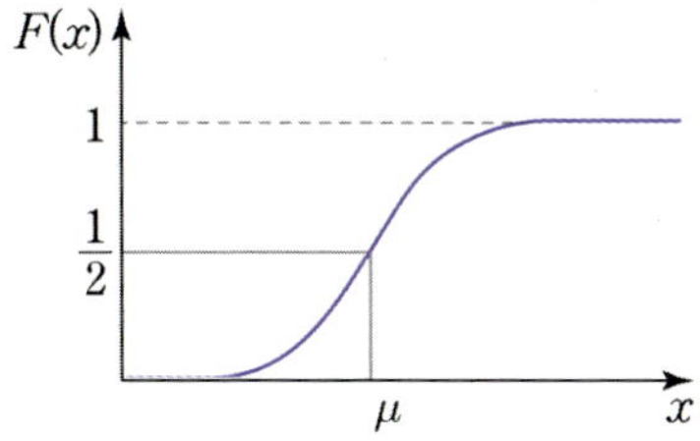

확률밀도함수의 정의로부터 모든 μ와 σ^2에 대하여 다음 성질들이 성립한다.

$X \sim N(\mu, \sigma^2)$의 확률밀도함수의 성질

- 종 모양의 연속함수이다.
- $x = \mu$를 대칭축으로 하여 좌우대칭이다.
- $x = \mu$에서 최댓값 $1/(\sqrt{2\pi}\,\sigma)$을 갖는다.

모수가 (μ, σ^2)인 정규분포 X의 기댓값과 분산은 각각 μ와 σ^2임이 알려져 있다.

$X \sim N(\mu, \sigma^2)$의 평균과 분산

$$E(X) = \mu, \qquad Var(X) = \sigma^2$$

확률밀도함수의 그래프가 μ와 σ에 따라 어떻게 변화하는지 아래 그림에서 보기로 하자. 왼쪽 그림은 기댓값은 동일하지만($\mu = 0$) 분산이 다른($\sigma^2 = 1, 4, 9$) 세 정규분포를 보여준다. 분산이 작을수록 분포는 기댓값 축에 집중된다. $\sigma^2 = 1$일 때 별색 그래프, $\sigma^2 = 4$일 때 점선 그래프, $\sigma^2 = 9$일 때 검은색 그래프이다. 다음 그림은 분산이

같고($\sigma^2 = 1$) 기댓값이 다른 경우($\mu = -3$, $\mu = 0$, $\mu = 3$)인데 세 경우 모두 곡선의 모양은 같고 중심축의 위치만 다르다.

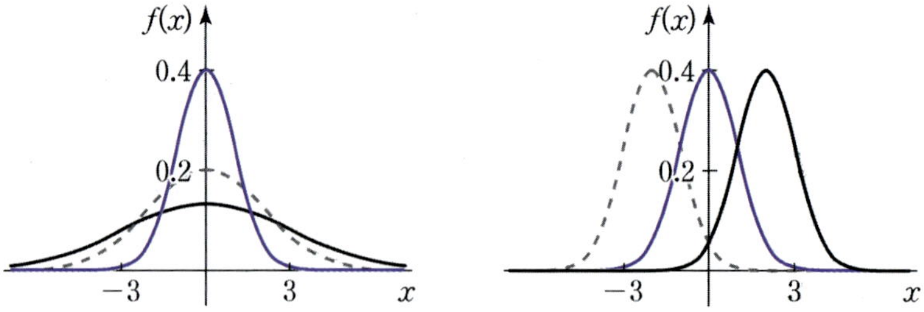

3.5.2 표준정규분포

기댓값이 0이고 분산이 1인 정규분포를 특히 **표준정규분포**(standard normal distribution)라 하고, 그 확률변수를 Z로 표기한다.

$$Z \sim N(0,1)$$

정의 표준정규분포

기댓값이 0이고 분산이 1인 정규분포를 표준정규분포라 하고 Z로 표기한다.

$$Z \sim N(0,1)$$

Z가 표준정규분포를 따를 때, 구간 $[a,b]$의 값을 취할 확률은

$$P(a \le Z \le b) = \frac{1}{\sqrt{2\pi}} \int_a^b e^{-\frac{1}{2}x^2} dx$$

이고, 이 값은 다음 그림에서 어두운 영역의 면적에 해당한다.

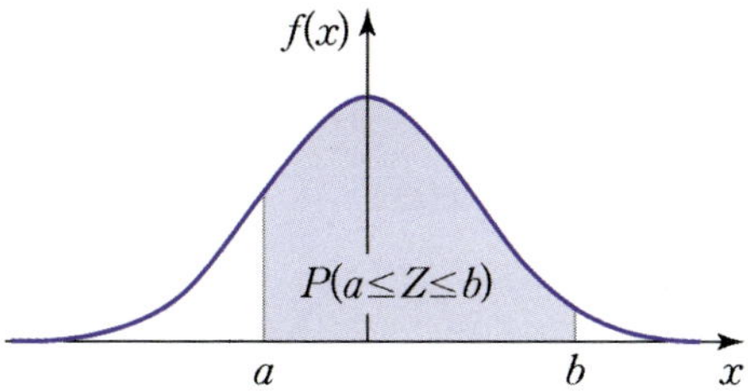

표준정규분포의 누적분포함수는 Φ로 나타낸다. 즉, 주어진 값 z에 대하여

$$\Phi(z) = P(Z \le z) = \frac{1}{\sqrt{2\pi}} \int_{-\infty}^{z} e^{-\frac{x^2}{2}} dx$$

이때 $\Phi(z)$를 **표준정규분포함수**(standard normal distribution function)라 한다.

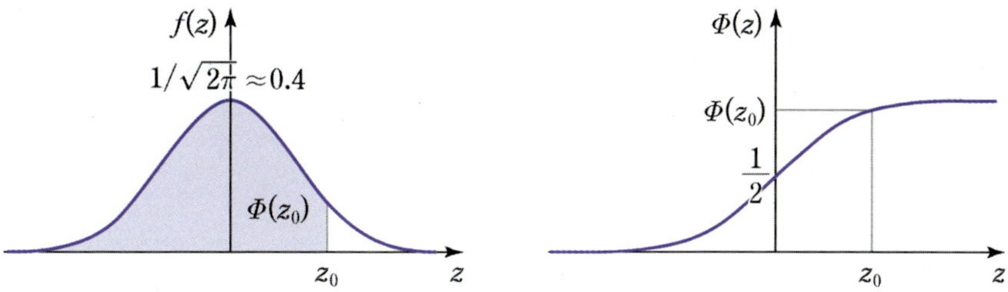

정의 표준정규분포함수

$Z \sim N(0,1)$일 때 Z의 분포함수 Φ를 표준정규분포함수라 한다.

$$\Phi(z) = P(Z \le z) = \frac{1}{\sqrt{2\pi}} \int_{-\infty}^{z} e^{-\frac{x^2}{2}} dx$$

확률의 성질로부터 다음 관계식을 얻는다.

$$P(Z \ge z) = 1 - P(Z \le z) = 1 - \Phi(z)$$
$$P(a \le Z \le b) = P(Z \le b) - P(Z \le a) = \Phi(b) - \Phi(a)$$

또한 표준정규분포는 $y-$축에 대하여 대칭이므로 음수$(-z)$에 대한 확률을 다음과 같이 구할 수 있다.

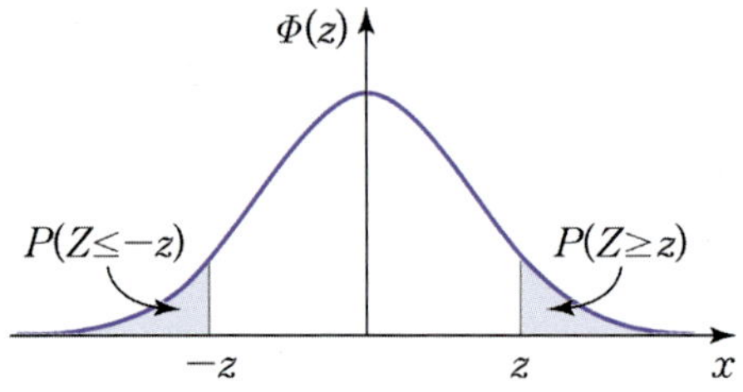

$$P(Z \le -z) = P(Z \ge z) = 1 - P(Z \le z) = 1 - \Phi(z)$$
$$P(Z \ge -z) = P(Z \le z) = \Phi(z)$$
$$P(|Z| \le z) = P(Z \le z) - P(Z \le -z) = \Phi(z) - (1 - \Phi(z)) = 2\Phi(z) - 1$$

표준정규분포함수 $\Phi(z)$의 성질

표준정규분포함수 Φ에 대하여 다음 식이 성립한다.

- $P(Z \ge z) = 1 - P(Z \le z) = 1 - \Phi(z)$
- $P(Z \le -z) = P(Z \ge z) = 1 - \Phi(z)$
- $P(a \le Z \le b) = P(Z \le b) - P(Z \le a) = \Phi(b) - \Phi(a)$
- $P(|Z| \le z) = 2\Phi(z) - 1$

일반적으로 표준정규분포함수의 값은 초등적인 방법으로는 구할 수 없다. 그러나 이에 대한 수표(부록 <표준정규분포표>)가 만들어져 있어 수표를 이용하여 표준정규분포의 확률을 구할 수 있다. 표에 주어진 값은 주어진 점 $z(\ge 0)$의 왼쪽 부분의 면적이다. 부록에 주어진 표준정규분포표와 확률의 성질을 이용하여 $P(Z \le z)$의 확률을 읽는 법은 다음과 같다.

- 표의 첫 번째 세로줄(첫 열)은 z의 소수점 이하 첫 자리까지를 나타낸 것이고 표의 첫 번째 가로줄(첫 행)은 z의 소수점 아래 두 번째 자리 값이다.
- 예를 들어 $P(Z \le 0.12)$를 구하려면 첫 열에서 0.1을 찾고 첫 행에서 0.02를 찾는다. 0.1이 포함된 행과 0.02가 포함된 열이 만나는 위치의 값을 읽으면 된다.

아래 그림에서 볼 수 있듯이 $P(Z \le 0.12) = 0.5478$이다.

z	0.00	0.01	0.02	0.03	…
0.0	0.5000	0.5040	0.5080	0.5160	…
0.1	0.5398	0.5438	0.5478	0.5517	…
0.2	0.5793	0.5832	0.5871	0.5910	…
0.3	0.6179	0.6217	0.6255	0.6293	…
…	…	…	…	…	…

보기 1

Z가 표준정규확률변수일 때 다음 확률을 구하시오.

(a) $P(Z < 1)$ (b) $P(Z \ge 1)$ (c) $P(Z \le -1)$ (d) $P(|Z| < 1)$

풀이

(a) 표준정규분포표에서 이 확률은 약 $\Phi(1) = 0.8413$이다.

(b) $P(Z \ge 1) = 1 - P(Z \le 1) = 0.1587$

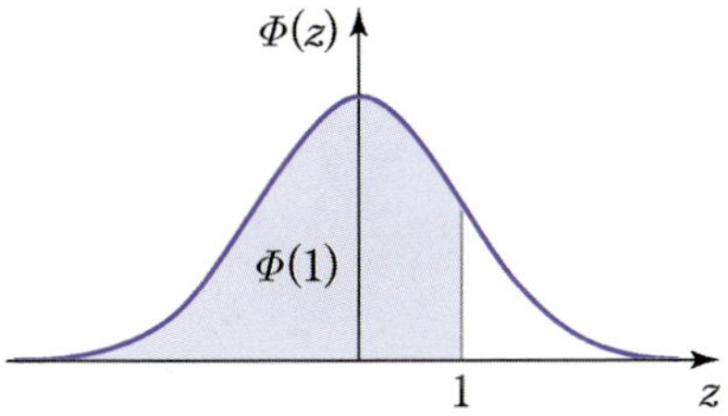

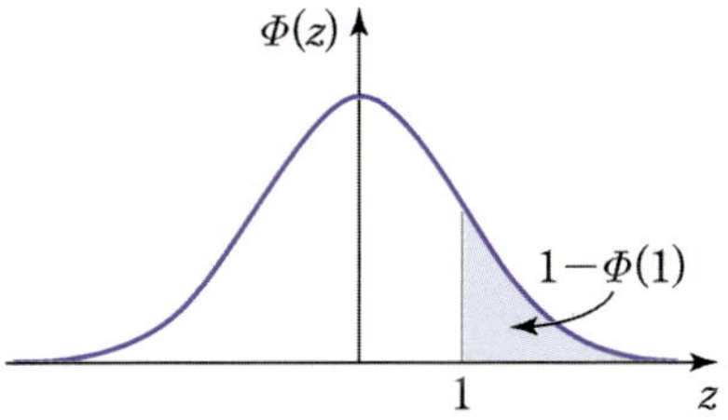

(c) $P(Z \le -1) = P(Z \ge 1) = 0.1587$

(d) $P(|Z| \le 1) = P(Z \le 1) - P(Z \le -1) = 2P(Z < 1) - 1 = 0.6826$

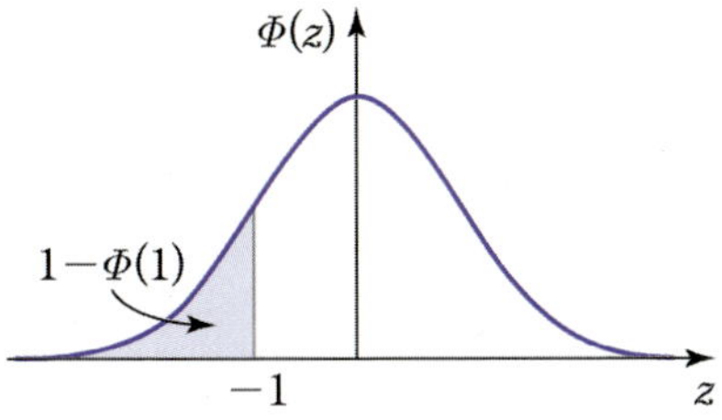

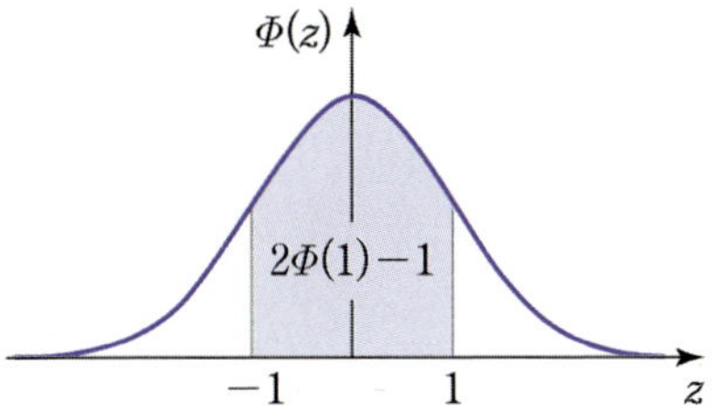

보기 1에서 (d)는 표준정규확률변수가 평균에서 표준편차 이내에 있을 확률이 68.26%임을 보여준다. 같은 방법으로 2배의 표준편차 이내에 있을 확률은 95.44%, 3배의 표준편차 이내에 있을 확률은 99.74%임을 알 수 있다.

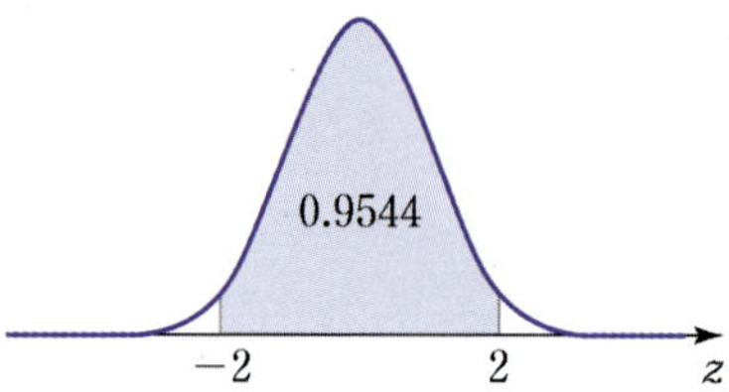

$P(-2 \le Z \le 2) = 0.9544$

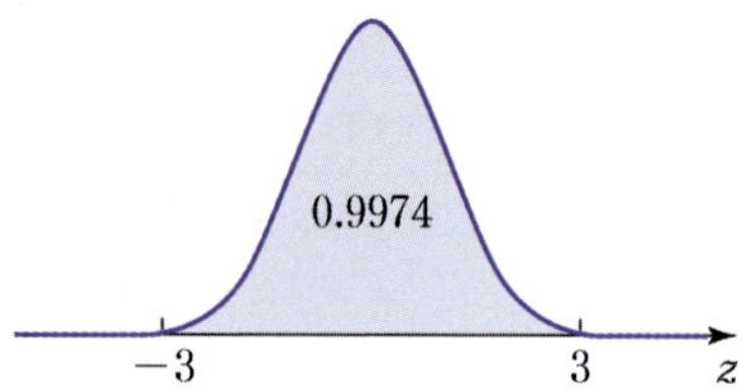

$P(-3 \le Z \le 3) = 0.9974$

보기 1에서 (b)와 (c) 형태의 확률을 각각 **오른쪽 꼬리 확률**, **왼쪽 꼬리 확률**이라 하고 (d) 형태의 확률을 **양쪽 꼬리 확률**이라 한다. 즉 z_0은 양수일 때 다음과 같이 정의한다.

정의 꼬리 확률

- 오른쪽 꼬리 확률 : $P(Z \ge z_0)$
- 왼쪽 꼬리 확률 : $P(Z \le -z_0)$
- 양쪽 꼬리 확률 : $P(|Z| \ge z_0) = P(Z \le -z_0) + P(Z \ge z_0)$

보기 2

Z가 표준정규분포를 따를 때 꼬리 확률이 각각 다음과 같은 z-값을 구하시오.

(a) 오른쪽 꼬리 확률 0.05

(b) 양쪽 꼬리 확률 0.05

풀이

(a) $P(Z \ge z) = 0.05$이면 $P(Z \le z) = 0.95$인 z값을 찾아야 한다. <표준정규분포표>에서 이 z는 근사적으로 1.645이다.

(b) $P(|Z| \ge z) = 0.05$이면 Z는 원점에 대하여 대칭이므로

$$P(Z \ge z) = P(Z \le -z) = 0.025$$

이다. $P(Z < z) = 0.975$인 z를 찾으면 $z = 1.96$이다.[19)]

NOTE 꼬리 확률은 통계적 추론에서 중요한 역할을 한다. 오른쪽 꼬리 확률이 α인 z값을 z_α로 나타내며 다음 식을 만족하는 수이다.

$$P(Z \geq z_\alpha) = \alpha, \quad 0 \leq \alpha \leq 1$$

예를 들어, **보기 2**에서

$$z_{0.05} = 1.645, \qquad z_{0.025} = 1.96$$

이다. 또한 다음 값들은 통계적 추론에서 중요한 역할을 하므로 기억해 두면 유용하다.

표준정규분포의 꼬리 확률값

- $P(Z \geq 1.645) = P(Z \leq -1.645) = 0.05$
- $P(Z \geq 1.96) = P(Z \leq -1.96) = 0.025$
- $P(Z \geq 2.33) = P(Z \leq -2.33) = 0.01$
- $P(|Z| \leq 1.645) = 0.90, \quad P(|Z| \leq 1.96) = 0.95,$
  $P(|Z| \leq 2.58) = 0.99$

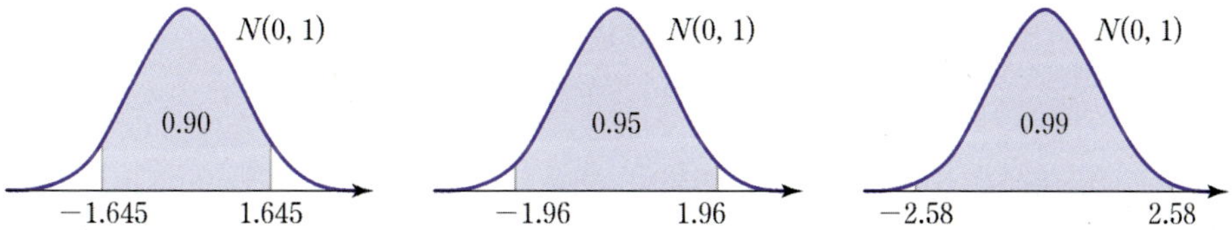

정규분포의 값은 <표준정규분포표>를 이용하여 구할 수도 있지만 엑셀을 이용하면 훨씬 다양한 값을 구할 수 있다. 확률변수 Z가 표준정규분포를 따를 때 함수 삽입에 입력하는 내용과 그에 따른 출력은 다음과 같다.

19) $P(Z \leq x) = p$인 값 x는 엑셀에서 =NORM.S.INV(p)을 입력하면 얻어진다.

함수 삽입에 입력	출력
=NORM.S.DIST(x,1)	$\Phi(x) = P(Z \le x)$
=NORM.S.DIST(x,0)	확률밀도함수의 값 $f(x)$
=NORM.S.INV(α)	$P(Z \le x) = \alpha$인 x의 값

예를 들어 **보기 2**에서 =NORM.S.INV(0.95)를 입력하면 $z_{0.05} = 1.6449$가 출력된다.

$$z_{0.05} = \boxed{=\text{NORM.S.INV}(0.95)} = 1.6449$$

3.5.3 정규분포의 성질

X가 평균 μ, 분산 σ^2인 확률변수라 하자.

$$E(aX+b) = aE(X)+b$$
$$Var(aX+b) = a^2\,Var(X)$$

이므로 확률변수

$$Z = \frac{X-\mu}{\sigma}$$

의 평균은 0, 분산은 1이다. 이러한 변환을 하는 과정을 **표준화한다(standardize)**고 한다. 이제 Z의 분포함수를 구해 보자.

$$\begin{aligned} F(z) &= P(Z \le z) = P\left(\frac{X-\mu}{\sigma} \le z\right) = P(X \le \sigma z + \mu) \\ &= \frac{1}{\sqrt{2\pi}\,\sigma}\int_{-\infty}^{\sigma z+\mu} \exp\left(-\frac{(t-\mu)^2}{2\sigma^2}\right)dt \end{aligned}$$

에서 $x = \dfrac{t-\mu}{\sigma}$로 치환하면 $dt = \sigma\,dx$이고

$$\frac{1}{\sqrt{2\pi}\,\sigma}\int_{-\infty}^{\sigma z+\mu} \exp\left(-\frac{(t-\mu)^2}{2\sigma^2}\right)dt = \frac{1}{\sqrt{2\pi}\,\sigma}\int_{-\infty}^{z} \exp\left(-\frac{x^2}{2}\right)dx \cdot \sigma = \Phi(z)$$

따라서 X를 표준화한 변수는 표준정규분포를 따른다.

정규분포의 표준화

$$X \sim N(\mu, \sigma^2) \quad \Rightarrow \quad Z = \frac{X-\mu}{\sigma} \sim N(0,1)$$

임의의 정규확률분포는 표준화를 통하여 표준정규분포로 변환되므로 표준정규분포 함수 Φ를 이용하여 확률을 구할 수 있다. 다시 말해서 $X \sim N(\mu, \sigma^2)$이면 다음 식이 성립한다.

$$\begin{aligned} P(a \le X \le b) &= P\left(\frac{a-\mu}{\sigma} \le \frac{X-\mu}{\sigma} \le \frac{b-\mu}{\sigma}\right) \\ &= \Phi\left(\frac{b-\mu}{\sigma}\right) - \Phi\left(\frac{a-\mu}{\sigma}\right) \end{aligned}$$

보기 3

확률변수 X가 평균 17, 표준편차 5인 정규분포를 따를 때 다음 확률을 구하시오.

(a) $P(X \le 11)$ (b) $P(X > 21)$ (c) $P(12 < X < 22)$

풀이

$Z = (X-17)/5$가 표준정규분포를 따른다.

(a) $P(X \le 11) = P\left(\frac{X-17}{5} \le \frac{11-17}{5}\right)$

$= P(Z \le -1.2) = P(Z \ge 1.2) = 1 - P(Z < 1.2) = 0.1151$

(b) $P(X > 21) = P\left(\frac{X-17}{5} > \frac{21-17}{5}\right) = P(Z > 0.8)$

$= 1 - P(Z \le 0.8) = 0.2119$

(c) $P(12 < X < 22) = P(-1 < Z < 1) = 2P(Z < 1) - 1 = 0.6826$

보기 4

어느 병원에서 태어난 신생아들의 체중은 평균 3.4, 표준편차 0.5(단위: kg)인 정규분포를 따른다고 한다. 아기의 체중이 2.5kg 이하일 때는 저체중, 4.2kg 이상일 때는 과체중, 나머지 경우는 정상체중으로 분류한다. 오늘 태어난 신생아에 대하여 다음을 구하시오.

(a) 저체중일 확률 (b) 과체중일 확률 (c) 정상체중일 확률

풀이

확률변수 X를 신생아의 체중이라 한다면 $X \sim N(3.4, (0.5)^2)$이므로

$$Z = \frac{X - 3.4}{0.5} = 2(X - 3.4)$$

는 표준정규분포를 따른다. 따라서

(a) $P(X \le 2.5) = P(Z \le 2(2.5 - 3.4)) = P(Z \le -1.8)$
$= 1 - P(Z \le 1.8) = 0.0359$

(b) $P(X > 4.2) = P(Z > 1.6) = 1 - P(Z \le 1.6) = 0.0548$

(c) $P(2.5 < X \le 4.2) = 1 - P(X \le 2.5) - P(X > 4.2) = 0.9093$

정규분포의 적률생성함수

정규분포에서 적률생성함수를 구해 보자. $Z \sim N(0,1)$일 때

$$\begin{aligned} m_Z(t) &= \frac{1}{\sqrt{2\pi}} \int_{-\infty}^{\infty} e^{tz} e^{-z^2/2} dz \\ &= e^{t^2/2} \frac{1}{\sqrt{2\pi}} \int_{-\infty}^{\infty} e^{-(z-t)^2/2} dz \end{aligned}$$

이고 $f(z) = \frac{1}{\sqrt{2\pi}} e^{-(z-t)^2/2}$는 평균이 t이고 분산이 1인 정규분포의 확률밀도함수이므로

$$\frac{1}{\sqrt{2\pi}} \int_{-\infty}^{\infty} e^{-(z-t)^2/2} dz = 1$$

이다. 따라서 $m_Z(t) = e^{t^2/2}$이다.

보기 5

$X \sim N(\mu, \sigma^2)$일 때 X의 적률생성함수를 구하시오.

풀이

$Z = \dfrac{X-\mu}{\sigma} \sim N(0,1)$이므로 $X = \sigma Z + \mu$이고

$$m_X(t) = E(e^{tX}) = E(e^{t\sigma Z + t\mu}) = e^{t\mu} m_Z(t\sigma) = e^{t\mu} e^{t^2\sigma^2/2} = e^{t\mu + t^2\sigma^2/2}$$

정규분포의 적률생성함수

- $Z \sim N(0,1) \Rightarrow m_Z(t) = e^{t^2/2}$
- $X \sim N(\mu, \sigma^2) \Rightarrow m_X(t) = e^{t\mu + t^2\sigma^2/2}$

X, Y가 독립이고 각각 다음과 같이 정규분포를 따른다고 하자.

$$X \sim N(\mu_1, \sigma_1^2), \qquad Y \sim N(\mu_2, \sigma_2^2)$$

그러면 적률생성함수가 각각

$$m_X(t) = \exp(t\mu_1 + t^2\sigma_1^2/2), \qquad m_Y(t) = \exp(t\mu_2 + t^2\sigma_2^2/2)$$

이고 X, Y는 독립이므로 $X+Y$의 적률생성함수는

$$m_{X+Y}(t) = m_X(t)m_Y(t) = \exp(t(\mu_1 + \mu_2) + t^2(\sigma_1^2 + \sigma_2^2)/2)$$

이므로 독립인 두 정규분포의 합은 정규분포를 따르고

$$X + Y \sim N(\mu_1 + \mu_2, \sigma_1^2 + \sigma_2^2)$$

임을 알 수 있다.

정규분포의 합

X, Y가 독립이고 $X \sim N(\mu_1, \sigma_1^2)$, $Y \sim N(\mu_2, \sigma_2^2)$이면

$$X+Y \sim N(\mu_1+\mu_2, \sigma_1^2+\sigma_2^2)$$

보기 6

삼순이는 버스와 지하철을 이용하여 학교에 간다. 버스 이용시간은 평균 25, 분산 16인 정규분포를 따르고 지하철 이용시간은 평균 30, 분산 9인 정규분포를 따른다. 버스 이용시간과 지하철 이용시간은 독립이라 할 때 학교까지 가는 데 1시간 이상 걸릴 확률을 구하여라.

풀이

버스 이용시간과 지하철 이용시간을 각각 X, Y라 하면(단위: 분)

$$X+Y \sim N(55, 5^2)$$

이다. 학교까지 가는 데 1시간 이상이 걸릴 확률은 $P(X+Y \geq 60)$이다. 표준화하여 원하는 확률을 구하면 다음과 같다.

$$\begin{aligned} P(X+Y \geq 60) &= P\left(\frac{X+Y-55}{5} \geq \frac{60-55}{5}\right) \\ &= P(Z \geq 1) = 1-P(Z \leq 1) = 0.1587 \end{aligned}$$

3.5.4 이항분포와 정규분포

다음 그림에는 $p=0.2, 0.7$인 경우 $n=20, 50, 100$일 때 이항변수 $Bin(n,p)$의 확률질량함수의 그래프가 주어져 있다. n의 값이 커짐에 따라 표준정규분포에 근접함을 알 수 있다.

$$Bin\,(n, p) \approx N(np, npq)$$

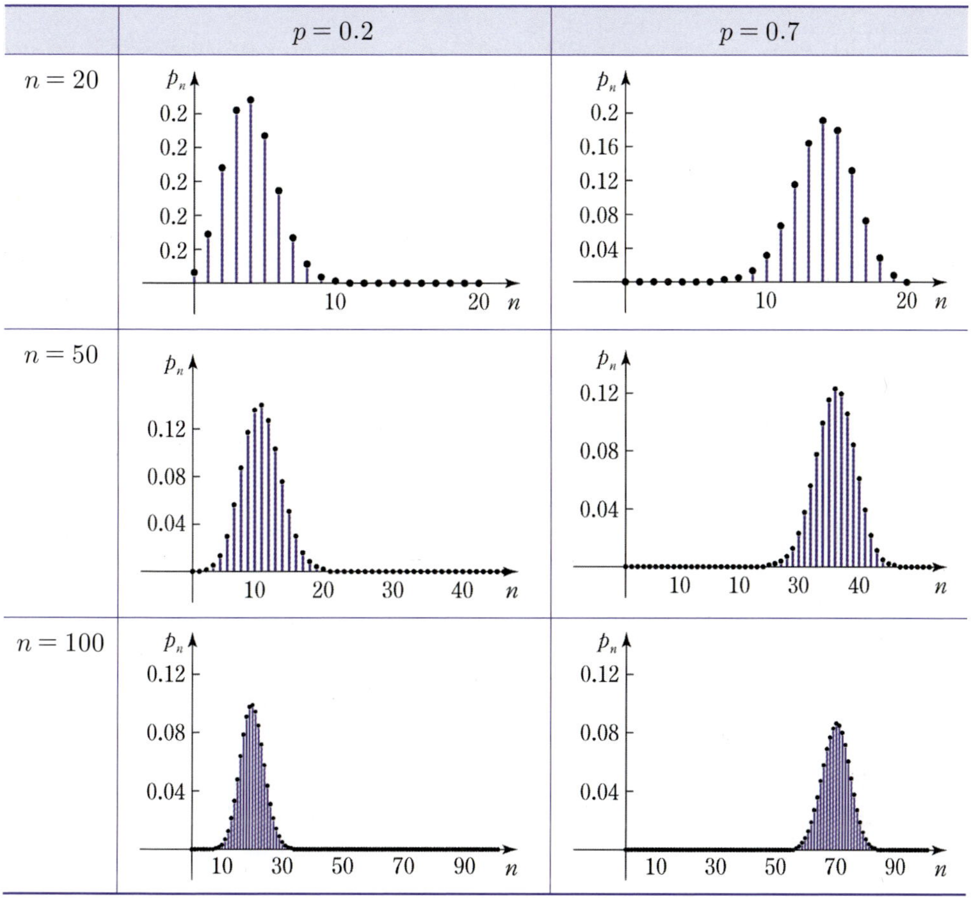

np와 $n(1-p)$가 모두 큰 경우(대략 10 이상) 이항분포의 근삿값을 정규분포를 이용하여 구할 수 있다. **드므와브르 라플라스 정리**(De Movire-Laplace theorem)로 알려진 이 정리는 **중심극한정리**(central limit theorem)의 특별한 경우이다.[20]

20) 이 결과는 1733년 프랑스의 수학자 **드므와브르**(De Movire, A)에 의하여 $p = 1/2$인 경우 증명이 되었다. 1812년 프랑스의 수학자 **라플라스**(Laplace, P-S)에 의하여 일반적인 p 값에 대한 증명이 완성되었다.

드므와브르 라플라스 정리

확률변수 X가 이항분포 $Bin(n,p)$를 따르고 np와 $n(1-p)$가 적당히 크면 표준화변수

$$\frac{X-np}{\sqrt{np(1-p)}}$$

는 근사적으로 표준정규분포 $N(0,1)$을 따른다.

이항변수 X는 이산확률변수이므로 연속확률변수로 근사할 때 다음과 같이 **연속성 수정**을 하면 더 좋은 근삿값을 구할 수 있다. 즉, a, b가 정수일 때,

$$P(a \le X \le b) = P(a-0.5 \le X \le b+0.5)$$

임을 이용하여 다음과 같이 근사적으로 구한다. 여기서 Z는 표준정규확률변수이다.

$$P(a \le X \le b) \approx P\left(\frac{a-0.5-np}{\sqrt{np(1-p)}} \le Z \le \frac{b+0.5-np}{\sqrt{np(1-p)}}\right)$$

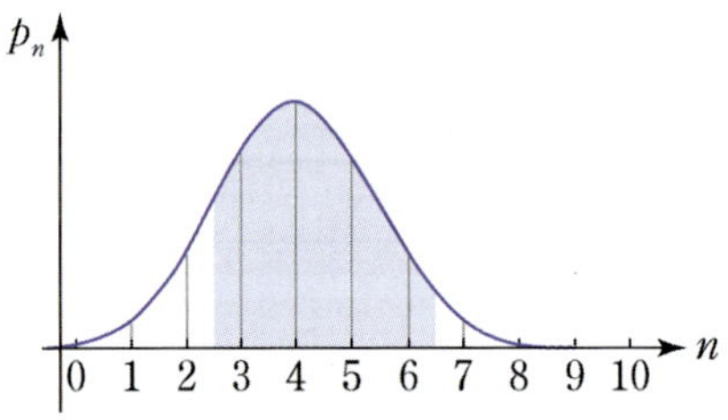

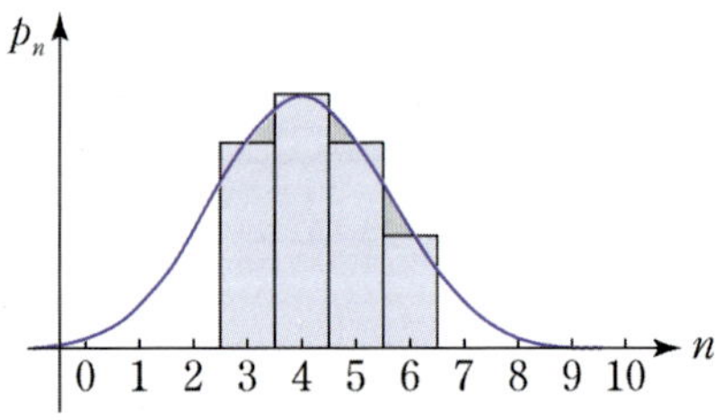

보기 7

멘델의 법칙에 의하면 분홍색의 꽃끼리 교배하였을 때 빨간색, 분홍색, 흰색의 꽃이 1 : 2 : 1의 비율로 나타난다고 한다. 분홍색 꽃끼리 재배하여 48송이의 꽃을 얻었을 때 빨간색 꽃이 정확히 12송이일 확률과 12송이 이하일 확률을 다음과 같은 방법으로 구하시오.

(a) 이항분포를 이용하여 (b) 정규근사를 이용하여

풀이

빨간색 송이 수를 X라고 하면 $X \sim Bin\left(48, \frac{1}{4}\right)$이므로

(a) 엑셀에서 `=BINOM.DIST(12,48,0.25,0)`, `=BINOM.DIST(12,48,0.25,1)`을 입력하면 각각 다음 값을 얻는다.

$$P(X=12) = \binom{48}{12}\left(\frac{1}{4}\right)^{12}\left(\frac{3}{4}\right)^{36} \approx 0.1320$$

$$P(X \le 12) = \sum_{k=0}^{12}\binom{48}{k}\left(\frac{1}{4}\right)^{k}\left(\frac{3}{4}\right)^{48-k} \approx 0.5768$$

(b) $E(X) = 48 \cdot \frac{1}{4} = 12$, $V(X) = 48 \cdot \frac{1}{4} \cdot \frac{3}{4} = 9$이므로 표준정규분포를 이용하여 근사하면

$$\frac{X-12}{\sqrt{48 \cdot \frac{1}{4} \cdot \frac{3}{4}}} = \frac{X-12}{3} \sim N(0,1)$$

이다. 빨간색 꽃이 정확히 12 송이일 확률은 연속성 수정하여 계산하면

$$\begin{aligned} P(X=12) &= P(11.5 \le X \le 12.5) \\ &\approx P\left(\frac{-0.5}{3} \le Z \le \frac{0.5}{3}\right) \\ &= 2P\left(0 \le Z \le \frac{1}{6}\right) \approx 0.1324 \end{aligned}$$

이다. 이항분포를 이용하여 계산한 값 0.1320과 소수점 아래 셋째 자리까지 일치하는 근삿값을 얻는다. 또 12송이 이하일 확률은

$$\begin{aligned} P(X \le 12) &= P(X \le 12.5) = P\left(\frac{X-12}{3} \le \frac{1}{6}\right) \\ &\approx P\left(Z \le \frac{1}{6}\right) \approx 0.5662 \end{aligned}$$

이다.

연습문제 3.5

01 확률변수 Z가 표준정규분포를 따르고 양의 실수 $a, b > 0$에 대하여

$$P(Z \le a) = c, \quad P(Z \ge b) = d$$

일 때 다음 값을 c, d를 이용하여 나타내어라.

(a) $P(Z \ge a)$

(b) $P(Z \le -a)$

(c) $P(|Z| \le a)$

(d) $P(Z \le b)$

(e) $P(Z \ge -b)$

(f) $P(-b \le Z \le a)$

02 확률변수 Z가 표준정규분포를 따를 때 다음을 구하시오.

(a) $P(Z \le 1.9)$

(b) $P(Z \ge 1.9)$

(c) $P(Z \le -1.9)$

(d) $P(|Z| \le 1.9)$

(e) $P(Z \ge -1.1)$

(f) $P(-1.1 \le Z \le 1.9)$

03 확률변수 Z가 표준정규분포를 따를 때 다음 식을 만족하는 값 x를 구하시오.

(a) $P(Z \le x) = 0.7$

(b) $P(|Z| \le x) = 0.4$

(c) $P(0 \le Z \le x) = 0.3$

(d) $P(x \le Z \le 1.96) = 0.9$

04 $X \sim N(10, 25)$일 때 다음을 구하시오.

(a) $P(X < 11)$

(b) $P(X > 5)$

(c) $P(X \ge x_0) = 0.5$인 수 x_0

(d) $P(X \ge x_0) = 0.25$인 수 x_0

05 우리나라 40대 남성들의 혈압(수축기)은 평균이 125이고 표준편차가 20인 정규분포를 따른다고 한다. 140 이상일 때 고혈압, 90 이하일 때 저혈압으로 분류한다면 임의로 40대 남성 한 명을 선택했을 때 다음을 Φ를 이용하여 나타내고 그 값을 구하시오.

(a) 저혈압일 확률　　　　(b) 고혈압일 확률

(c) 정상혈압일 확률

06 생후 12개월인 유아의 키는 평균이 78cm이고 표준편차가 3cm인 정규분포를 따른다고 한다. 생후 12개월인 유아 한 명을 택할 때 표준정규분포를 이용하여 다음을 구하시오.

(a) 키가 78cm 이상 84cm 이하일 확률

(b) 키가 큰 25% 안에 들기 위해선 몇 cm 이상이어야 하는가?

07 어떤 자동차 회사에서 생산되는 자동차의 연비는 평균 14km/L이고 표준편차가 2km/L인 정규분포를 따른다고 한다. 당신이 이 자동차를 구입하였을 때 연비가 13.5km/L 이상 17km/L 이하일 확률을 구하시오.

08 IQ 검사 결과는 평균 100, 표준편차 15인 정규분포를 따른다고 한다.

(a) 어떤 사람의 IQ가 130 이상일 확률은 얼마인가?

(b) 어떤 사람의 IQ가 90 이상 110 이하일 확률은 얼마인가?

09 대한민국 20대 남성의 키는 평균 173.5cm, 표준편차 3.9cm인 정규분포를 따른다고 한다. 20대 남성 중에서 키가 180cm 이상은 몇 퍼센트인가?

10 확률변수 X가 정규분포 $N(\mu, \sigma^2)$을 따를 때, $P(|X-\mu| \le k\sigma) = 0.8$이 성립하도록 상수 k값을 정하여라.

11 정규분포 $N(\mu, \sigma^2)$을 따르는 확률변수 X에 대하여 다음 식이 성립할 때 상수 μ를 구하시오.

$$P(X \le 9) = P(X \ge 19)$$

12 어떤 회사에서 만든 두 종류의 배터리 A, B의 수명(단위: 일)은 각각 $X \sim N(10, 4)$, $Y \sim N(12, 4)$인 정규분포를 따르고 두 배터리의 수명은 서로 독립이라 한다. 배터리가 수명을 다하면 바로 다른 배터리로 교체한다고 한다. 다음 경우 20일 이상 지속될 확률을 구하시오.

(a) 배터리 A를 두 개 사용　　　(b) 배터리 B를 두 개 사용

(c) 배터리 A 한 개, 배터리 B 한 개 사용

13 확률변수 X가 이항분포 $B\left(100, \frac{1}{2}\right)$를 따를 때 $P(55 \le X \le 65)$을 다음과 같이 구하시오.

(a) 이항분포로　　　(b) 연속성 수정 없이 정규근사로

(c) 연속성 수정하여 정규근사로

14 확률변수 X가 이항분포 $Bin\left(1200, \frac{1}{4}\right)$를 따를 때 다음 값을 근사적으로 구하시오.

(a) $P(270 \le X \le 330)$　　　(b) $P(X \ge 312)$

15 작년 A사 자동차보험에 가입한 사람의 수는 10000명이다. 한 해 동안 각 개인에게 자동차 사고가 발생할 확률은 0.001일 때 보험사가 적어도 3건의 보상을 해야 할 확률을 다음 방법으로 각각 구하시오.

(a) 이항분포　　　(b) 푸아송 근사　　　(c) 정규근사

[16 ~ 17] 중량이 500g으로 표기된 시리얼의 실제 중량은 평균 500g, 표준편차가 5g인 정규분포를 따른다.

16 실중량이 490g 이하인 시리얼은 불량으로 분류한다고 한다.

(a) 100개 들이 한 박스에 불량인 시리얼의 수는 어떤 분포를 따르는가?

(b) 100개 들이 한 박스에 불량인 시리얼의 평균을 구하시오.

(c) 100개 들이 한 박스에 불량인 시리얼이 하나 이하일 확률을 근사적으로 구하시오. 어떤 근사방법을 사용하는 것이 타당한가?

17 실중량이 495g 이하인 시리얼을 불량으로 분류할 때

(a) 100개 들이 한 상자에 불량인 시리얼의 수는 어떤 분포를 따르는가?

(b) 100개 들이 한 상자에 불량인 시리얼의 평균을 구하시오.

(c) 100개 들이 한 상자에 불량인 시리얼이 10개 이하일 확률을 근사적으로 구하시오. 어떤 근사방법을 사용하는 것이 타당한가?

18 어느 과수원에서 생산되는 사과의 무게는 평균 420g, 분산이 300g^2인 정규분포를 따른다. 5kg 들이 상자에 12개의 사과를 담는 데 총 중량이 4.95kg 이하이면 함량 미달로 판정된다. 단, 사과 상자의 무게는 무시한다.

(a) 사과 한 상자의 무게를 X라고 할 때, X의 분포를 구하시오. 이때 어떤 가정을 하였는가?

(b) 임의의 사과 상자가 함량 미달일 확률을 소수점 이하 네 자리까지 구하시오.

(c) 사과 상자 150개를 백화점에 납품할 때 함량 미달인 사과 상자의 기댓값 얼마인가?

(d) 함량 미달인 사과 상자에 대하여 백화점은 하나의 사과를 상자에 더 넣어 줄 것을 요구하였다. 한 박스의 사과를 추가로 준비하여 갔을 때 백화점의 요구를 만족시키지 못할 확률을 정규근사를 이용하여 구하시오.

(e) 백화점의 요구를 만족시킬 확률이 95% 이상이 되려면 최소한 몇 개의 사과를 추가로 준비하여야 하는가?

19 $Z \sim N(0,1)$이고 $X = Z^2$일 때 다음을 구하시오

(a) X의 누적분포함수 $F(x)$

(b) X의 확률밀도함수 $f(x)$

(c) X의 적률생성함수 $m_X(t)$ (HINT $\frac{1}{\sqrt{2\pi}}\int_{-\infty}^{\infty} e^{-\frac{(x-a)^2}{2}}dx = 1$)

(d) $E(X)$, $Var(X)$

04

간단치 않은 세상

결합확률분포

지금까지 하나의 확률변수, 또는 서로 독립인 변수들에 대하여 다루어 왔다. 그러나 세상의 모든 현상은 여러 요인에 의하여 복잡하게 연결되어 있고 또한 다른 현상에 영향을 미치기도 한다. 예를 들어, 어떤 사람의 건강점수는 근육의 양, 내장지방의 양, 체중, 키 등을 반영하여 구해진다. 어떤 시험의 결과는 교과목별 점수와 과락 여부 등을 반영하여 결정된다.

이 장에서는 동일한 표본공간에서 정의된 확률변수들로 만들어지는 사건과 그 확률에 대해 살펴본다. 두 개의 확률변수에 대하여 성립하는 대부분의 결과들은 세 개 이상의 변수들에 대하여 명백한 방법으로 확장이 가능하다.

두 개 이상의 이산확률변수, 두 개 이상의 연속확률변수 또는 두 종류의 확률변수가 결합되어 있는 경우도 있지만 이 장에서는 이산확률변수들로 제한하여 다룬다. 이산확률변수들의 결합분포는 이중급수의 형식으로 나타낼 수 있고 연속확률변수의 경우는 이중적분으로 나타낼 수 있는데 이 교재로 공부하는 학생들이 이중적분에 대한 배경지식이 부족할 것이라고 판단하기 때문이다. 급수를 적분으로, 확률질량함수를 확률밀도함수로 바꾸어 쓰면 대부분의 경우 연속확률변수에 대한 결과를 얻을 수 있다.

4.1 결합확률분포

4.1.1 결합분포함수

두 확률변수 X와 Y의 **결합분포함수**(joint distribution function)는 실수 x, y에 대하여 다음과 같이 정의한다.

$$F(x,y) = P(X \le x, Y \le y)$$

이때 사건 $(X \le x,\ Y \le y)$는 $X \le x$이고 $Y \le y$인 사건을 나타낸다. 확률변수 $X,\ Y$의 결합분포함수임을 드러내고 싶을 때는 $F_{X,Y}(x,y)$와 같이 나타낸다. 누적분포함수와 마찬가지로 $F(x,y)$는 확률이므로 모든 실수 x, y에 대하여 다음 부등식이 성립한다.

$$0 \le F(x,y) \le 1$$

결합분포함수 $F(x,y)$는 x, y 각각에 대하여 증가함수이다. 즉, $x_1 < x_2$, $y_1 < y_2$일 때 모든 x, y에 대하여 다음 부등식이 성립한다.

$$F(x_1, y) \le F(x_2, y), \qquad F(x, y_1) \le F(x, y_2)$$

또한 모든 결합분포함수는 다음 성질을 만족한다.

$$\lim_{x \to -\infty} \lim_{y \to -\infty} F(x,y) = 0, \qquad \lim_{x \to \infty} \lim_{y \to \infty} F(x,y) = 1$$

두 확률변수 X와 Y의 결합분포함수를 알면 필요한 모든 확률을 구할 수 있다. 특히 $a < b$, $c < d$일 때 사건 $a < X \le b$, $c < Y \le d$의 확률은 다음과 같이 구할 수 있다.

$$P(a < X \le b, c < Y \le d) = F(b,d) - F(a,d) - F(b,c) + F(a,c)$$

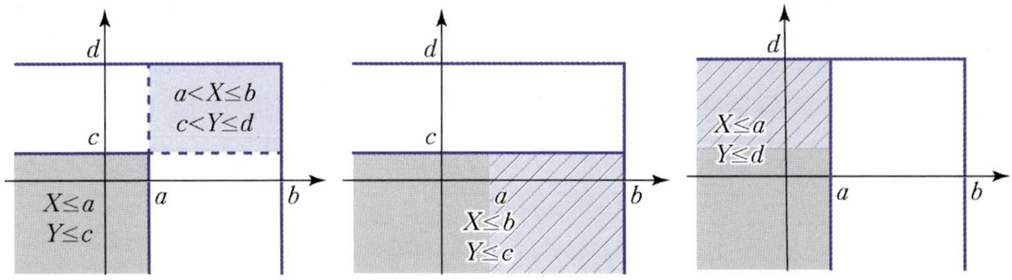

X와 Y의 결합분포함수가 주어지면 X, Y의 분포함수도 쉽게 구할 수 있는데 $F(x,y)$와 X와 Y의 분포함수 $F_X(x)$, $F_Y(y)$ 사이에는 다음과 같은 관계가 성립한다.

$$F_X(x) = P(X \le x) = P(X \le x,\ Y < \infty) = \lim_{y \to \infty} F(x, y)$$

$$F_Y(y) = P(Y \le y) = P(X < \infty,\ X \le y) = \lim_{x \to \infty} F(x, y)$$

이때 X와 Y의 분포함수 $F_X(x)$, $F_Y(y)$를 각각 X, Y의 **주변분포함수**(marginal distribution function)라 부른다.

4.1.2 결합확률질량함수

이산확률변수 X, Y에 대하여 사건

$$(X, Y) = (i, j)$$

는 $X = i$이고 $Y = j$임을 의미한다. 이 사건은

$$X = i, \quad Y = j$$

로 나타내기도 한다. 이때

$$p_{X,Y}(i,j) = P(X = i, Y = j)$$

를 X, Y의 **결합확률질량함수**(joint probability mass function)라 한다.

정의 결합확률질량함수

이산확률변수 X, Y의 결합확률질량함수 $p_{X,Y}(x,y)$를 다음과 같이 정의한다.

$$p_{X,Y}(x,y) = P(X=x, Y=y)$$

NOTE 혼란의 위험이 없으면 결합확률질량함수는 간단히 $p(x,y)$로 나타내기도 한다.

결합확률질량함수에서 $C = \{(x,y) : p_{X,Y}(x,y) > 0\}$에 포함되는 원소의 개수는 가산이며[1)]

$$\sum_{(x,y) \in C} p(x,y) = 1$$

이다. 일반적으로 X, Y의 결합확률질량함수 $p(x,y)$에 대하여 다음 사실들이 성립한다.

- $p(x,y) \geq 0$
- $\sum_x \sum_y p(x,y) = \sum_y \sum_x p(x,y) = 1$

보기 1

동전을 세 번 반복하여 던졌을 때 확률변수 X, Y를 다음과 같이 정의한다. X, Y의 결합확률질량함수 $p_{X,Y}(x,y)$를 구하시오.

X: 처음 던진 동전이 앞면이면 1, 아니면 0
Y: 앞면이 나온 횟수

풀이

동전을 세 번 던질 때 표본공간은 다음과 같다.

$$\Omega = \{\mathrm{HHH}, \mathrm{HHT}, \mathrm{HTH}, \mathrm{THH}, \mathrm{HTT}, \mathrm{THT}, \mathrm{TTH}, \mathrm{TTT}\}$$

1) 원소의 개수가 유한개이거나 셀 수 있으면 **가산**(countable)이라고 한다.

X는 0 또는 1의 값을, Y는 $0, 1, 2, 3$의 값을 취한다. 각 원소에 대하여 X, Y의 값을 구하면 다음과 같다.

	HHH	HHT	HTH	THH	HTT	THT	TTH	TTT
X	1	1	1	0	1	0	0	0
Y	3	2	2	2	1	1	1	0

확률변수의 값에 따라 다음과 같이 정리할 수 있다.

$$(X=0,\ Y=0)=\{\mathrm{TTT}\} \qquad (X=1,\ Y=0)=\varnothing$$
$$(X=0,\ Y=1)=\{\mathrm{THT}, \mathrm{TTH}\} \qquad (X=1,\ Y=1)=\{\mathrm{HTT}\}$$
$$(X=0,\ Y=2)=\{\mathrm{THH}\} \qquad (X=1,\ Y=2)=\{\mathrm{HHT}, \mathrm{HTH}\}$$
$$(X=0,\ Y=3)=\varnothing \qquad (X=1,\ Y=3)=\{\mathrm{HHH}\}$$

표본공간 Ω의 각 원소는 모두 확률 1/8을 가지므로 $p(i,j)=P(X=i,\ Y=j)$를 표로 나타내면 다음과 같다.

X \ Y	$j=0$	$j=1$	$j=2$	$j=3$
$i=0$	1/8	1/4	1/8	0
$i=1$	0	1/8	1/4	1/8

보기 1에서처럼 X, Y가 가지는 값들에 대하여 $p(i,j)=P(X=i,\ Y=j)$의 값을 적어 넣은 표를 **결합확률분포표**라 한다. 결합확률분포표에서 i행의 모든 확률을 더한 값은 $P(X=i)$, j열의 모든 확률을 더한 값은 $P(Y=j)$이다. 가장 오른쪽 열에 $P(X=i)$, 가장 아래 행에 $P(Y=j)$의 값을 적어주면 여러모로 편리하다. 이렇게 표의 주변에 확률질량함수를 적어준다는 의미에서 $p_X(i)=P(X=i)$를 X의 **주변확률질량함수**(marginal probability mass function), $p_Y(j)=P(Y=j)$를 Y의 주변확률질량함수라 부른다.

결합확률질량함수와 주변확률질량함수

X, Y의 결합확률질량함수를 $p(x,y)$, X, Y의 주변확률질량함수를 각각 $p_X(x)$, $p_Y(y)$라 하면 다음 관계식이 성립한다.

$$\sum_y p(x,y)=p_X(x), \qquad \sum_x p(x,y)=p_Y(y)$$

보기 1에서 X와 Y의 주변확률질량함수를 추가하면 다음과 같다.

$X \backslash Y$	$j=0$	$j=1$	$j=2$	$j=3$	$P(X=i)$
$i=0$	1/8	1/4	1/8	0	1/2
$i=1$	0	1/8	1/4	1/8	1/2
$P(Y=j)$	1/8	3/8	3/8	1/8	1

따라서 X의 주변확률질량함수는

$$p_X(0) = p_X(1) = \frac{1}{2}$$

이고 Y의 주변확률질량함수는 다음과 같다.

$$p_Y(0) = \frac{1}{8},\ \ p_Y(1) = p_Y(2) = \frac{3}{8},\ \ p_Y(3) = \frac{1}{8}$$

$a < b,\ c < d$일 때 사건 $a < X \le b,\ c < Y \le d$의 확률은 다음과 같이 구할 수 있다.

$$\begin{aligned} P(a < X \le b,\ c < Y \le d) &= \sum_{a < x \le b} \left(\sum_{c < y \le d} p(x,y) \right) \\ &= \sum_{c < y \le d} \left(\sum_{a < x \le b} p(x,y) \right) \end{aligned}$$

보기 2

두 확률변수 X, Y의 결합확률분포표가 다음과 같다.

$X \backslash Y$	0	1	2	3
0	0.1	0.1	0.07	0.05
1	0.05	0.1	0.1	0
2	0.05	0.05	0.04	0.05
3	0.08	0.06	0.08	0.02

(a) $P(0 \le X \le 2,\ 1 \le Y \le 3)$을 구하시오.

(b) $P(X=Y)$, $P(X<Y)$을 구하시오

(c) $E(X)$, $E(Y)$를 구하시오.

풀이

(a) $P(0 \le X \le 2, 1 \le Y \le 3)$은 다음 표에서 어두운 사각형 부분의 합이다.

X \ Y	0	1	2	3
0	0.1	0.1	0.07	0.05
1	0.05	0.1	0.1	0
2	0.05	0.05	0.04	0.05
3	0.08	0.06	0.08	0.02

$$P(0 \le X \le 2, 1 \le Y \le 3) = 0.1 + 0.07 + 0.05 + 0.1 + 0.1 + 0 + 0.05 + 0.04 + 0.05 = 0.56$$

(b) $P(X = Y)$은 아래 표에서 대각선에 있는 값의 합이다.

$$P(X = Y) = 0.1 + 0.1 + 0.04 + 0.02 = 0.26$$

$P(X < Y)$는 다음 표에서 어두운 부분의 값의 합이다.

$$P(X < Y) = 0.1 + 0.07 + 0.05 + 0.1 + 0 + 0.05 = 0.37$$

X \ Y	0	1	2	3
0	0.1	0.1	0.07	0.05
1	0.05	0.1	0.1	0
2	0.05	0.05	0.04	0.05
3	0.08	0.06	0.08	0.02

(c) X, Y의 주변확률질량함수를 구하여 표를 작성하면 다음과 같다.

X \ Y	0	1	2	3	$P(X=i)$
0	0.1	0.1	0.07	0.05	0.32
1	0.05	0.1	0.1	0	0.25
2	0.05	0.05	0.04	0.05	0.19
3	0.08	0.06	0.08	0.02	0.24
$P(Y=j)$	0.28	0.31	0.29	0.12	1

따라서 X, Y의 기댓값은 각각 다음과 같다.

$$E(X) = 0 \cdot 0.32 + 1 \cdot 0.25 + 2 \cdot 0.19 + 3 \cdot 0.24 = 1.35$$

$$E(Y) = 0 \cdot 0.28 + 1 \cdot 0.31 + 2 \cdot 0.29 + 3 \cdot 0.12 = 1.25$$

4.1.3 결합분포의 기댓값

확률변수 X와 Y에 대하여 $g(X, Y)$의 기댓값은 $g(X, Y)$가 점 (x, y) 근방에 있을 확률을 가중치로 한 가중평균으로 이해할 수 있다. 이때 $g(X, Y)$의 기댓값은 결합확률질량함수 $p(x,y)$를 이용하여 다음과 같이 정의한다.

정의 결합분포의 기댓값

확률변수 X와 Y의 결합확률질량함수가 $p(x,y)$일 때 $g(X, Y)$의 기댓값은 다음과 같이 정의한다.

$$E(g(X, Y)) = \sum_x \sum_y g(x,y)p(x,y)$$

보기 3

보기 2에서 $E(XY)$를 구하시오.

풀이

정의를 이용하여 계산하면

$$\begin{aligned} E(XY) &= \sum_{x=0}^{3} \sum_{y=0}^{3} xy\,p(x,y) \\ &= (1 \cdot 1)0.1 + (1 \cdot 2)0.1 + (1 \cdot 3)0 + (2 \cdot 1)0.05 + (2 \cdot 2)0.04 + (2 \cdot 3)0.05 \\ &\quad + (3 \cdot 1)0.06 + (3 \cdot 2)0.08 + (3 \cdot 3)0.02 \\ &= 1.7 \end{aligned}$$

4.2 공분산과 상관계수

4.2.1 공분산의 정의

두 확률변수 X와 Y가 독립이면 모든 x,y에 대해 $p(x,y)=p_X(x)p_Y(y)$이고 다음과 같은 기댓값의 곱셈법칙이 성립한다.

$$E(XY)=E(X)E(Y)$$

또한 다음과 같이 분산의 덧셈법칙이 성립한다.

$$Var(X+Y)=Var(X)+Var(Y)$$

그러나 독립이 아닌 두 확률변수 X, Y에 대해서는

$$Var(X+Y)=Var(X)+Var(Y)+2E[(X-\mu_X)(Y-\mu_Y)]$$

가 성립한다. 여기서 $\mu_X=E(X)$, $\mu_Y=E(Y)$이다. 이때

$$E[(X-\mu_X)(Y-\mu_Y)]$$

을 X와 Y의 **공분산**(covariance)이라 정의하고 $Cov(X,Y)$로 나타낸다.

공분산의 부호는 두 변수 사이의 관계에 대한 정보를 알려 준다. 정의에 의하면 X와 Y가 각각의 기댓값보다 동시에 커지고 동시에 작아지는 경향이 강하면 공분산은 양의 값을 갖고, 반대로 X와 Y가 반대 방향으로 움직이면 공분산은 음의 값을 갖는다.

기댓값의 성질을 이용하여 계산하면 공분산은 다음과 같이 구할 수 있다.

$$Cov(X,Y)=E(XY)-\mu_X\mu_Y$$

특히, $Y = X$이면 다음 식이 성립한다.

$$Cov(X, X) = Var(X)$$

정의 공분산

X와 Y의 공분산은 다음과 같이 정의한다.

$$Cov(X, Y) = E[(X - \mu_X)(Y - \mu_Y)] = E(XY) - \mu_X \mu_Y$$

보기 1

다음은 S 대학 동아리 구성원의 키(X)와 몸무게(Y)를 기록한 것이다. 확률변수 X, Y의 공분산을 구하시오.

학생번호	1	2	3	4	5	6	7	8	9	10
키(Xcm)	170	164	178	183	158	172	169	160	174	176
몸무게(Ykg)	65	52	75	73	46	70	54	48	80	82

풀이

X와 Y의 평균은 다음과 같다.

$$E(X) = \frac{1}{10}(170 + 164 + 178 + 183 + 158 + 172 + 169 + 160 + 174 + 176)$$
$$= 170.4$$

$$E(Y) = \frac{1}{10}(65 + 52 + 75 + 73 + 46 + 70 + 54 + 48 + 80 + 82) = 64.5$$

공분산을 구하기 위하여 $X - E(X)$와 $Y - E(Y)$를 구하여 다음과 같이 표를 만들자.

학생번호	1	2	3	4	5	6	7	8	9	10
$X - E(X)$	−0.4	−6.4	7.6	12.6	−12.4	1.6	−1.4	−10.4	3.6	5.6
$Y - E(Y)$	0.5	−12.5	10.5	8.5	−18.5	5.5	−10.5	−16.5	15.5	17.5
곱	−0.2	80	79.8	107.1	229.4	8.8	14.7	171.6	55.8	98

그러면

$$Cov(X,Y) = E[(X-E(X))(Y-E(Y))]$$
$$= \frac{1}{10}(-0.2+80+79.8+107.1+229.4+8.8+14.7+171.6+55.8+98)$$
$$= 84.5$$

이다. 다음 그래프는 키와 몸무게의 관계를 보여 주는데 키가 커지면 대체로 몸무게도 늘어나는 경향을 볼 수 있다.

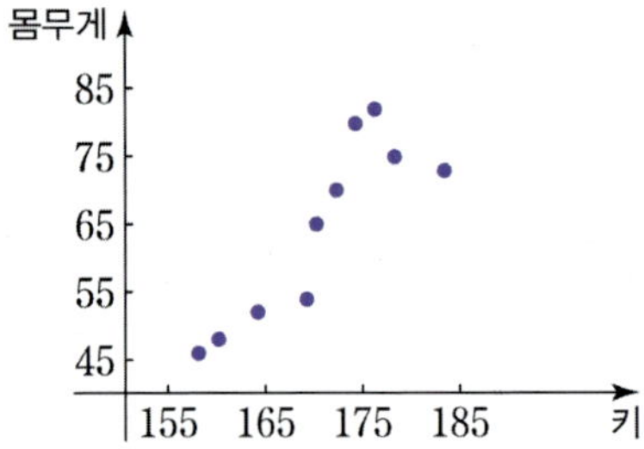

보기 2

4.1절의 **보기 2**에서 X와 Y의 공분산 $Cov(X,Y)$와 $Var(X+Y)$을 각각 구하시오.

풀이

4.1절의 **보기 2**와 **보기 3**의 결과에 의하면 $E(X)=1.35$, $E(Y)=1.25$ $E(XY)=1.7$이므로 공분산은 다음과 같다.

$$Cov(X,Y) = E(XY)-E(X)E(Y)$$
$$= 1.7 - 1.35 \cdot 1.25 = 0.0125$$

X와 Y의 주변확률질량함수를 이용하면

$$E(X^2) = 1^2(0.25)+2^2(0.19)+3^2(0.24) = 3.17$$
$$E(Y^2) = 1^2(0.31)+2^2(0.29)+3^2(0.12) = 2.55$$

이므로 X와 Y의 분산은 각각 다음과 같다.

$$Var(X) = 3.17 - (1.35)^2 = 1.3475$$
$$Var(Y) = 2.55 - (1.25)^2 = 0.9875$$

따라서 $X+Y$의 분산은 다음과 같다.

$$Var(X+Y) = Var(X)+Var(Y)+2Cov(X,Y)$$
$$= 1.3475+0.9875+2\cdot 0.0125 = 2.36$$

공분산의 성질

정의로부터 $Cov(X, Y) = Cov(Y, X)$이다. 또한 공분산은 각 항에 대하여 선형이다. 다시 말해서

$$Cov(aX_1 + bX_2, Y) = a\,Cov(X_1, Y) + b\,Cov(X_2, Y)$$

이다. 또한 공분산과 분산 사이에는 다음과 같은 부등식이 성립한다.

$$|Cov(X, Y)| \le \sqrt{Var(X)\,Var(Y)}$$

부등식의 증명

임의의 실수 t에 대해

$$Var(tX - Y) = t^2\,Var(X) - 2t\,Cov(X, Y) + Var(Y)$$

이다. 이 식은 $Var(X) \neq 0$이면 t의 이차식이고 $Var(tX - Y) \ge 0$이므로 판별식이 0보다 작거나 같아야 한다.

$$D = (Cov(X, Y))^2 - Var(X)\,Var(Y) \le 0$$

따라서 공분산과 분산 사이에는 다음과 같은 부등식이 성립한다.

$$|Cov(X, Y)| \le \sqrt{Var(X)\,Var(Y)}$$

공분산의 성질

- $Cov(X, Y) = Cov(Y, X)$
- $Cov(aX_1 + bX_2, Y) = a\,Cov(X_1, Y) + b\,Cov(X_2, Y)$
- $Cov(X, X) = Var(X) \ge 0$
- $|Cov(X, Y)| \le \sqrt{Var(X)\,Var(Y)}$

4.2.2 공분산과 독립성

두 변수의 합 $X+Y$의 분산은 분산의 정의로부터

$$Var(X+Y) = Var(X) + Var(Y) + 2Cov(X, Y)$$

임을 보았다. n개의 변수의 합 $X_1 + X_2 + \cdots + X_n$의 분산은 다음 식을 이용하면 자연스럽게 확장이 가능하다.

$$\left(\sum_{i=1}^{n} a_i\right)^2 = \sum_{i=1}^{n} a_i^2 + 2\sum_{i<j} a_i a_j$$

여기서 $\sum_{i<j}$는 $\{1, 2, \cdots, n\}$에서 $i<j$인 두 수를 뽑는 방법의 수 $\binom{n}{2}$ 만큼의 항이 더해진 것을 의미한다. 예를 들어 $n=3$이면

$$\sum_{i<j} a_i a_j = a_1 a_2 + a_1 a_3 + a_2 a_3$$

이다. $\mu_i = E(X_i)$라고 할 때, $X_1 + X_2 + \cdots + X_n$의 분산은 다음 변수의 기댓값이다.

$$\begin{aligned}\left(\sum_i X_i - \sum_i \mu_i\right)^2 &= \left(\sum_i (X_i - \mu_i)\right)^2 \\ &= \sum_i (X_i - \mu_i)^2 + 2\sum_{i<j} (X_i - \mu_i)(X_j - \mu_j)\end{aligned}$$

양변에 기댓값을 취하면 다음 식을 얻는다.

변수의 합의 분산

$$Var\left(\sum_i X_i\right) = \sum_i Var(X_i) + 2\sum_{i<j} Cov(X_i, X_j)$$

X, Y가 독립이면 $E(XY) = E(X)E(Y)$이므로

$$Cov(X, Y) = 0$$

이다. 그러나 다음 보기에서 볼 수 있듯이 그 역이 항상 참인 것은 아니다. 즉, $Cov(X, Y) = 0$이라고 해서 X와 Y가 항상 독립인 것은 아니다.

보기 3

$X \sim U(-2, 2)$이고 $Y = X^2$이라 하면

$$E(X) = E(X^3) = 0$$

이다. 따라서

$$Cov(X, Y) = E(X^3) - E(X)E(X^2) = 0$$

이지만 X, Y는 독립이 아니다. 예를 들어,

$$P(X \leq 1) = \frac{3}{4}, \quad P(Y \leq 1) = P(-1 \leq X \leq 1) = \frac{2}{4} = \frac{1}{2}$$

이다. 그러나

$$P(X \leq 1,\ Y \leq 1) = P(X \leq 1,\ -1 \leq X \leq 1) = P(-1 \leq X \leq 1) = \frac{1}{2}$$

이므로

$$P(X \leq 1,\ Y \leq 1) \neq P(X \leq 1)P(Y \leq 1)$$

이고 X, Y는 독립이 아니다.

다음 보기는 공분산의 부호가 어떤 의미를 가지는지 가장 간단한 확률변수에 대하여 설명해 준다.

보기 4

두 확률변수 X, Y를 각각 두 사건 E, F의 지시변수라 하자.

$$X = I_E, \quad Y = I_F$$

$XY = I_E I_F = I_{EF}$이므로

$$E(X) = P(E), \quad E(Y) = P(F), \quad E(XY) = P(EF)$$

가 성립한다. 따라서 X, Y의 공분산은 다음과 같다.

$$Cov(X, Y) = P(EF) - P(E)P(F)$$

보기 4의 결과에 의하면 확률변수 X, Y를 각각 두 사건 E, F의 지시변수라 할 때

$$Cov(X, Y) > 0 \iff P(EF) > P(E)P(F)$$
$$Cov(X, Y) = 0 \iff P(EF) = P(E)P(F)$$
$$Cov(X, Y) < 0 \iff P(EF) < P(E)P(F)$$

이 성립한다. 첫 번째 경우, 사건 E와 사건 F는 **양으로 종속**(positively dependent)이라 하고, 마지막 경우에 두 사건은 **음으로 종속**(negatively dependent)이라 한다. 두 번째 경우는 두 사건 E와 F는 독립이다.

두 사건이 양으로 종속인 경우 사건 E(또는 F)가 일어나면, 사건 F(또는 E)가 일어날 가능성은 더 커진다. 즉

$$P(F|E) > P(F), \quad P(E|F) > P(E)$$

이 성립한다. 두 사건이 음으로 종속인 경우에는 반대의 현상이 벌어진다. 즉

$$P(F|E) < P(F), \quad P(E|F) < P(E)$$

이 성립한다.

4.2.3 상관계수

공분산의 부호가 갖는 의미는 위에 설명한 것처럼 해석이 가능하지만 공분산의 크기가 가지는 의미는 명확하지 않다. 공분산은 변수의 단위에 따라 달라진다. 예를 들어 **보기 1**의 경우 키의 단위를 cm에서 m로 바꾸면 공분산은 0.845이다. 반면에 몸무게의 단위를 g으로 바꾸면 공분산은 84500이다.

측정단위에 의하여 공분산의 크기가 달라진다는 것은 공분산의 크기가 자료를 해석하는 데 적합하지 않음을 의미한다. 이러한 문제점을 해결하기 위하여 상관계수를 정

의하기로 한다. 두 변수 X, Y의 **상관계수**(correlation)는 $Corr(X, Y)$, 또는 $\rho(X, Y)$로 나타내며 다음과 같이 정의한다.

정의 상관계수

$\sigma_X \sigma_Y \neq 0$일 때, 두 확률변수 X, Y의 상관계수는 다음과 같이 정의한다.

$$\rho(X, Y) = Corr(X, Y) = \frac{Cov(X, Y)}{\sigma_X \sigma_Y}$$

NOTE $\sigma_X \sigma_Y > 0$이므로 공분산과 상관계수는 같은 부호를 갖는다. 또한

$$-\sqrt{Var(X)\,Var(Y)} \le Cov(X, Y) \le \sqrt{Var(X)\,Var(Y)}$$

이므로 항상 다음 부등식이 성립한다.

$$-1 \le Corr(X, Y) \le 1$$

보기 5

보기 1에서 동아리 구성원의 키(X)와 몸무게(Y) 사이의 상관계수를 구하시오.

풀이

키(X)와 몸무게(Y)의 분산을 다음과 같이 표를 만들어 구해 보자.

학생번호	1	2	3	4	5	6	7	8	9	10
$X-\mu_X$	−0.4	−6.4	7.6	12.6	−12.4	1.6	−1.4	−10.4	3.6	5.6
$(X-\mu_X)^2$	0.16	40.96	57.76	158.76	153.76	2.56	1.96	108.16	12.96	31.36

$$\begin{aligned}\sigma_X^2 &= E((X-\mu_X)^2) \\ &= \frac{1}{10}(0.16 + 40.96 + 57.76 + \cdots + 31.36) = 56.84\end{aligned}$$

학생번호	1	2	3	4	5	6	7	8	9	10
$Y-\mu_Y$	0.5	−12.5	10.5	8.5	−18.5	5.5	−10.5	−16.5	15.5	17.5
$(Y-\mu_Y)^2$	0.25	156.25	110.25	72.25	342.25	30.25	110.25	272.25	240.25	306.25

$$\begin{aligned}\sigma_Y^2 &= E((Y-\mu_Y)^2)\\ &= \frac{1}{10}(0.25+156.25+110.25+\cdots+306.25)=164.05\end{aligned}$$

따라서

$$\sigma_X=\sqrt{\sigma_X^2}=\sqrt{56.84}\approx 7.54,\qquad \sigma_Y=\sqrt{\sigma_Y^2}=\sqrt{164.05}\approx 12.82$$

이고 상관계수는

$$Corr(X,Y)=\frac{Cov(X,Y)}{\sigma_X\sigma_Y}=\frac{84.6}{7.54\cdot 12.82}\approx 0.88$$

이다.

분산과 공분산의 성질로부터 다음 결과를 쉽게 보일 수 있으며 증명은 연습문제로 남긴다.

상관계수의 성질

- $Corr(X,Y)=Corr(Y,X)$
- $-1\le Corr(X,Y)\le 1$
- $Corr(X,X)=1,\qquad Corr(X,-X)=-1$
- $Corr(aX+b,\ Y)=\begin{cases} Corr(X,Y), & a>0\\ -Corr(X,Y), & a<0\end{cases}$

상관계수 $Corr(X,Y)$는 두 변수 X와 Y의 상관관계의 정도를 알려 주는 측도이다. Y가 X의 일차식 $Y=aX+b$인 경우 $a>0$이면 상관계수는 1, $a<0$이면 상관계수는 -1이다. 이 결과는 위의 마지막 두 성질에서 얻을 수 있다.

$$\begin{aligned}\rho(X,Y)&=Corr(X,Y)=Corr(X,aX+b)\\ &=\begin{cases} Corr(X,X), & a>0\\ -Corr(X,X), & a<0\end{cases}=\begin{cases} 1, & a>0\\ -1, & a<0\end{cases}\end{aligned}$$

상관계수가 $\rho = 1$이면 두 변수는 완전히 양의 상관관계이고 $\rho = -1$이면 완전히 음의 상관관계이다.

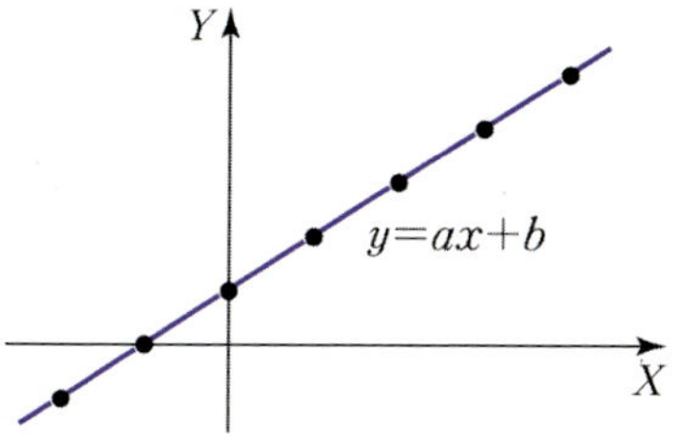

$a > 0$

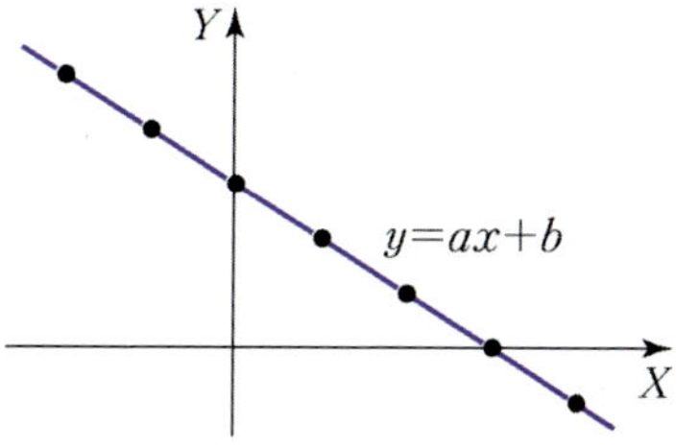

$a < 0$

공분산과 마찬가지로 X와 Y가 동시에 커지고 동시에 작아지는 경향이 강하면 상관계수 $\rho(X, Y)$는 양의 값을 갖고, 반대로 X와 Y가 반대 방향으로 움직이는 경향이 강하면 상관계수 $\rho(X, Y)$도 음의 값을 갖는다. $\rho(X, Y) > 0$이면 두 확률변수 X, Y 사이에 **양의 상관관계**(positive correlation)가 있다고 하고 $\rho(X, Y) < 0$이면 **음의 상관관계**(negative correlation)가 있다고 한다. 상관계수가 1에 가까울수록 양의 상관관계가 강하고 -1에 가까울수록 음의 상관관계가 강하다.

$\rho(X, Y) = 0$이면 두 확률변수 사이에 **상관관계가 없다**(no correlation)고 한다. 특히 X와 Y가 독립이면 $Cov(X, Y) = 0$이므로 $\rho(X, Y) = 0$이다. 다시 말해서 독립인 두 확률변수 사이에는 상관관계가 없다.

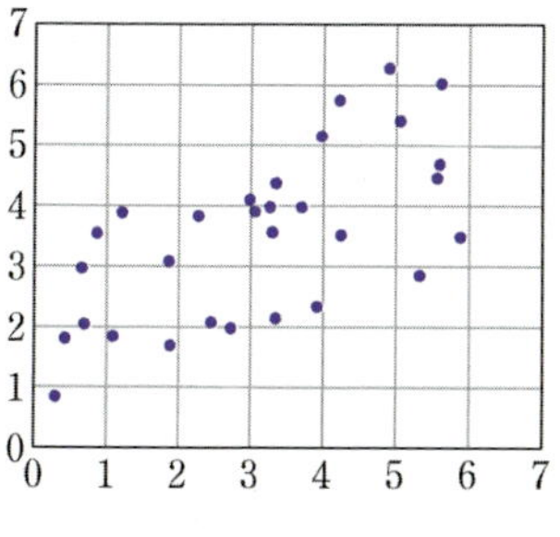

양의 상관관계
($\rho = 0.65$)

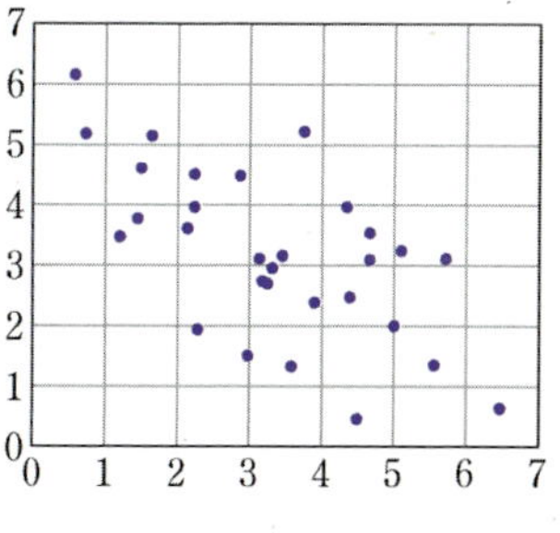

음의 상관관계
($\rho = -0.65$)

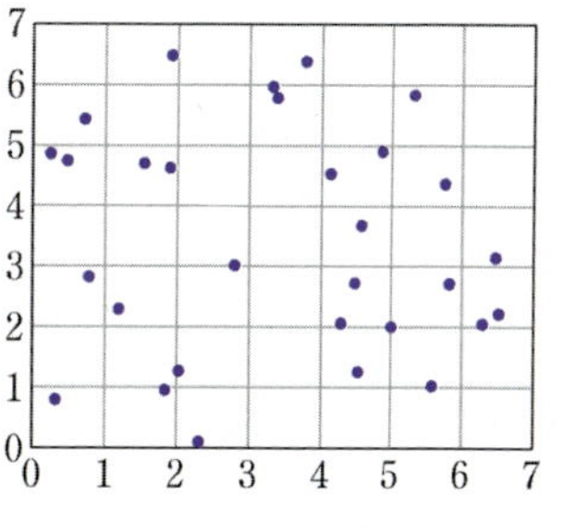

상관관계 없음
($\rho = 0$)

연습문제 4.1 ~ 4.2

01 두 변수 X, Y의 결합확률분포 $p(x,y) = P(X=x, Y=y)$가 다음과 같다.

$$p(x,y) = \begin{cases} \frac{1}{3}, & (x,y) = (1,1), (1,2), (2,1) \\ 0, & \text{기타} \end{cases}$$

(a) X와 Y의 주변확률질량함수를 각각 구하시오.

(b) X와 Y는 독립인가?

(c) X, Y의 기댓값과 분산을 구하시오.

(d) X, Y의 공분산 $Cov(X, Y)$과 상관계수 $Corr(X, Y)$를 구하시오.

02 두 변수 X, Y의 결합확률분포 $p(x,y) = P(X=x, Y=y)$가 다음과 같다.

$$p(1,1) = 0.2 \qquad p(1,2) = 0.3$$
$$p(2,1) = 0.4 \qquad p(2,2) = 0.1$$

(a) X와 Y의 주변확률질량함수를 각각 구하시오.

(b) X와 Y는 독립인가?

(c) 확률 $P(XY \le 2)$, $P(X+Y > 2)$을 구하시오.

(d) X, Y의 기댓값과 분산을 구하시오.

(e) 공분산 $Cov(X, Y)$과 상관계수 $Corr(X, Y)$를 구하시오.

(f) $X+Y$의 기댓값과 분산을 구하시오.

03 두 변수 X, Y의 결합확률분포 $p(x,y) = P(X=x, Y=y)$가 다음과 같다.

$$p(x,y) = c(x+y), \quad x = 0, 1, 2;\ y = 0, 1, 2$$

(a) 상수 c를 구하시오.

(b) $E(XY)$를 구하시오.

(c) X, Y의 기댓값과 분산을 구하시오.

(d) X와 Y의 공분산과 상관계수를 구하시오.

04 확률변수 X, Y의 결합확률질량함수가 다음과 같다.

$$p(x,y) = k(x+y),\ x = 1,2,3,\ y = 1,2,3,4$$

(a) 상수 k의 값을 구하시오.

(b) X와 Y의 주변확률질량함수를 각각 구하시오.

(c) X와 Y는 독립인가?

(d) $P(X = Y)$, $P(X < Y)$, $P(X > Y)$를 구하시오.

(e) X와 Y의 기댓값과 분산을 각각 구하시오.

(f) 공분산 $Cov(X, Y)$과 상관계수 $Corr(X, Y)$를 구하시오.

05 X, Y의 결합확률질량함수가 다음과 같을 때

X \ Y	$j=0$	$j=1$	$j=2$	$j=3$
$i=0$	0.2	0.1	0.15	0.02
$i=1$	0.15	0.2	0.03	0
$i=2$	0.1	0.04	0	0
$i=3$	0.01	0	0	0

(a) 기댓값 $E(XY)$을 정의를 이용하여 구하시오.

(b) X, Y의 주변확률질량함수를 구하시오.

(c) $E(X), E(Y)$를 구하시오.

(d) $Cov(X, Y)$를 구하시오.

06 주머니에 1, 2, 3이 쓰인 3개의 공이 들어 있다. 주머니에서 2개의 공을 비복원 추출로 꺼낼 때 처음 꺼낸 공에 쓰인 수를 X, 두 번째 꺼낸 공에 쓰인 수를 Y라 하자.

(a) (X, Y)의 결합확률질량함수를 구하시오.

(b) X와 Y는 독립인가?

(c) 확률 $P(XY \le 4)$, $P(X + Y > 4)$을 구하시오.

(d) X와 Y의 기댓값과 분산을 각각 구하시오.

(e) 공분산 $Cov(X, Y)$과 상관계수 $Corr(X, Y)$를 구하시오.

07 확률변수 X, Y의 결합확률분포가 다음과 같다.

X \ Y	0	1	2	3
0	0.1	0.05	0.04	0.05
1	0.06	0.08	0.1	0.04
2	0.05	0.1	0.05	0.04
3	0.04	0.05	0.04	0.11

(a) X와 Y의 주변확률질량함수를 각각 구하시오.

(b) X와 Y는 독립인가?

(c) 확률 $P(X \le Y)$, $P(X+Y>2)$을 구하시오.

(d) X와 Y의 기댓값과 분산을 각각 구하시오.

(e) 공분산 $Cov(X, Y)$과 상관계수 $Corr(X, Y)$를 구하시오.

08 52장의 카드에서 3장의 카드를 복원추출로 꺼낸다고 한다. 다이아몬드 무늬 카드 개수를 X, 하트 무늬 카드 개수를 Y라고 하였을 때

(a) X, Y의 결합확률질량함수를 구하시오.

(b) $P(X=Y)$, $P(X<Y)$를 구하시오.

(c) $E(X+Y)$, $E(XY)$를 구하시오.

(d) X, Y의 공분산과 상관계수를 구하시오.

09 X와 Y는 각각 안정형펀드와 성장형펀드의 수익률이라고 할 때, 다음 표는 결합확률분포 $P(X=i, Y=j)$를 구하여 정리한 것이다.

i \ j	−2	0	2	5	합
−1	0.01	0.03	0.05	0.04	0.13
0	0.04	0.06	A	0.04	0.23
1	0.08	0.10	0.10	0.02	0.30
2	0.05	B	0.03	0.01	0.20
3	0.06	0.05	0.02	0.01	0.14
합	0.24	C	0.29	D	1

(a) 표의 A, B, C, D를 구하시오.

(b) $E(XY)$를 구하시오.

(c) X의 평균 μ_X와 분산 σ_X^2을 구하시오.

(d) Y의 평균 μ_Y와 분산 σ_Y^2을 구하시오.

(e) X와 Y의 공분산을 구하시오.

(f) X와 Y의 상관계수를 구하시오.

10 세 변수 X_1, X_2, X_3는 독립이고 모두 평균은 3, 분산은 7이다.

$$Y = X_1 - 2X_2 + 3X_3$$

라고 할 때

(a) $E(Y)$, $Var(Y)$를 구하시오.

(b) $Cov(X_i, Y)$, $i = 1, 2, 3$을 구하시오.

11 변수 X, Y의 결합확률분포 $p(x,y) = P(X = x, Y = y)$가 다음과 같다.

$$p(x,y) = c\frac{3^{x+y}}{x!y!}, \quad x = 0,1,2,\cdots ; y = 0,1,2,\cdots$$

(a) 상수 c를 구하시오.

(b) X와 Y의 확률분포를 각각 구하시오.

(c) X와 Y는 독립인가? 그 이유를 설명하여라.

(d) 공분산 $Cov(X, Y)$과 상관계수 $Corr(X, Y)$를 구하시오.

12 임의의 두 변수 X, Y에 대하여 $0 < E(X^2), E(Y^2) < \infty$이라고 가정한다.

(a) 임의의 양수 a,b에 대하여 다음 부등식이 성립함을 보이시오.

$$-(a^2E(X^2) + b^2E(Y^2)) \leq 2abE(XY) \leq a^2E(X^2) + b^2E(Y^2)$$

(b) (a)를 이용하여 다음 부등식이 성립함을 보이시오.[2]

$$[E(XY)]^2 \leq E(X^2)E(Y^2)$$

2) 이 부등식을 **코시-슈와르츠 부등식**(Cauchy-Schwartz inequaliy)이라고 한다.

13 $X_1, X_2, \cdots, X_n$이 동일한 분포를 갖는 독립변수들이다. $Var(X_i) = \sigma^2 < \infty$, $i = 1, \cdots, n$일 때

$$Cov(X_i - \overline{X}, \overline{X}) = 0$$

임을 보이시오. 여기서 $\overline{X} = \frac{1}{n}\sum_{i=1}^{n} X_i$이다.

14 다음을 증명하시오.

(a) $Cov(aX+b, Y) = a\,Cov(X, Y)$

(b) $Cov(X_1 + X_2, Y) = Cov(X_1, Y) + Cov(X_2, Y)$

15 X, Y가 같은 분포를 따르고 $E(X^2) < \infty$이면 다음 식이 성립함을 보이시오.

$$Cov(X+Y, X-Y) = 0$$

16 상수 $a, b, c, d\,(a \neq 0, c \neq 0)$에 대하여 다음 식이 성립함을 보이시오.

$$Corr(aX+b, cY+d) = \begin{cases} Corr(X, Y), & ac > 0\text{일 때} \\ -Corr(X, Y), & ac < 0\text{일 때} \end{cases}$$

4.3 조건부확률분포

4.3.1 조건부확률분포

사건 B가 주어졌을 때($P(B) > 0$) 사건 A의 조건부확률은 다음과 같이 정의하였다.

$$P(A|B) = \frac{P(A \cap B)}{P(B)}$$

사건 B가 주어졌을 때 이산확률변수 X의 조건부확률질량함수는 다음과 같이 정의한다.

$$P(X = x|B) = \frac{P(\{X = x\} \cap B)}{P(B)}$$

보기 1

확률변수 X가 평균이 2인 푸아송 분포를 따른다. $X > 0$일 때 X의 조건부확률질량함수를 구하시오.

풀이

$X \sim Poi(2)$이고 $P(X > 0) = 1 - P(X = 0) = 1 - e^{-2}$이므로 $k \geq 1$에 대하여 조건부확률질량함수는 다음과 같다.

$$\begin{aligned} P(X = k|X > 0) &= \frac{P(X = k, X > 0)}{P(X > 0)} = \frac{P(X = k)}{P(X > 0)} \\ &= \frac{1}{1 - e^{-2}} \frac{2^k e^{-2}}{k!} = \frac{1}{e^2 - 1} \frac{2^k}{k!} \end{aligned}$$

두 이산확률변수 X, Y의 결합확률질량함수를 $p(x, y)$, X, Y의 주변확률질량함수를 $p_X(x)$, $p_Y(y)$라 하자. 사건 $\{Y=y\}$가 주어졌을 때(단, $p_Y(y)>0$) 사건 $\{X=x\}$가 일어날 조건부확률은

$$P(X=x \mid Y=y) = \frac{P(X=x,\, Y=y)}{P(Y=y)} = \frac{p(x, y)}{p_Y(y)}$$

이다. 이 조건부확률을 $Y=y$일 때 X의 **조건부확률질량함수**(conditional probability mass function)라 하고 $p_{X|Y}(x|y)$로 나타낸다.

$$p_{X|Y}(x|y) = P(X=x \mid Y=y) = \frac{p(x, y)}{p_Y(y)}$$

$Y=y$일 때 X의 조건부확률질량함수 $p_{X|Y}(x|y)$는 x의 함수이다. 반면에 y는 고정된 상수이다.

임의의 실수 x에 대하여

$$p_{X|Y}(x|y) \geq 0$$

이고 $\sum_x p(x,y) = p_Y(y)$이므로

$$\sum_x p_{X|Y}(x|y) = \frac{\sum_x p(x,y)}{p_Y(y)} = \frac{p_Y(y)}{p_Y(y)} = 1$$

이다. 따라서 $Y=y$일 때 X의 조건부확률질량함수 $p_{X|Y}(x|y)$는 확률질량함수이다.

$p_Y(y)>0$이면 $Y=y$일 때 X의 **조건부누적분포함수** $F_{X|Y}(x|y)$는 다음과 같이 정의한다.

$$F_{X|Y}(a|y) = P(X \leq a \mid Y=y) = \sum_{x \leq a} p_{X|Y}(x|y) = \frac{\sum_{x \leq a} p(x, y)}{p_Y(y)}$$

정의 조건부확률질량함수와 조건부누적분포함수

두 이산확률변수 X와 Y에 대하여 $Y=y$일 때 $(p_Y(y)>0)$

- X의 조건부확률질량함수 $p_{X|Y}(x|y)$는 다음과 같이 정의한다.

$$p_{X|Y}(x|y)=\frac{p(x,y)}{p_Y(y)}$$

- X의 조건부누적분포함수 $F_{X|Y}(x|y)$는 다음과 같이 정의한다.

$$F_{X|Y}(a|y)=\sum_{x\le a} p_{X|Y}(x|y)$$

보기 2

4.1절의 **보기 2**에 주어진 결합확률분포표에서

(a) $Y=1$일 때 X의 조건부확률분포를 구하시오.

(b) $X=1$일 때 Y의 조건부확률분포를 구하시오.

(c) $F_{X|Y}(2|1)$, $F_{Y|X}(2|1)$을 각각 구하시오.

풀이

X, Y의 주변확률질량함수를 구하여 표를 작성하면 다음과 같다.

X \ Y	0	1	2	3	$P(X=i)$
0	0.1	0.1	0.07	0.05	0.32
1	0.05	0.1	0.1	0	0.25
2	0.05	0.05	0.04	0.05	0.19
3	0.08	0.06	0.08	0.02	0.24
$P(Y=j)$	0.28	0.31	0.29	0.12	1

(a) $p_Y(1)=0.31$이므로

$$p_{X|Y}(0|1)=\frac{0.1}{0.31}=\frac{10}{31},\qquad p_{X|Y}(1|1)=\frac{10}{31}$$

$$p_{X|Y}(2|1)=\frac{5}{31},\qquad p_{X|Y}(3|1)=\frac{6}{31}$$

(b) $p_X(1)=0.25$이므로

$$p_{Y|X}(0|1)=\frac{0.05}{0.25}=\frac{1}{5},\ p_{Y|X}(1|1)=\frac{2}{5}$$

$$p_{Y|X}(2|1)=\frac{2}{5},\quad p_{X|Y}(3|1)=0$$

(c) $F_{X|Y}(2|1)=p_{X|Y}(0|1)+p_{X|Y}(1|1)+p_{X|Y}(2|1)=\dfrac{0.1+0.1+0.05}{0.31}=\dfrac{25}{31}$

$F_{Y|X}(2|1)=p_{Y|X}(0|1)+p_{Y|X}(1|1)+p_{Y|X}(2|1)=\dfrac{0.05+0.1+0.1}{0.25}=1$

보기 3

$X_1\sim Poi(\lambda_1)$, $X_2\sim Poi(\lambda_2)$이고 X_1, X_2는 독립이다. $X_1+X_2=n$일 때 X_1의 조건부분포를 구하시오.

풀이

X_1+X_2는 모수가 $\lambda_1+\lambda_2$인 푸아송 분포를 따른다. 따라서

$$P(X_1+X_2=n)=\frac{(\lambda_1+\lambda_2)^n e^{-(\lambda_1+\lambda_2)}}{n!}$$

이다. X_1, X_2는 독립이므로 $k\le n$일 때 다음 식이 성립한다.

$$\begin{aligned}P(X_1=k|X_1+X_2=n)&=\frac{P(X_1=k, X_1+X_2=n)}{P(X_1+X_2=n)}\\&=\frac{P(X_1=k)P(X_2=n-k)}{P(X_1+X_2=n)}\\&=\frac{\dfrac{\lambda_1^k e^{-\lambda_1}}{k!}\dfrac{\lambda_2^{n-k}e^{-\lambda_2}}{(n-k)!}}{\dfrac{(\lambda_1+\lambda_2)^n e^{-(\lambda_1+\lambda_2)}}{n!}}=\binom{n}{k}\frac{\lambda_1^k\lambda_2^{n-k}}{(\lambda_1+\lambda_2)^n}\end{aligned}$$

$p=\dfrac{\lambda_1}{\lambda_1+\lambda_2}$로 놓으면 $1-p=\dfrac{\lambda_2}{\lambda_1+\lambda_2}$이므로 위 식은 다음과 같이 고쳐 쓸 수 있다.

$$P(X_1 = k | X_1 + X_2 = n) = \binom{n}{k} p^k (1-p)^{n-k}$$

따라서 $X_1 + X_2 = n$일 때 X_1의 조건부분포는 모수가 (n, p)인 이항분포이다.

4.3.2 기댓값과 조건부기댓값

이산확률변수 X, Y에 대하여 $X = x$일 때 Y의 조건부확률질량함수 $p_{Y|X}(y|x)$는 확률질량함수이다. 따라서 $X = x$일 때 Y의 **조건부기댓값**(conditional expectation)을 다음과 같이 정의한다.

$$E(Y|X=x) = \sum_y y P(Y=y|X=x) = \sum_y y\, p_{Y|X}(y|x)$$

보기 4

(a) 주사위를 던져 나온 윗면의 눈의 수를 X, 주사위를 던져 나온 눈의 수만큼 동전을 던졌을 때 동전의 앞면이 나온 수를 Y라 하자. $X = x$일 때 Y는 모수가 $\left(x, \frac{1}{2}\right)$인 이항분포를 따른다.

$$Y|X = x \sim Bin\left(x, \frac{1}{2}\right)$$

따라서 $E(Y|X=x) = \frac{x}{2}$이다.

(b) 태어나는 아이가 여아일 확률이 p, 남아일 확률이 $q = 1-p$라 한다. 어느 집 아이의 수가 x명이라면 그 집의 딸의 수는 모수가 (x, p)인 이항분포를 따른다. 따라서 아이의 수가 $X = x$일 때 딸의 수 Y의 조건부기댓값은

$$E(Y|X=x) = xp$$

이다.

보기 4에서 본 것처럼 $X=x$가 주어졌을 때 Y의 조건부기댓값 $E(Y|X=x)$는 모두 x의 함수이다.

$$h(x)=E(Y|X=x)$$

라고 할 때, $h(X)=E(Y|X)$로 나타내기로 한다. 예를 들어 **보기 4**에서 각각

$$E(Y|X)=\frac{X}{2}, \qquad E(Y|X)=pX$$

이다. X, Y가 이산확률분포를 따르면

$$E(h(X))=\sum_x h(x)P(X=x)$$

이므로

$$E(E(Y|X))=\sum_x E(Y|X=x)P(X=x)$$

로 쓸 수 있다. $P(Y=y|X=x)P(X=x)=P(Y=y, X=x)$이고

$$\sum_x P(X=x,\ Y=y)=P(Y=y)$$

이므로 조건부기댓값의 정의에 의하면 다음 결과를 얻는다.

$$\begin{aligned}\sum_x E(Y|X=x)P(X=x) &= \sum_x\left[\sum_y yP(Y=y|X=x)\right]P(X=x)\\ &= \sum_x\sum_y yP(Y=y,\ X=x)=\sum_y y\sum_x P(X=x,\ Y=y)\\ &= \sum_y yP(Y=y)=E(Y)\end{aligned}$$

X, Y가 결합적으로 연속인 경우도 비슷한 방법으로 같은 결과를 보일 수 있다.

조건부기댓값과 기댓값

두 확률변수 X와 Y에 대하여 다음 식이 성립한다.

$$E(Y)=E(E(Y|X))$$

예를 들어 주사위를 던져 나온 눈의 수 X만큼 동전을 던진다고 할 때 앞면의 수 Y의 기댓값은 다음과 같다.

$$E(Y) = E(E(Y|X)) = E\left(\frac{X}{2}\right) = \frac{E(X)}{2} = \frac{7}{4}$$

두 확률변수가 하나는 이산, 하나는 연속인 경우에도 비슷한 방법으로 정의할 수 있고 같은 결과가 성립한다.

보기 5

삼식이는 학교를 갈 때 동전을 던져 앞면이 나오면 버스를 타고, 뒷면이 나오면 지하철을 탄다고 한다. 버스를 탈 경우 걸리는 시간은 평균이 20, 분산이 25인 정규분포를 따르고 지하철을 탈 경우 평균이 22, 분산이 9인 정규분포를 따른다.

(a) 학교까지 걸리는 시간이 22분 이하일 확률을 구하시오.

(b) 학교까지 걸리는 시간의 평균을 구하시오.

풀이

(a) X를 동전의 앞면이 나오면 0, 뒷면이 나오면 1인 확률변수라 하자. Y를 학교까지 가는 데 걸리는 시간이라 하면 전체 확률의 법칙[3)]에 의하면

$$\begin{aligned} P(Y \leq 22) &= P(Y \leq 22|X=0)P(X=0) + P(Y \leq 22|X=1)P(X=1) \\ &= \frac{1}{2}[P(Y \leq 22|X=0) + P(Y \leq 22|X=1)] \end{aligned}$$

이다. $Y|X=0 \sim N(20, 5^2)$, $Y|X=1 \sim N(22, 3^2)$이므로 표준화를 하면 다음 값을 얻는다.

$$\begin{aligned} P(Y \leq 22|X=0) &= P\left(\frac{Y-20}{5} \leq \frac{22-20}{5}\right) \\ &= P(Z \leq 0.4) = 0.6554 \\ P(Y \leq 22|X=1) &= P\left(\frac{Y-22}{5} \leq 0\right) = P(Z \leq 0) = 0.5 \end{aligned}$$

따라서 구하는 확률은 다음과 같다.

$$P(Y \leq 22) = \frac{1}{2}(0.6554 + 0.5) = 0.5777$$

(b) $E(Y|X=0)=20$, $E(Y|X=1)=22$이고 조건부기댓값과 기댓값의 결과에 의하면 다음 결과를 얻는다.

$$\begin{aligned} E(Y) &= E(Y|X=0)P(X=0)+E(Y|X=1)P(X=1) \\ &= \frac{1}{2}(20+22)=21 \end{aligned}$$

보기 6

3개의 결과가 가능한 독립시행을 n번 반복한다고 하자. k번째 결과가 나올 확률은 $p_k\,(p_1+p_2+p_3=1)$, X_k는 k번째 결과가 나온 횟수이다.

(a) $X_1=i$일 때 X_2의 조건부확률분포와 X_2의 조건부기댓값을 구하시오.

(b) $E(X_1X_2)$를 조건부기댓값을 이용하여 구하시오.

풀이

(a) $X_1=i$이면 나머지 $(n-i)$번의 독립시행에서 두 가지 결과(두 번째와 세 번째)만 가능하므로 이항분포를 따른다. 이때 두 번째 결과가 나올 확률은 $\dfrac{p_2}{p_2+p_3}$이므로

$$X_2|X_1=i \sim Bin\left(n-i,\ \frac{p_2}{p_2+p_3}\right)$$

이다. 따라서 조건부기댓값은 다음과 같다.

$$E(X_2|X_1=i)=(n-i)\frac{p_2}{p_2+p_3}$$

---

3) 사건 $B_1, \cdots, B_n$이 상호배반이고 $\bigcup_{j=1}^{n} B_j=\Omega$이면 사건 A에 대해 다음이 성립한다.

$$P(A)=\sum_{j=1}^{n}P(A\cap B_j)=\sum_{j=1}^{n}P(A|B_j)P(B_j)$$

(b) $E(X_1X_2|X_1=i)=iE(X_2|X_1=i)=i(n-i)\dfrac{p_2}{p_2+p_3}$ 이므로

$$E(X_1X_2|X_1)=X_1(n-X_1)\frac{p_2}{p_2+p_3}$$

이다. $X_1 \sim Bin(n, p_1)$이므로

$$E(X_1)=np_1,\ E(X_1^2)=np_1(1-p_1)+n^2p_1^2$$

이다. 이 결과와 $p_2+p_3=1-p_1$임을 이용하면 다음 값을 얻는다.

$$\begin{aligned}E(X_1X_2)&=E(E(X_1X_2|X_1))=E(X_1(n-X_1))\frac{p_2}{1-p_1}\\&=\frac{p_2}{1-p_1}[nE(X_1)-E(X_1^2)]\\&=\frac{p_2}{1-p_1}(n^2p_1-np_1(1-p_1)-n^2p_1^2)=n(n-1)p_1p_2\end{aligned}$$

다음 보기는 정확한 확률분포를 모르더라도 조건부기댓값을 이용하여 기댓값을 구할 수 있는 경우를 보여 준다.

보기 7

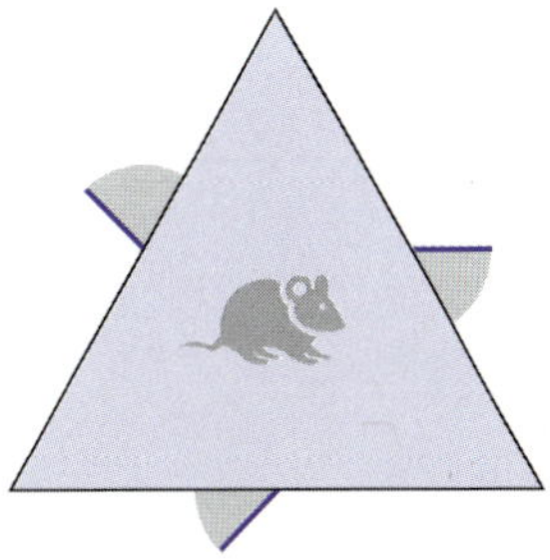

생쥐 한 마리가 미로에 갇혔다. 미로의 중앙에는 세 개의 문이 있고 그중 하나의 문만 외부와 연결되어 있다. 나머지는 다시 미로의 중앙으로 돌아오게 되어 있다. 외부로 통하는 길은 평균 10분이 걸리고 하나의 문에 연결된 길은 평균 15분 후 미로의 중앙으로 돌아온다. 나머지 문에 연결된 길은 평균 20분 후 다시 미로의 중앙으로 돌아온다. 세 개의 문은 구분이 불가능하여 중앙에 돌아올 때마다 생쥐는 임의로 하나의 문을 선택하게 된다고 한다. 생쥐가 미로를 빠져나오는 데 걸리는 시간의 평균을 구하시오.

풀이

미로를 빠져나오는 데 걸리는 시간을 X, 처음 선택한 문을 Y라 하자. 조건부 기댓값을 이용하여 계산하면

$$\begin{aligned} E(X) &= E(X|Y=1)P(Y=1)+E(X|Y=2)P(Y=2)+E(X|Y=3)P(Y=3) \\ &= \frac{1}{3}(E(X|Y=1)+E(X|Y=2)+E(X|Y=3)) \end{aligned}$$

이다. 첫 번째 문을 선택하면 10분 후 미로를 빠져나가므로

$$E(X|Y=1)=10$$

이다. 반면에 두 번째 문을 선택하면 15분 후 같은 장소에 돌아오며 같은 상황에 놓이게 된다. 따라서

$$E(X|Y=2)=15+E(X)$$

이다. 같은 방법으로 마지막 문을 선택하였을 때

$$E(X|Y=3)=20+E(X)$$

이다. 그러므로

$$E(X)=\frac{1}{3}(10+15+E(X)+20+E(X))$$

이 된다. 즉, 미로를 빠져나오는 데 걸리는 시간의 기댓값은 45분이다.

4.3.3 확률합의 계산

주사위를 던져서 나온 눈의 수 N만큼 동전을 던진다고 하자. X_i를 i번째 던진 동전이 앞면이면 1, 뒷면이면 0인 베르누이 변수라고 하자. $N=3$이면 동전의 앞면이 나온 수 Y는 $Y=\sum_{i=1}^{3} X_i$로 쓸 수 있고 $N=5$이면 $Y=\sum_{i=1}^{5} X_i$로 쓸 수 있다.

$X_i,\ i=1,2,3,\cdots$ 가 모두 같은 분포를 따른다고 하자. 자연수 값을 취하는 변수 N에 대하여 $Y=\sum_{i=1}^{N} X_i$는 $N=n$이면

$$Y=\sum_{i=1}^{n} X_i$$

로 정의되는 확률변수이다. 더해지는 횟수가 확률변수로 주어지므로 **확률합**(random sum)이라고 부르기도 한다. $\mu=E(X_1)<\infty$이면 Y의 기댓값은 다음과 같이 조건부 기댓값을 이용하여 구할 수 있다.

$$\begin{aligned}E(Y)&=E(E(Y|N))=\sum_{n=1}^{\infty} E(Y|N=n)P(N=n)\\&=\sum_{n=1}^{\infty} E(\sum_{i=1}^{n} X_i)P(N=n)=\sum_{n=1}^{\infty} nE(X_1)P(N=n)\\&=E(X_1)\sum_{n=1}^{\infty} nP(N=n)=E(X_1)E(N)\end{aligned}$$

확률합의 기댓값

자연수 값을 취하는 변수 N에 대하여 $E(N)<\infty$이고 $X_i,\ i=1,2,3,\cdots$가 모두 동일한 분포를 따른다고 하자. $\mu=E(X_1)<\infty$이면 다음 식이 성립한다.

$$E(\sum_{n=1}^{N} X_i)=E(X_1)E(N)$$

보기 8

토끼는 한 번에 평균 4마리의 새끼를 낳는다고 한다. 일생 동안 평균 5번 새끼를 낳는다면 토끼가 일생 동안 낳는 새끼는 평균 몇 마리인가? 새끼를 낳는 횟수와 한 번에 낳는 새끼 수는 독립이라고 가정한다.

풀이

토끼가 일생 동안 새끼를 낳는 횟수를 N이라 하자. i-번째 낳은 새끼 수를 X_i라 하면 일생 동안 낳은 새끼의 수는

$$\sum_{i=1}^{N} X_i = X_1 + X_2 + \cdots + X_N$$

이다. $E(N) = 5$, $E(X_1) = 4$이므로 일생 동안 낳는 새끼 수의 평균은

$$E\left(\sum_{i=1}^{N} X_i\right) = E(X_1)E(N) = 4 \cdot 5 = 20$$

으로 20마리이다.

연습문제 4.3

01 **4.1**절의 **보기 1**에서

(a) $X=i\ (i=0,1)$일 때 Y의 조건부확률질량함수를 구하여라

(b) $i=0,1$일 때 조건부기댓값 $E(Y|X=i)$를 구하여라.

02 **4.1**절의 **보기 2**에서 다음을 구하여라.

(a) $P(Y \le 2|X < Y)$

(b) $i=0,1,2,3$일 때 조건부기댓값 $E(Y|X=i)$

(c) 조건부기댓값을 이용하여 $E(Y)$를 구하여라.

(d) 주변확률질량함수 $p_Y(j)$를 이용하여 $E(Y)$를 구하여라.

03 독립인 두 확률변수 X, Y는 각각 모수가 (n,p), (m,p)인 이항분포를 따른다. $X+Y=k$가 주어졌을 때 $X=i$일 확률 $P(X=i|X+Y=k)$를 구하여라.

04 컴퓨터 A/S 센터에 하루에 맡겨지는 컴퓨터 대수는 평균 12인 푸아송 분포를 따른다. 컴퓨터를 한 대 수리하는 데 걸리는 시간은 평균 45분인 정규분포를 따른다고 한다. 하루에 맡겨진 컴퓨터를 모두 수리하는 데 걸리는 시간의 평균을 구하여라.

05 두 변수 X, Y의 결합확률질량함수 $p(x,y)=P(X=x, Y=y)$가 다음과 같다.

$$p(0,0)=0.4,\ p(0,1)=0.2,\ p(1,0)=0.1,\ p(1,1)=0.3$$

(a) X의 확률분포와 기댓값, 분산을 구하여라.

(b) Y의 확률분포와 기댓값, 분산을 구하여라.

(c) $X=1$일 때 Y의 조건부확률과 조건부기댓값 $E(Y|X=1)$을 구하여라.

06 주사위를 던져 나온 눈의 수를 X라 하자. 동전의 앞면이 주사위를 던져서 나온 눈의 수만큼 나올 때까지 던졌을 때, 동전을 던진 횟수를 Y라 하자.

(a) Y의 조건부분포를 구하여라.

(b) Y의 조건부기댓값을 구하여라.

07 두 개의 주사위를 던져 나온 눈의 수를 각각 X_1, X_2라고 하자.

$$X_m = \min(X_1, X_2),\ X_M = \max(X_1, X_2)$$

라고 할 때 다음 값을 구하여라.

(a) X_m, X_M의 결합확률질량함수와 주변확률질량함수

(b) $X_M > X_m$일 때, X_M의 조건부확률질량함수

(c) 조건부기댓값 $E(X_M | X_M > X_m)$

(d) $x = 1, 2, 3, 4, 5, 6$일 때 $E(X_M | X_m = x)$

(e) $E(X_m | X_M = x)$

(f) $E(X_M), E(X_m)$

08 X, Y가 독립이면 다음 식이 성립함을 보여라. (단, X, Y가 이산이라 가정한다.)

$$E(Y | X = x) = E(Y)$$

09 아버지의 키를 X, 아들의 키를 Y라 할 때 $X = x$일 때 Y는 평균이 $x + 4$이다. 아버지 키의 기댓값이 172일 때 아들 키의 기댓값을 구하여라.

10 이승협 선수의 2022년도 타율은 4할이다. 한 게임에서 이승협 선수의 타석 수 N은 모수가 $(5, 0.6)$인 이항분포를 따른다.

(a) 이승협 선수가 출전할 확률 p는 얼마인가?

(b) 이승협 선수가 출전한 게임에서 평균 타석 수는 얼마인가?

(c) 2022년도의 한 게임당 이승협 선수의 평균 안타 수는 얼마인가?

HINT 안타를 치지 못할 확률$= \sum_{k=1}^{5} P\left(\sum_{i=1}^{N} X_i = 0 | N = k\right) P(N = k)$

11 건강식품 매장의 하루 손님 수는 모수가 λ인 푸아송 분포를 따른다. 방문하는 손님이 남자일 확률은 p, 여자일 확률은 $1-p$라고 한다.

(a) 건강식품 매장의 하루 남자손님 수 M은 모수가 $p\lambda$인 푸아송 분포를 따름을 보이시오.

HINT $P(M=k)=\sum_{n=k}^{\infty}P(M=k|N=n)P(N=n),\ M|N=n \sim Bin(n,p)$

(b) 한 명의 손님이 물건을 구입하는 액수의 평균은 남자가 A, 여자가 B라고 한다. 하루 매출액의 평균을 구하시오.

05

부분으로 전체 보기

표본

정보화시대를 살고 있는 우리는 데이터의 홍수 속에 살고 있다 해도 지나치지 않다. 이러한 데이터에 대한 정보는 일상생활에서 다양한 형태로 우리에게 전달된다. 그러한 형태의 가장 기초적인 것은 평균이나 비율 등의 통계적 수치라 할 수 있다. 통계 또는 통계학을 의미하는 "Statistics"의 어원은 "상태"를 의미하는 프랑스어 "Status"이다. 통계학은 국가를 운영하는 데 필요한 수량적 정보(data)를 모으고 기술, 요약하는 것에서 시작되었다. 데이터를 기술하고 요약하고 나면 이러한 것들이 의미하는 바가 무엇인지 결론을 끌어내기를 바랄 수 있는데 데이터의 요약으로부터 논리적인 결론을 이끌어내는 것을 **통계적 추론**(statistical inference)이라 한다.

조사 또는 실험 대상의 속성을 조사할 때 집단 전체를 조사하는 것을 **전수조사**(census)라 한다. 전수조사의 경우 모든 정보가 알려지므로 모든 것이 명백하지만 전체를 조사하는 것이 여러 가지 이유로 어렵거나 불가능한 경우가 대부분이다. 예를 들어 자동차의 안전성 측정을 위한 충돌조사나, 신약품의 효력을 알기 위한 임상 실험 등에서 모든 자동차나 모든 환자를 대상으로 실험을 할 수는 없다. 이런 경우 전체를 조사하는 대신 일부를 추출하여 속성을 조사함으로써 전체의 속성을 추측하기도 한다. 이렇게 일부를 조사하는 방법을 **표본조사**(sample survey)라 한다. 대통령 선거에서 선거 결과를 개표하여 기록하는 것은 전수조사이고 선거 전 각 후보의 지지율을 조사하는 것은 표본조사의 대표적인 예이다.

이 장에서는 통계적 추론에서 가장 기본적인 역할을 하는 표본평균과 표본비율, 표본분산 등의 정의와 분포를 살펴본다. 이러한 분포를 다루기 위하여 t-분포, χ^2-분포, F-분포의 정의와 성질도 알아본다. 또한 확률과 통계에서 가장 중요한 결과인 큰 수의 법칙과 중심극한정리도 다룬다.

5.1 표본평균

5.1.1 모집단과 표본

통계적 조사 또는 실험의 대상이 되는 집단 전체를 **모집단**(population)이라 하고 모집단에서 표본조사를 위해 추출한 개체들의 집합을 **표본**(sample)이라 한다. 통계적 조사의 대상인 모집단의 속성을 수치화할 경우 몸무게, 혈압, 온도 등과 같이 수로 나타낼 수 있으면 속성의 값은 확률변수를 정의한다. 모집단에서 각각의 개체에 대한 측정값은 이 확률변수 X의 값이다. 이때 확률변수의 특성을 나타내는 평균, 분산, 표준편차, 상관계수 등을 모집단의 **모수**(parameter)라 한다. 모집단과 관련된 값임을 강조할 때는 **모평균**(population mean), **모분산**(population variance), 표본과 관련된 값들은 **표본평균**(sample mean), **표본분산**(sample variance) 등으로 나타낸다.

표본조사는 모집단에서 표본을 추출하고 그 표본이 가지고 있는 정보를 이용하여 모집단의 속성을 추측하는 것을 목적으로 한다. 따라서 표본은 모집단의 특성을 잘 반영하도록 치우침 없이 추출하여야 한다. 이를 위해서는 추출이 **임의로**(at random) 이루어져야 한다. 다시 말해서 모집단의 각 원소가 표본으로 추출될 가능성이 모두 같아야 한다. 이런 추출 방법을 **임의추출**(random sampling)이라 하고 추출된 표본을 **임의표본**(random sample), 또는 **확률표본**이라 부른다. 임의표본의 경우 표본의 각 데이터는 같은 분포를 따르는 독립인 확률변수들로 간주한다.

정의 확률표본

서로 독립인 확률변수 $X_1, X_2, \cdots, X_n$이 각각 동일한 분포함수 F를 따를 때 $X_1, X_2, \cdots, X_n$을 분포 F를 따르는 크기가 n인 확률표본이라 한다.

이 교재에서는 확률표본만을 다루므로 앞으로 확률표본을 간단히 표본이라 부르기도 한다.

확률표본을 추출하는 목적은 모집단에 대하여 알려지지 않은 모수(모평균, 모분산, 모편차, 모상관계수 등)에 대한 정보를 얻기 위한 것이다. 이러한 정보를 얻기 위해 확률표본의 특성을 나타내는 표본평균, 표본분산, 표본편차, 표본상관계수 등을 이용하는데 이렇게 확률표본으로 나타내어지는 확률변수들을 **통계량**(statistic)이라 한다.[1] 측정에 의하여 구한 통계량의 값은 **통계값**이라 한다.

가장 많이 쓰이는 대표적인 통계량은 표본의 중심위치를 나타내는 표본평균, 표본의 산포도를 나타내는 표본분산이다.

5.1.2 표본평균

일반적으로 통계량은 대문자로 나타내고 통계값은 소문자로 나타낸다. 예를 들어 크기 n인 확률표본 $X_1, X_2, \cdots, X_n$에 대해서 **표본평균**(sample mean)을 다음과 같이 정의한다.

$$\overline{X} = \frac{X_1 + X_2 + \cdots + X_n}{n}$$

크기가 n인 표본을 추출하여 관찰한 값이 각각 $X_1 = x_1,\ X_2 = x_2,\ \cdots,\ X_n = x_n$일 때 표본평균값은 다음과 같이 나타낸다.

$$\overline{x} = \frac{x_1 + x_2 + \cdots + x_n}{n}$$

보기 1

항아리 속에 5개의 구슬이 들어 있고 각 구슬에 1, 2, 3, 4, 5가 적혀 있다면 항아리에서 하나의 구슬을 뽑을 때 상태공간은 $\{1,2,3,4,5\}$이고 모집단의 확률분포표는 다음과 같다.

---

1) 복수의 통계량은 영어로 "statistics"로 통계학의 영어 단어인 "statistics"과 같지만 지칭하는 뜻이 다르므로 주의가 필요하다. 즉, 영어 단어 "statistics"을 통계학으로 옮기는 것이 맞는지, 아니면 통계량으로 옮기는 것이 맞는지는 글의 맥락에 따라 다르다.

k	1	2	3	4	5	합계
$P(X=k)$	0.2	0.2	0.2	0.2	0.2	1

이때 모평균과 모분산은 각각 다음과 같다.

$$\mu=\frac{1}{5}(1+2+3+4+5)=3, \qquad \sigma^2=\frac{1}{5}(1^2+2^2+3^2+4^2+5^2)-3^2=2$$

항아리에서 복원추출로 두 개의 구슬을 꺼내어 첫 번째 구슬의 수를 X_1, 두 번째 구슬의 수를 X_2라 하면 X_1, X_2는 크기가 2인 확률표본이다. 가능한 표본을 모두 나열하여 표본평균 $\overline{X}$를 구하면 다음 표와 같다.

(X_1,X_2)	$\overline{X}$	(X_1,X_2)	$\overline{X}$
(1,1)	1	(3,4)	3.5
(1,2)	1.5	(3,5)	4
(1,3)	2	(4,1)	2.5
(1,4)	2.5	(4,2)	3
(1,5)	3	(4,3)	3.5
(2,1)	1.5	(4,4)	4
(2,2)	2	(4,5)	4.5
(2,3)	2.5	(5,1)	3
(2,4)	3	(5,2)	3.5
(2,5)	3.5	(5,3)	4
(3,1)	2	(5,4)	4.5
(3,2)	2.5	(5,5)	5
(3,3)	3		

$\overline{X}$는 1부터 5까지 0.5 간격의 값을 가지며 각 순서쌍은 모두 같은 확률 $\frac{1}{25}$을 가지므로 확률분포는 다음과 같다.

$\overline{X}$	1	1.5	2	2.5	3	3.5	4	4.5	5
$P(\overline{X}=k)$	$\frac{1}{25}$	$\frac{2}{25}$	$\frac{3}{25}$	$\frac{4}{25}$	$\frac{5}{25}$	$\frac{4}{25}$	$\frac{3}{25}$	$\frac{2}{25}$	$\frac{1}{25}$

이 표로부터 표본평균 $\overline{X}$의 평균과 분산을 정의를 이용하여 구하면 다음과 같다.

$$E(\overline{X})=1\cdot\frac{1}{25}+1.5\cdot\frac{2}{25}+2\cdot\frac{3}{25}+\cdots+5\cdot\frac{1}{25}=3$$

$$Var(\overline{X}) = 1^2 \cdot \frac{1}{25} + 1.5^2 \cdot \frac{2}{25} + 2^2 \cdot \frac{3}{25} + \cdots + 5^2 \cdot \frac{1}{25} - 3^2 = 1$$

모평균 μ, 모분산 σ^2과 비교하면 다음 결과가 성립한다.

$$E(\overline{X}) = 3 = \mu, \qquad Var(\overline{X}) = 1 = \frac{\sigma^2}{2}$$

표본평균의 기댓값과 분산은 표본분포를 구하지 않아도 기댓값의 덧셈법칙과 분산의 덧셈법칙에서 쉽게 구할 수 있다. 다시 말해서, 모평균이 μ, 모분산이 σ^2인 모집단에서 추출한 확률표본 $X_1, X_2, \cdots, X_n$의 표본평균의 기댓값은 기댓값의 덧셈법칙에 의하여 다음과 같다.

$$\begin{aligned} E(\overline{X}) &= E\left(\frac{X_1 + X_2 + \cdots + X_n}{n}\right) = \frac{1}{n}(E(X_1) + E(X_2) + \cdots + E(X_n)) \\ &= \frac{1}{n}(\mu + \mu + \cdots + \mu) = \mu \end{aligned}$$

마찬가지로 $X_1, X_2, \cdots, X_n$이 독립이고 같은 분포를 따르므로 분산의 덧셈법칙에 의하면 다음 결과를 얻는다.

$$\begin{aligned} Var(\overline{X}) &= Var\left(\frac{X_1 + X_2 + \cdots + X_n}{n}\right) \\ &= \frac{1}{n^2}(Var(X_1) + Var(X_2) + \cdots + Var(X_n)) \\ &= \frac{1}{n^2}(\sigma^2 + \sigma^2 + \cdots + \sigma^2) = \frac{\sigma^2}{n} \end{aligned}$$

표본평균의 기댓값과 분산

모평균이 μ, 모분산이 σ^2인 모집단에서 확률표본 $X_1, X_2, \cdots, X_n$의 표본평균

$$\overline{X} = \frac{X_1 + X_2 + \cdots + X_n}{n}$$

의 기댓값과 분산은 각각 다음과 같다.

$$E(\overline{X}) = \mu, \quad Var(\overline{X}) = \frac{\sigma^2}{n}$$

표본평균의 기댓값은 표본의 크기와 상관없이 항상 모평균과 같지만 분산은 모분산을 표본의 크기 n으로 나눈 값이다. 이는 $\overline{X}$가 모평균 μ를 중심으로 분포하며 산포의 정도는 표본의 크기가 커짐에 따라 감소함을 의미한다. 따라서 n이 커지면 표본평균은 모평균 근방에 집중하는 분포를 보인다.

다음 그림은 **보기 1**의 경우 표본의 크기에 따른 표본평균의 확률질량함수를 그린 것이다.

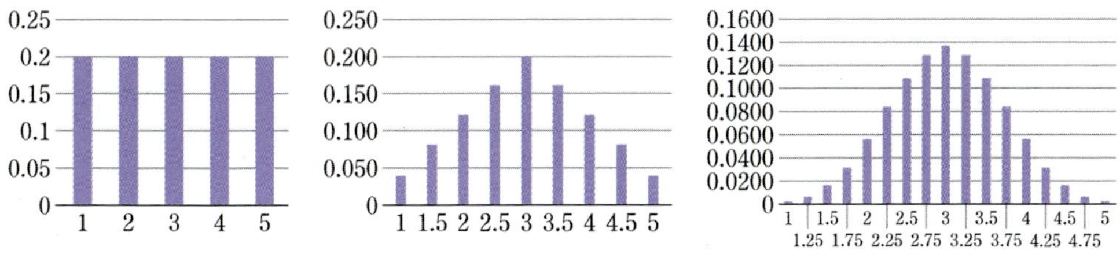

$n=1$ $\qquad$ $n=2$ $\qquad$ $n=4$

정규모집단의 표본평균

모집단이 평균 μ, 분산 σ^2인 정규분포를 따를 때 크기가 n인 확률표본 $X_1, X_2, \cdots, X_n$의 표본평균

$$\overline{X} = \frac{X_1 + X_2 + \cdots + X_n}{n}$$

에 대하여 $E(\overline{X}) = \mu$, $Var(\overline{X}) = \frac{\sigma^2}{n}$이다. $X_1, X_2, \cdots, X_n$은 독립이므로 $\overline{X}$은 평균이 μ이고 분산이 $\frac{\sigma^2}{n}$인 정규분포를 따른다.

$$\overline{X} \sim N\left(\mu, \frac{\sigma^2}{n}\right)$$

이를 표준화하면 다음과 같이 나타낼 수 있다. 이때 $S_n = X_1 + X_2 + \cdots + X_n$이다.

$$\frac{\overline{X} - \mu}{\sigma / \sqrt{n}} \sim N(0,1) \text{ 또는 } \frac{S_n - n\mu}{\sqrt{n}\,\sigma} \sim N(0,1)$$

표본평균의 분포

평균이 μ이고 분산이 σ^2인 정규모집단에서 추출한 크기가 n인 확률표본 $X_1, X_2, \cdots, X_n$의 표본평균 $\overline{X}$는 다음 성질을 가진다.

- $\overline{X} \sim N\left(\mu, \dfrac{\sigma^2}{n}\right)$
- $\dfrac{\overline{X}-\mu}{\sigma/\sqrt{n}} = \dfrac{S_n - n\mu}{\sqrt{n}\,\sigma} \sim N(0,1)$

보기 2

모분산 σ^2이 알려진 정규모집단 $N(\mu, \sigma^2)$에서 크기가 n인 표본을 추출하였을 때 표본평균 $\overline{X}$와 μ의 차가 $\dfrac{\sigma}{5}$보다 작을 확률을 $n=25$, $n=100$일 때 각각 구하시오.

풀이

$Z = \dfrac{\overline{X}-\mu}{\sigma/\sqrt{n}} \sim N(0,1)$이므로 $n=25$일 때

$$P\left(|\overline{X}-\mu| < \frac{\sigma}{5}\right) = P\left(\frac{|\overline{X}-\mu|}{\sigma/\sqrt{25}} < \frac{\sigma/5}{\sigma/\sqrt{25}}\right) = P(|Z|<1)$$
$$= \Phi(1) - \Phi(-1) = 2\Phi(1) - 1$$
$$= 2 \cdot 0.8413 - 1 = 0.6826$$

이다. $n=100$이면 결과는 다음과 같다.

$$P\left(|\overline{X}-\mu| < \frac{\sigma}{5}\right) = P\left(\frac{|\overline{X}-\mu|}{\sigma/\sqrt{100}} < \frac{\sigma/5}{\sigma/\sqrt{100}}\right) = P(|Z|<2)$$
$$= \Phi(2) - \Phi(-2) = 2\Phi(2) - 1$$
$$= 2 \cdot 0.9772 - 1 = 0.9544$$

보기 2에서 보았듯이 표본의 크기가 커질수록 평균 근처에 집중도가 높아진다. 다음 그림은 모집단이 표준정규분포를 따를 때 표본의 크기에 따라 표본평균의 확률밀도함수를 나타낸 것이다.

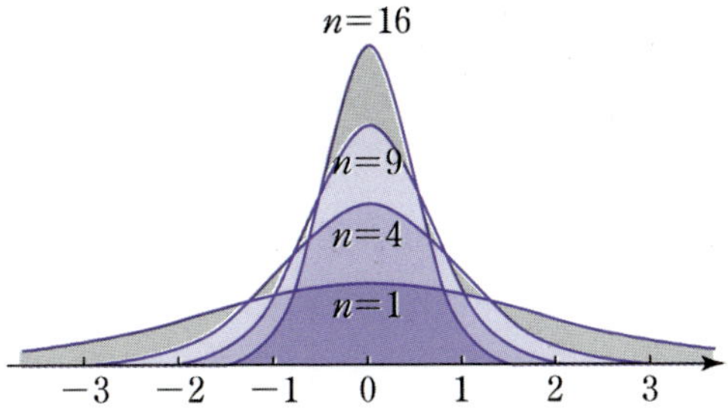

보기 3

어느 건물에 설치된 17인용 엘리베이터는 1150kg 이상이면 문이 닫히지 않는다. 사람들의 평균체중이 65kg, 표준편차가 15kg인 정규분포를 따른다고 한다. 17명이 탔을 때 엘리베이터 문이 닫히지 않을 확률을 구하시오.

풀이

엘리베이터에 탄 사람들의 체중의 합을 S_{17}, 이 사람들의 평균체중을 $\overline{X}$라 하면

$$E(S_{17}) = 17 \cdot 65 = 1105,\ Var(S_{17}) = 17 \cdot 15^2$$

이므로 $Z = \dfrac{S_{17} - 1105}{15\sqrt{17}} \sim N(0,1)$이고

$$\begin{aligned} P(S_{17} \geq 1150) &= P\left(\frac{S_{17} - 1105}{15\sqrt{17}} \geq \frac{1150 - 1105}{15\sqrt{17}}\right) \\ &= P(Z \geq 0.73) = 0.2327 \end{aligned}$$

이다. 따라서 17명이 탔을 때 엘리베이터 문이 닫히지 않을 확률은 23.27%이다.

5.1.3 큰 수의 법칙

$X_1, X_2, \cdots, X_n$이 평균이 μ이고 분산이 σ^2인 확률표본이라 하자.

$$E(X_k) = E(X_1) = \mu, \qquad Var(X_k) = Var(X_1) = \sigma^2, (k = 1, 2, \cdots, n)$$

$\overline{X}_n = \dfrac{1}{n}(X_1 + X_2 + \cdots + X_n)$이라 하면

$$E(\overline{X}_n) = \mu, \qquad Var(\overline{X}_n) = \frac{\sigma^2}{n}$$

이고 이 결과를 양의 상수 ϵ에 대하여 체비쇼프 부등식에 대입하면 다음 결과를 얻는다.

$$P(|\overline{X}_n - \mu| \ge \epsilon) \le \frac{1}{\epsilon^2} V(\overline{X}_n) = \frac{1}{\epsilon^2}\frac{\sigma^2}{n}$$

따라서

$$\lim_{n \to \infty} P(|\overline{X}_n - \mu| \ge \epsilon) = 0$$

이 성립하는데 이 결과를 **큰 수의 법칙**(law of large number)이라 한다.[2)]

큰 수의 법칙

$X_1, X_2, \cdots, X_n$이 독립이고 모두 같은 확률분포를 갖는다고 하자.

$Var(X_1) < \infty$이면 $X_1, X_2, \cdots, X_n$의 평균 $\overline{X}_n = \dfrac{1}{n}(X_1 + X_2 + \cdots + X_n)$와 임의의 양수 $\epsilon > 0$에 대하여 다음 결과가 성립한다.

$$\lim_{n \to \infty} P(|\overline{X}_n - \mu| \ge \epsilon) = 0$$

2) 엄밀하게 말하면 **큰 수의 약법칙**(weak law of large numbers)이라 한다.

통계적 확률과 수학적 확률

어떤 시행에서 사건 A가 일어날 (수학적) 확률이 p라 하자. n번의 독립시행에서 사건 A가 일어나는 횟수를 X라 하면 상대도수는 $\frac{X}{n}$이다. $k=1, 2, \cdots, n$에 대하여

$$X_k = \begin{cases} 1, & k\text{번째 시행에서 사건 } A\text{가 발생할 때} \\ 0, & \text{그 이외의 경우} \end{cases}$$

로 정의하면 $X_1, X_2, \cdots, X_n$은 독립이고 같은 분포를 따른다. 상대도수

$$\frac{X}{n} = \frac{1}{n}(X_1 + X_2 + \cdots + X_n)$$

에 대하여 $Var(X_1) = p(1-p) < \infty$이므로 다음 식이 성립한다.

$$\lim_{n\to\infty} P\left(\left|\frac{X}{n} - p\right| \geq \epsilon\right) = 0$$

또는

$$\lim_{n\to\infty} P\left(\left|\frac{X}{n} - p\right| < \epsilon\right) = 1$$

n이 커지면 상대도수는 통계적 확률에 가까워지므로 큰 수의 법칙에 의하여 통계적 확률 $\frac{X}{n}$은 수학적 확률 p에 가까워짐을 알 수 있다.

5.1.4 중심극한정리

이항분포 $Bin(n, p)$를 따르는 확률변수 X는 n이 크고 np와 $n(1-p)$의 값이 적당히 클 때 정규분포 $N(np, np(1-p))$를 근사적으로 따른다[3]. 일반적으로 모평균 μ, 모분산 σ^2인 모집단에서 추출한 확률표본 $X_1, X_2, \cdots, X_n$에 대하여

$$S_n = X_1 + X_2 + \cdots + X_n$$

3) **3.5**절 드므와브르 라플라스 정리

이라 하면

$$E(S_n) = n\mu, \quad Var(S_n) = n\sigma^2$$

이고 S_n은 근사적으로 정규분포를 따른다.

$$S_n \approx N(n\mu, n\sigma^2) \text{ 또는 } \overline{X} \approx N\left(\mu, \frac{\sigma^2}{n}\right)$$

따라서 표본평균을 표준화하면 다음 결과를 얻는다.

$$\frac{\overline{X} - \mu}{\sigma / \sqrt{n}} \approx N(0,1)$$

이처럼 모집단이 정규분포를 따르지 않는 경우에도 표본의 크기가 커지면 표본평균의 분포는 정규분포와 비슷해지는 결과를 **중심극한정리**(Central Limit Theorem)라 한다.

중심극한정리

모평균 μ, 모분산 σ^2인 모집단에서 추출한 확률표본 $X_1, X_2, \cdots, X_n$의 표본평균 $\overline{X}$에 대하여

$$Z = \frac{\overline{X} - \mu}{\sigma / \sqrt{n}}$$

은 n이 크면 근사적으로 표준정규분포 $N(0,1)$을 따른다. 다시 말해서 Φ가 표준정규분포함수일 때 임의의 실수 z에 대하여 다음 근사식이 성립한다.

$$P\left(\frac{\overline{X} - \mu}{\sigma / \sqrt{n}} \le z\right) \approx \Phi(z)$$

중심극한정리는 독립이고 동일한 분포를 따르는 확률변수들의 합, 또는 평균에 대한 근삿값을 계산하는 방법을 제공한다. 뿐만 아니라 자연현상이나 경제현상 등에서 관찰되는 수많은 데이터들이 종 모양의 정규분포를 따른다는 사실에 대한 이론적 뒷받침을 제공한다.

중심극한정리 적용에 필요한 표본의 크기 n에 대한 기준은 정확히 주어진 것이 없다. 모집단이 어떤 분포를 따르느냐에 따라 차이가 있을 수 있지만 일반적으로 표본의 크기가 30 이상이면 정규근사를 사용하는 데에 무리가 없다고 판단한다. 다음 그림은 모수가 1인 지수분포를 따르는 모집단에서 표본의 크기가 각각 1, 20, 80일 때 표본평균의 확률밀도함수를 그린 것이다.

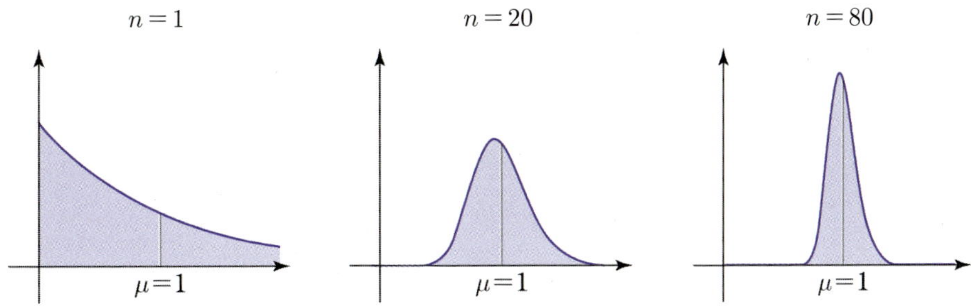

보기 4

어느 도시의 가구당 연소득의 평균은 3600만 원, 표준편차가 2400만 원이다. 이 도시에서 임의로 100가구를 뽑아 평균 연소득 $\overline{X}$를 계산하였다. 100가구의 평균연소득이 4200만 원 이상일 확률을 근사적으로 구하시오. (단, 모든 가구의 연소득은 각각 독립이라 한다.)

풀이

100가구의 평균 연소득(단위 만 원)을 $\overline{X}$라 하면 표본평균의 평균과 표준편차는 각각 3600, $\dfrac{2400}{\sqrt{100}} = 240$이므로 $\dfrac{\overline{X}-3600}{240}$은 근사적으로 표준정규분포를 따른다. 따라서 구하는 확률은 다음과 같다.

$$P(\overline{X} \geq 4200) = P\left(\frac{\overline{X}-3600}{240} \geq \frac{4200-3600}{240}\right)$$
$$\approx P(Z \geq 2.5) = 1 - \Phi(2.5) = 0.0062$$

표본비율의 중심극한정리

모집단의 각 개체를 어떤 특성을 가지느냐 아니냐는 기준에 따라 두 그룹으로 구분할 수 있으면 **이항모집단**(binomial population)이라 한다. 예를 들어 동전을 던지는 시행의 결과는 앞 또는 뒤이고, 신생아는 남·여로, 전자제품은 정상, 불량으로 분류할 수 있다. 모집단 전체에서 어떤 특성을 가지는 개체가 차지하는 비율 p를 **모비율**(population ratio)이라 한다. 모집단에서 추출한 표본에서 특성을 가진 개체가 차지하는 비율을 **표본비율**(sample ratio)이라 하고 $\hat{p}$으로 나타낸다. 확률표본의 크기가 n이고 그중 특성을 가진 개체수가 X이면 표본비율은 다음과 같다.

$$\hat{p} = \frac{X}{n}$$

보기 5

2021년 우리나라 인구는 51,829,023명이고 50세 이하 인구는 30,737,463명이다.[4] 이때 모집단은 우리나라 인구 51,829,023명이고 50세 이하 인구의 모비율은

$$p = \frac{30737463}{51829023} \approx 0.593$$

이다. 1000명을 임의로 추출하여 나이를 조사하였더니 50세 이하가 605명이었다면 표본비율은

$$\hat{p} = \frac{605}{1000} = 0.605$$

이다.

이제 조사하는 특성을 가진 경우를 성공이라 부르기로 하자. 모비율이 p인 이항모집단에서 추출한 크기 n인 확률표본 $X_1, X_2, \cdots, X_n$에 대하여

$$X = X_1 + X_2 + \cdots + X_n$$

는 크기가 n인 표본에서 성공 횟수를 나타내므로 표본비율은 다음과 같이 정의한다.

4) 행정안전부 자료

$$\hat{p} = \frac{X}{n}$$

$X_k, k=1, 2, \cdots, n$은 서로 독립이고 성공확률이 p인 베르누이 시행이므로 X는 모수가 (n,p)인 이항분포를 따른다. X의 평균과 분산은

$$E(X) = np, \quad Var(X) = np(1-p)$$

이므로 표본비율 $\hat{p}$의 평균과 분산은 각각 다음과 같다.

$$E(\hat{p}) = E\left(\frac{X}{n}\right) = \frac{1}{n}E(X) = \frac{np}{n} = p$$

$$Var(\hat{p}) = Var\left(\frac{X}{n}\right) = \frac{1}{n^2}Var(X) = \frac{p(1-p)}{n}$$

표본비율의 평균과 분산

모비율이 p인 이항모집단에서 추출한 크기 n인 확률표본 $X_1, X_2, \cdots, X_n$에 대하여 성공 횟수를 $X = X_1 + X_2 + \cdots + X_n$이라 하면 표본비율 $\hat{p} = \frac{X}{n}$의 평균과 분산은 다음과 같다.

$$E(\hat{p}) = p, \quad Var(\hat{p}) = \frac{p(1-p)}{n}$$

드므와브르 라플라스 정리에 의하면 표본의 크기 n이 크고, p가 너무 작거나 크지 않으면[5] 확률변수 $X = X_1 + X_2 + \cdots + X_n$는 근사적으로 평균이 np, 분산이 $np(1-p)$인 정규분포를 따른다.[6] 따라서 표본비율 $\hat{p} = \frac{X}{n}$은 근사적으로 평균이 p, 분산이 $\frac{p(1-p)}{n}$인 정규분포를 따른다. 또한 $\hat{p}$을 표준화한 변수는 근사적으로 표준정규분포를 따른다.

$$\frac{\hat{p} - p}{\sqrt{p(1-p)/n}} \approx N(0,1)$$

5) 대략 $np \geq 5$, $n(1-p) \geq 5$이면

6) p가 너무 작거나 크면 근사적으로 푸아송 분포를 따른다.

표본비율의 분포

성공 확률이 p인 이항모집단에서 추출한 크기 n인 확률표본 $X_1, X_2, \cdots, X_n$에 대하여 표본비율 $\hat{p} = \frac{X}{n}(X = X_1 + X_2 + \cdots + X_n)$는 근사적으로 정규분포를 따른다.

$$Z = \frac{X - np}{\sqrt{np(1-p)}} = \frac{\hat{p} - p}{\sqrt{p(1-p)/n}} \approx N(0,1)$$

보기 6

어떤 농장에서 생산하는 제품의 20%가 특상품으로 분류된다고 한다. 100개의 제품을 임의로 추출하였을 때 특상품의 비율이 19% 이상 22% 이하일 확률을 구하시오.

풀이

모비율은 $p = \frac{1}{5}$이고

$$np = 100 \cdot \frac{1}{5} = 20 > 5, \ \ n(1-p) = 100 \cdot \frac{4}{5} = 80 > 5$$

이므로 표본비율 $\hat{p}$은 근사적으로 정규분포를 따르며 평균과 분산은 각각 다음과 같다.

$$E(\hat{p}) = p = \frac{1}{5}$$

$$Var(\hat{p}) = \frac{p(1-p)}{n} = \frac{\frac{1}{5} \cdot \frac{4}{5}}{100} = \frac{4}{2500} = \left(\frac{1}{25}\right)^2$$

따라서 $\frac{\hat{p} - 0.2}{\sqrt{\frac{4}{2500}}} = 25(\hat{p} - 0.2) \approx N(0,1)$이고 구하는 확률은 다음과 같다.

$$\begin{aligned} P(0.19 \le \hat{p} \le 0.22) &\approx P(25(0.19 - 0.2) \le Z \le 25(0.22 - 0.2)) \\ &= P(-0.25 \le Z \le 0.5) = \Phi(0.5) - (1 - \Phi(0.25)) \\ &= 0.6915 - (1 - 0.5987) = 0.2902 \end{aligned}$$

연습문제 5.1

01 모집단 $\{1,2,3,4\}$에서

(a) 임의로 하나를 꺼낸 수를 X라 할 때 X의 평균과 분산을 구하시오.

(b) 2개의 표본 X_1, X_2를 비복원추출로 추출하였다. 표본평균 $\overline{X} = \dfrac{X_1 + X_2}{2}$의 확률분포, 평균, 분산을 구하시오.

02 확률질량함수가 $p(x) = \dfrac{1}{4},\ x = 1,2,3,4$인 무한모집단에서 크기가 2인 표본을 임의추출하였을 때 다음을 구하시오.

(a) 표본평균 $\overline{X}$의 확률질량함수 $p_{\overline{X}}(x)$

(b) 표본평균의 기댓값 $E(\overline{X})$과 분산 $Var(\overline{X})$

03 확률질량함수가 $p(0) = 0.4,\ p(1) = 0.6$인 모집단에서 복원추출로 크기가 2인 표본을 추출하였을 때 다음을 구하시오.

(a) 표본평균 $\overline{X}$의 확률질량함수 $p_{\overline{X}}(x)$

(b) 표본평균 $\overline{X}$의 $E(\overline{X})$과 분산 $Var(\overline{X})$

04 확률분포가 $N(5, 4)$를 따르는 모집단에서 크기 25인 표본을 임의추출하였을 때

(a) $\overline{X}$의 기댓값과 분산을 구하시오.

(b) $\overline{X}$의 확률분포를 구하시오.

(c) $P(4 \le \overline{X} \le 6)$을 구하시오.

05 어느 공장에서 생산하는 LED의 수명은 평균이 600일이고 분산이 30^2인 정규분포를 따른다. 이 공장에서 만든 제품 중에서 임의로 표본 25개를 뽑아 평균수명을 조사할 때 평균수명이 612일 이상일 확률을 구하시오.

06 총 20만 명이 응시한 시험의 점수는 평균이 68점, 표준편차가 12인 정규분포를 따른다고 한다. 표본 크기가 다음과 같을 때 표본평균 $\overline{X}$의 평균과 표준편차를 구하시오.

(a) 9 (b) 25 (c) 100

07 모평균이 19.5이고 모분산이 25인 모집단에서

(a) 크기가 100인 확률표본을 추출하였을 때 표본평균이 19와 20 사이에 있을 확률을 구하시오.

(b) 크기가 400인 확률표본을 추출하였을 때 표본평균이 19와 20 사이에 있을 확률을 구하시오.

08 주사위를 n번 던져 나온 눈의 수의 합을 S_n이라 하자.

(a) S_1의 확률분포, 평균, 분산을 구하시오.

(b) S_2의 확률분포, 평균, 분산을 구하시오.

(c) S_{105}의 평균과 분산을 구하시오.

(d) $P(S_{105} \geq 400)$을 근사적으로 구하시오.

09 천문학자가 어떤 별까지의 거리(단위: 광년)를 측정하려 한다. 여러 가지 이유로 측정할 때마다 거리는 다른 값으로 주어지는데 모평균이 μ, 모표준편차가 0.04인 정규분포를 따른다고 한다. 9번을 관측한 결과의 표본평균과 모평균의 차이가 0.02 이내일 확률을 구하시오.

10 어느 담배 회사의 담배 한 개비에는 평균 2.3mg, 표준편차 0.5mg의 니코틴이 들어 있다고 회사 관계자는 주장한다. 그러나 무작위로 선택한 100개비에는 평균 2.45mg의 니코틴이 들어 있었다. 회사의 주장이 참이라고 할 때 표본평균이 2.45mg 이상일 확률을 근사적으로 구하시오.

11 어느 다리를 지나는 차들의 무게는 평균 1.19(단위: 톤)이고 분산이 0.0025(단위: 톤^2)인 정규분포를 따른다. 다리에 구조적인 손상을 초래하지 않고 지탱할 수 있는 무게가 120톤이라 한다. 다리 위에 100대의 차량이 있을 때 구조적인 손상이 생길 확률을 구하시오.

12 공정한 동전을 앞면이 100번 나올 때까지 던진 횟수를 X라 하자.

(a) X가 220 이하일 확률을 구하시오.

(b) X가 220 이하일 확률을 정규근사를 이용하여 구하시오.

13 어느 공장에서 생산되는 반도체의 품질은 독립적이며 불량일 확률은 0.05라고 한다. 400개의 제품으로 이루어진 확률표본을 조사할 경우 불량품이 15개 이하일 확률을

(a) 이항분포를 이용하여 구하시오.

(b) 정규근사를 이용하여 구하시오.

(c) 연속성 수정을 하고 정규근사를 이용하여 구하시오.

14 어느 대통령 후보는 자신의 지지율이 50%라고 주장한다. 이 후보의 주장이 참이라고 하면 임의로 추출한 1000명의 유권자를 대상으로 지지율을 조사하였을 때 지지율이 47% 이상 53% 이하일 확률을 구하시오.

(15 ~ 17) 기록에 의하면 비행 당일 No-Show(취소 없이 비행기에 탑승하지 않는 고객) 비율이 10%라 한다. 300명이 탑승하는 비행기에 330명에게 탑승권을 발급하였다고 한다.

15 좌석이 부족하지 않을 확률을 다음과 같이 구하시오.

(a) 이항분포를 이용하여

(b) 정규근사를 이용하여(연속성 수정)

16 빈 좌석이 10개 이하일 확률을 문제 **15**와 같이 구하시오.

17 좌석이 모자라지 않으면서 빈자리가 10개 이하일 확률을 문제 **15**와 같이 구하시오.

18 어떤 TV 특집 프로그램의 시청률이 15%라 한다. 전국에서 500명을 임의로 추출하여 시청 여부를 조사하였을 때 시청하고 있는 사람의 수를 X라 하자.

(a) X의 확률분포, 평균, 분산을 구하시오.

(b) $\hat{p} = \dfrac{X}{500}$의 평균과 분산을 구하시오.

(c) $P(\hat{p} \le 0.17)$을 구하시오.

(d) $P(\hat{p} \le 0.17)$을 정규분포를 이용하여 근사적으로 구하시오.

[19 ~ 21] 다음 표는 30세 이상 성인을 대상으로 만성질환 유병률을 성별로 정리한 것이다.[7]

	비만	고혈압	고지혈증	당뇨
전체	35.6%	27.2%	22.3%	11.8%
남성	43.1%	31.1%	21.0%	14.0%
여성	27.4%	23.1%	22.8%	9.5%

19 30세 이상의 남성 100명을 임의로 선택하였을 때

(a) 비만인 인원을 X라 할 때 평균과 분산, 표준편차를 구하시오.

(b) 이들 중 비만인 사람이 40명 이하일 확률을 구하시오.

20 30세 이상의 여성 200명을 임의로 선택하였을 때 다음 확률을 근사적으로 구하시오.

(a) 이들 중 고지혈증인 인원을 X라 할 때 평균과 분산, 표준편차를 구하시오.

(b) 이들 중 고지혈증인 사람이 50명 이상일 확률을 구하시오.

21 30세 이상의 성인 400명을 임의로 선택하였을 때

(a) 이들 중 고혈압인 인원을 X라 할 때 평균과 분산, 표준편차를 구하시오.

(b) 이들 중 고혈압인 사람이 100명 이상일 확률을 구하시오.

---

7) 통계청 2019년 국민건강영양조사

5.2 표본분산

5.2.1 표본분산의 기댓값은 모분산이다.

모평균이 μ, 모분산이 σ^2인 모집단에서 확률표본 $X_1, X_2, \cdots, X_n$의 표본평균을 $\overline{X}$라 할 때 다음과 같이 정의되는 통계량을 **표본분산**(sample variance)이라 한다.

$$S^2 = \frac{1}{n-1}\sum_{k=1}^{n}(X_k - \overline{X})^2$$

표본분산의 제곱근 $S = \sqrt{S^2}$은 **표본표준편차**(sample standard deviation)라 한다.

정의 표본분산과 표본표준편차

모평균이 μ, 모분산이 σ^2인 모집단에서 확률표본 $X_1, X_2, \cdots, X_n$을 추출하였을 때

$$S^2 = \frac{1}{n-1}\sum_{k=1}^{n}(X_k - \overline{X})^2, \qquad S = \sqrt{S^2}$$

을 각각 표본분산, 표본표준편차로 정의한다.

이제 S^2의 정의가 어떤 의미를 가지는지 살펴보기로 한다.[8] 임의의 수 $x_1, x_2, \cdots, x_n$과 이들의 산술평균 $\overline{x} = \frac{1}{n}\sum_{k=1}^{n}x_k$에 대하여

$$\sum_{k=1}^{n}(x_k - \overline{x})^2 = \sum_{k=1}^{n}x_k^2 - n(\overline{x})^2$$

---

8) 왜 n으로 나누지 않고 $(n-1)$로 나눌까?

이 성립하므로 표본분산에 대한 다음 등식을 얻는다.

$$(n-1)S^2 = \sum_{k=1}^{n}(X_k - \overline{X})^2 = \sum_{k=1}^{n} X_k^2 - n(\overline{X})^2$$

양변에 기댓값을 취하면

$$\begin{aligned}(n-1)E(S^2) &= E\left(\sum_{k=1}^{n} X_k^2\right) - nE(\overline{X}^2) \\ &= nE(X_1^2) - nE(\overline{X}^2)\end{aligned}$$

이고 임의의 확률변수 X에 대하여 성립하는 관계식

$$E(X^2) = Var(X) + (E(X))^2$$

을 이용하면

$$E(\overline{X}^2) = Var(\overline{X}) + [E(\overline{X})]^2 = \frac{\sigma^2}{n} + \mu^2$$

이다. 따라서 다음 식이 성립한다.

$$\begin{aligned}(n-1)E(S^2) &= nE(X_1^2) - nE(\overline{X}^2) \\ &= n(\sigma^2 + \mu^2) - n\left(\frac{\sigma^2}{n} + \mu^2\right) \\ &= (n-1)\sigma^2\end{aligned}$$

즉, 표본분산의 기댓값 $E(S^2)$은 모분산 σ^2이다.[9)]

표본분산 S^2의 성질

S^2의 기댓값은 모분산이다. $(E(S^2) = \sigma^2)$

9) 이러한 성질을 가지는 통계량을 **불편추정량**이라 한다. 즉, S^2은 σ^2의 불편추정량이다.

5.2.2 카이제곱분포

표본분산 S^2의 분포는 카이제곱분포와 밀접하게 연관되어 있다.

정의 카이제곱분포

표준정규분포를 따르는 확률변수 $Z_1, Z_2, \cdots, Z_n$이 독립일 때

$$V = Z_1^2 + Z_2^2 + \cdots + Z_n^2$$

로 정의되는 확률변수 V를 **자유도**(degree of freedom, df)가 n인 **카이제곱분포**(chi-square distribution)를 따른다고 하고 다음과 같이 표시한다.

$$V \sim \chi^2(n)$$

NOTE 표현의 편의상 자유도가 n인 카이제곱분포를 따르는 확률변수 V를 $\chi^2(n)$로 나타내기도 한다.

V가 자유도가 n인 카이제곱분포를 따를 때 $\alpha\,(0 < \alpha < 1)$에 대하여 $\chi^2_\alpha(n)$을 오른쪽 꼬리 확률이 α인 값, 다시 말해서 다음 식을 만족하는 값으로 정의한다.

$$P(V \geq \chi^2_\alpha(n)) = \alpha$$

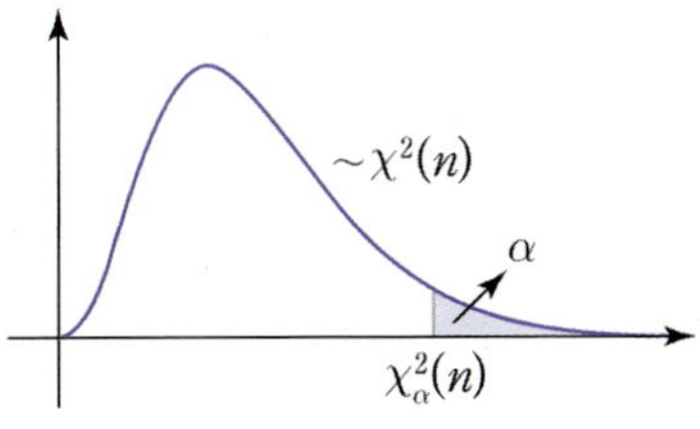

카이제곱분포의 값은 카이제곱분포표를 이용하여 구할 수도 있지만 엑셀을 이용하면 훨씬 다양한 값을 구할 수 있다. 확률변수 V가 자유도가 n인 χ^2-분포를 따를 때 함수 삽입에 입력하는 내용과 그에 따른 출력은 다음과 같다.

함수 삽입에 입력	출력
=CHISQ.DIST(x,n,1)	$P(V \leq x)$
=CHISQ.DIST(x,n,0)	확률밀도함수의 값 $f(x)$
=CHISQ.INV(α, n)	$P(V \leq x) = \alpha$인 x의 값

예를 들어 자유도가 9인 카이제곱분포를 따르는 확률변수 $V = \chi^2(9)$에 대하여

- V가 17보다 작을 확률은 =CHISQ.DIST(17,9,1) 이다.

$$P(\chi^2(9) \leq 17) = \text{CHISQ.DIST}(17,9,1) = 0.9513$$

- V가 x보다 작을 확률이 0.05인 값 x CHISQ.INV(0.05, 9) = 3.325

$$P(\chi^2(9) \leq 3.325) = 0.05$$

- 명령어 뒤에 .RT[10)]를 추가하면 부등호의 방향이 바뀐 값이 구해진다.

$$\text{=CHISQ.DIST.RT}(17,9) = P(\chi^2(9) \geq 17)$$

- V가 x보다 클 확률이 0.05인 값 x= =CHISQ.INV.RT(0.05, 9) = 16.9190

$$P(\chi^2(9) \geq 16.9190) = 0.05$$

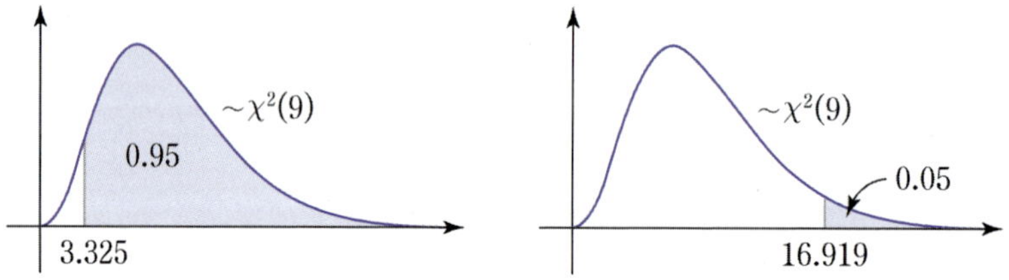

명령어 뒤에 .RT를 추가하면 부등호의 방향이 바뀐 값이 구해지므로

$\chi^2_{1-\alpha}(n)$은 =CHISQ.INV(α, n),

$\chi^2_{\alpha}(n)$은 =CHISQ.INV.RT(α, n)

10) RT는 right-tailed의 약자이다.

을 입력하면 구할 수 있다. 또한 다음 관계식이 성립한다.

$$\text{CHISQ.DIST.RT}(x,n) = 1-\text{CHISQ.DIST}(x,n,1)$$
$$\text{CHISQ.INV.RT}(\alpha,n) = \text{CHISQ.INV}(1-\alpha,n)$$

보기 1

독립인 두 확률변수 X, Y가 각각 자유도 4, 7인 카이제곱분포를 따른다. 다음 값을 구하시오.

(a) $P(X \leq 3)$

(b) $P(Y \geq 3)$

(c) $P(X > x) = 0.05$인 x값

(d) $P(Y < x) = 0.05$인 x값

풀이

(a) 엑셀에서 =CHISQ.DIST(3,4,1)을 입력하면 $P(X \leq 3) = 0.4422$이다.

(b) =CHISQ.DIST(3,7) = 0.1150이므로

$P(Y \geq 3) = 1 - P(Y \leq 3) = 0.8850$이다.

(c) 오른쪽 꼬리 확률이 0.05인 값 x를 구해야 한다.

$$P(X > x) = 0.05$$

$P(X \leq x) = 0.95$이므로 엑셀에서 =CHISQ.INV(0.95,4)를 입력하면 $x = 9.4877$이다.

(d) 오른쪽 꼬리 확률이 0.95인 값, 또는 왼쪽 꼬리 확률이 0.05인 값을 구해야 한다.

$$P(Y > x) = 0.95 \text{ 또는 } P(Y < x) = 0.05$$

=CHISQ.INV(0.05,7)을 입력하면 2.1673이므로 $P(Y < 2.1673) = 0.05$이다.

5.2.3 카이제곱분포의 성질

$k=1,2,\cdots,n$에 대하여 $E(Z_k^2)=1$, $Var(Z_k^2)=2$이고[11] $Z_1^2, Z_2^2, \cdots, Z_n^2$은 독립이므로 기댓값의 덧셈법칙과 분산의 덧셈법칙에서 다음 결과를 얻는다.

$$E(V)=n, \quad Var(V)=2n$$

카이제곱분포의 적률생성함수를 구하기 위하여 $Z\sim N(0,1)$일 때 Z^2의 적률생성함수를 구하여 보자.

$$m(t)=E(e^{tZ^2})=\frac{1}{\sqrt{2\pi}}\int_{-\infty}^{\infty}e^{tx^2}e^{-\frac{x^2}{2}}dx=\frac{1}{\sqrt{2\pi}}\int_{-\infty}^{\infty}e^{-\frac{x^2}{2}(1-2t)}dx$$

이고 $t<\frac{1}{2}$일 때 $\sigma^2=\frac{1}{1-2t}$로 놓으면 $\frac{1}{\sqrt{2\pi}\,\sigma}\int_{-\infty}^{\infty}e^{-\frac{x^2}{2\sigma^2}}dx=1$이므로

$$\begin{aligned}m(t)&=\frac{1}{\sqrt{2\pi}}\int_{-\infty}^{\infty}e^{-\frac{x^2}{2}(1-2t)}dx=\sigma\frac{1}{\sqrt{2\pi}\,\sigma}\int_{-\infty}^{\infty}e^{-\frac{x^2}{2\sigma^2}}dx\\&=\sigma=(1-2t)^{-\frac{1}{2}}\end{aligned}$$

이다. 확률변수 $Z_1, Z_2, \cdots, Z_n$이 독립이므로 자유도가 n인 카이제곱분포의 적률생성함수는 다음과 같다.

$$m_X(t)=E(e^{t(Z_1^2+\cdots+Z_n^2)})=E(e^{tZ_1^2})\cdots E(e^{tZ_n^2})=(1-2t)^{-\frac{n}{2}}$$

카이제곱분포 기댓값과 분산, 적률생성함수

$V\sim\chi^2(n)$일 때

- 평균과 분산: $E(V)=n$, $\quad Var(V)=2n$
- 적률생성함수 $m_X(t)=(1-2t)^{-\frac{n}{2}}$, $\; t<\frac{1}{2}$

11) **3.5**절 연습문제 **19**번 참조

특히 자유도가 2인 카이제곱분포의 적률생성함수는 모수가 1/2인 지수분포의 적률생성함수이다.

$$m_X(t) = \frac{1}{1-2t} = \frac{1/2}{1/2-t}$$

또한 자유도가 n인 카이제곱분포는 모수가 $\left(\frac{n}{2}, \frac{1}{2}\right)$인 감마분포와 같다.[12)]

자유도가 n인 카이제곱분포는 독립이고 동일한 분포를 따르는 n개의 확률변수 Z_k^2의 합이므로 중심극한정리에 의해 n이 커지면 근사적으로 정규분포를 따른다.

$$V \approx N(n,\ 2n) \ \text{또는}\ \frac{V-n}{\sqrt{2n}} \approx N(0,\ 1)$$

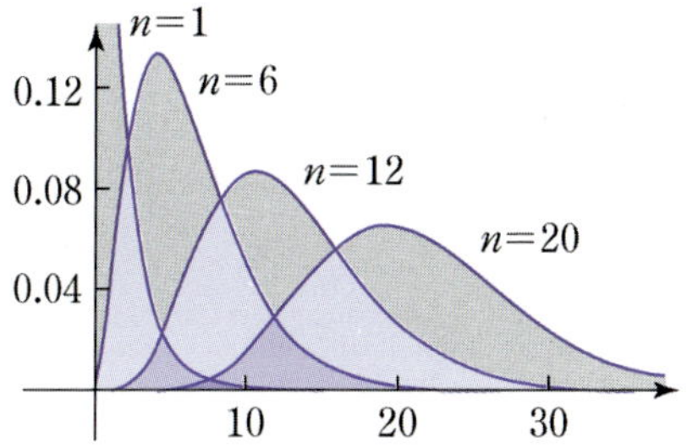

χ_n^2의 확률밀도함수

$V_1,\ V_2$가 서로 독립이고 자유도가 각각 m, n인 카이제곱분포를 따르면 $V_1 + V_2$은 자유도가 $m+n$인 카이제곱분포를 따른다.[13)]

카이제곱분포의 합

> $V_1,\ V_2$가 독립이고 $V_1 \sim \chi^2(m)$, $V_2 \sim \chi^2(n)$이면
>
> $$V_1 + V_2 \sim \chi^2(m+n)$$

12) 증명은 연습문제 **07** 참고

13) 증명은 연습문제 **09** 참고

보기 2

독립인 두 확률변수 X, Y가 각각 자유도 4, 7인 카이제곱분포를 따른다. 다음 값을 구하시오.

(a) $E(X+Y)$ (b) $Var(X+Y)$

(c) $P(X+Y>10)$ (d) $P(X+Y<x)=0.95$인 x값

풀이

$X+Y \sim \chi^2(11)$이므로

(a), (b) $E(X+Y)=11$, $Var(X+Y)=22$

(c) =CHISQ.DIST(10,11,1) $=0.4696$이므로

$$P(X+Y>10)=1-P(X\le 10)=1-0.4696=0.5304$$

(d) =CHISQ.INV(0.95,11) $=19.68$이므로

$$P(X+Y<19.68)=0.95$$

이다.

$X_k\,(k=1,\cdots,n)$가 평균과 분산이 각각 μ_k, σ_k^2인 정규분포를 따르면

$$\frac{X_k-\mu_k}{\sigma_k} \sim N(0,1)$$

이므로 $X_k\,(k=1,\cdots,n)$가 모두 독립이면 확률변수

$$U=\sum_{k=1}^{n}\left(\frac{X_k-\mu_k}{\sigma_k}\right)^2$$

은 자유도가 n인 카이제곱분포를 따른다. 특히 $X_1, X_2, \cdots, X_n$이 독립이고 모두 평균 μ, 분산 σ^2을 가지면

$$U=\sum_{k=1}^{n}\left(\frac{X_k-\mu}{\sigma}\right)^2$$

은 자유도가 n인 카이제곱분포를 따른다.

보기 3

반지름이 각각 $2n(n=1,2,\cdots,10)$cm인 동심원으로 이루어진 과녁이 있다. 이 과녁을 맞추는 양궁에서 가운데 원 안에 들어가면 10점, 하나씩 바깥으로 갈 때 1점씩 감점된다. 동심원의 중심을 원점으로 하여 두 직교좌표축을 잡을 때 각 좌표가 0에서 벗어나는 거리가 각각 평균이 0이고 표준편차가 6(cm)인 정규분포를 따른다고 할 때 8점 이상을 얻을 확률을 구하시오.

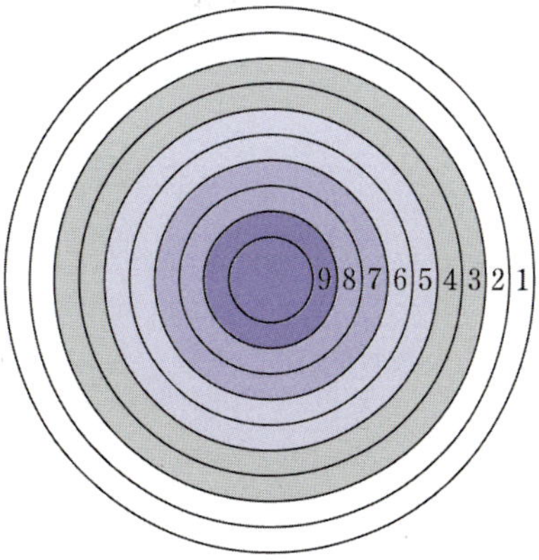

풀이

화살이 과녁에 맞는 자리의 좌표를 (X, Y), 원점과의 거리를 D라 하면

$$D^2 = X^2 + Y^2$$

이다. $Z_1 = \frac{X}{6}$, $Z_2 = \frac{Y}{6}$은 각각 표준정규분포를 따르고 독립이므로

$$Z_1^2 + Z_2^2 = \frac{D^2}{36}$$

은 자유도가 2인 카이제곱분포를 따른다. 8점 이상 얻으려면 $D \le 6$이어야 하므로

$$P(D \le 6) = P(D^2 \le 36) = P\left(\frac{D^2}{36} \le 1\right) = P(\chi^2(2) \le 1) \approx 0.3935$$

이다.

평균이 μ이고 분산이 σ^2인 정규분포를 따르는 모집단에서 크기가 n인 표본을 추출하였을 때 통계학에서 중요한 역할을 하는 통계량

$$\frac{(n-1)S^2}{\sigma^2} = \sum_{k=1}^{n}\left(\frac{X_k - \overline{X}}{\sigma}\right)^2$$

의 분포를 살펴보기로 하자. 이때 S^2은 표본분산 $S^2 = \frac{1}{n-1}\sum_{k=1}^{n}(X_k - \overline{X})^2$이다.

$\sum_{k=1}^{n}(X_k - \overline{X}) = 0$임을 이용하면

$$\begin{aligned}
\sum_{k=1}^{n}(X_k - \mu)^2 &= \sum_{k=1}^{n}[(X_k - \overline{X}) + (\overline{X} - \mu)]^2 \\
&= \sum_{k=1}^{n}(X_k - \overline{X})^2 + \sum_{k=1}^{n}(\overline{X} - \mu)^2 + 2(\overline{X} - \mu)\sum_{k=1}^{n}(X_k - \overline{X}) \\
&= \sum_{k=1}^{n}(X_k - \overline{X})^2 + n(\overline{X} - \mu)^2
\end{aligned}$$

이다. 양변을 σ^2으로 나누면

$$\sum_{k=1}^{n}\left(\frac{X_k - \mu}{\sigma}\right)^2 = \frac{(n-1)S^2}{\sigma^2} + \frac{(\overline{X} - \mu)^2}{\sigma^2/n}$$

$(X_k - \mu)/\sigma,\ k = 1, \cdots, n$은 표준정규분포를 따르고 모두 독립이므로 좌변은 자유도가 n인 카이제곱분포를 따른다.

$$\sum_{k=1}^{n}\left(\frac{X_k - \mu}{\sigma}\right)^2 \sim \chi^2(n)$$

우변의 두 번째 항에서 $(\overline{X} - \mu)/(\sigma/\sqrt{n})$도 표준정규분포를 따르므로 우변의 두 번째 항은 자유도가 1인 카이제곱분포를 따른다. 한편 S^2과 $\overline{X}$은 독립임이 알려져 있다.[14] 따라서 $\frac{(n-1)S^2}{\sigma^2}$은 자유도가 $(n-1)$인 카이제곱분포를 따른다.

---

14) 증명은 이 교재의 수준을 벗어나므로 생략한다.

표본분산의 분포

모평균이 μ, 모분산이 σ^2인 정규모집단에서 확률표본 $X_1, X_2, \cdots, X_n$의 표본분산을 S^2이라 하면 다음 통계량 V는 자유도가 $(n-1)$인 카이제곱분포를 따른다.

$$V = \frac{(n-1)S^2}{\sigma^2} = \sum_{k=1}^{n}\left(\frac{X_k - \overline{X}}{\sigma}\right)^2 \sim \chi^2(n-1)$$

보기 4

초콜릿의 중량은 평균 30g, 표준편차 2g인 정규분포를 따른다고 한다. 12개가 들어 있는 상자에서 표본분산이 8을 초과할 확률을 구하시오. (단, 초콜릿의 중량은 모두 독립이라 가정한다.)

풀이

모분산이 $\sigma^2 = 4$이고 표본의 크기는 $n = 12$이므로 통계량 $V = 11S^2/4$은 자유도가 11인 카이제곱분포를 따른다.

$$P(S^2 > 8) = P\left(\frac{11S^2}{4} > \frac{11 \cdot 8}{4}\right) = P(V > 22)$$

엑셀의 함수 삽입에서 =CHISQ.DIST(22,11,1)을 입력하면 0.9756이므로

$$P(V > 22) = 1 - P(V \le 22) = 1 - 0.9756 = 0.0244$$

를 얻는다.

연습문제 5.2

01 $X \sim \chi^2(k)$일 때 $P(X \le k)$를 구하시오.

(a) $k = 10$ (b) $k = 20$

(c) $k = 40$ (d) $k = 80$

02 다음 값을 구하시오.

(a) $\chi^2_{0.025}(15)$ (b) $\chi^2_{0.01}(7)$

(c) $\chi^2_{0.05}(24)$

03 $V \sim \chi^2(25)$일 때 다음 식을 만족하는 상수 c를 구하시오.

(a) $P(V > c) = 0.01$ (b) $P(V < c) = 0.95$

(c) $P(37.65 < V < c) = 0.045$ (d) $P(c < V < 37.65) = 0.45$

04 분산이 6인 정규모집단으로부터 추출한 크기 25인 확률표본의 표본분산 S^2에 대하여 다음 확률을 구하시오.

(a) $P(S^2 \ge 9.1)$ (b) $P(4 \le S^2 \le 10)$

05 평균이 100이고 표준편차가 4인 정규모집단에서 크기가 10인 확률표본을 추출하였다. 표본분산 S^2이 12보다 클 확률을 구하시오.

06 실내온도가 27도 이상이면 자동으로 작동하도록 설계된 중앙냉방기가 있다. 중앙냉방기가 작동하는 온도는 분산이 σ^2인 정규분포를 따른다. 이 냉방기를 10번 시험할 경우 다음 확률을 구하시오. (단, S^2은 10개 데이터값에 대한 표본분산이다.)

(a) $P(S^2/\sigma^2 \le 1.7)$ (b) $P(0.5 \le S^2/\sigma^2 \le 1.5)$

07 자유도가 n인 카이제곱분포는 모수가 $\left(\frac{n}{2}, \frac{1}{2}\right)$인 감마분포와 같음을 보이시오.

08 X_1, X_2가 서로 독립이고 자유도가 각각 m, n인 카이제곱분포를 따르면 $X_1 + X_2$은 자유도가 $m+n$인 카이제곱분포를 따르는 것을 보이시오.

09 X_1, X_2가 서로 독립이고 X_1은 자유도가 m인 카이제곱분포를 따르고 $Y = X_1 + X_2$은 자유도가 $n(> m)$인 카이제곱분포를 따른다. X_2는 자유도가 $(n-m)$인 카이제곱분포를 따름을 보이시오.

10 동일한 모분산 $\sigma^2 = \sigma_1^2 = \sigma_2^2$을 가지는 독립인 두 정규모집단에서 각각 크기가 n, m인 확률표본을 추출하였을 때 S_1^2, S_2^2을 각 표본분산이라 하자.

$$S_1^2 = \frac{1}{n-1}\sum_{k=1}^{n}(X_k - \overline{X})^2, \qquad S_2^2 = \frac{1}{m-1}\sum_{k=1}^{m}(Y_k - \overline{Y})^2$$

합동표본분산은 $S_p^2 = \dfrac{(n-1)S_1^2 + (m-1)S_2^2}{n+m-2}$으로 정의한다.

$V = \dfrac{(n+m-2)S_p^2}{\sigma^2}$의 분포를 구하시오.

11 독립인 두 정규모집단 $N(5, 16)$, $N(2, 16)$에서 크기가 각각 10, 12인 확률표본을 추출하였다.

(a) $P(S_p^2 > 25)$를 구하시오.

(b) $P(S_p^2 > s_0) = 0.05$인 s_0을 구하여라.

5.3 t-분포와 F-분포

5.3.1 t-분포의 정의

중심극한정리는 유용하기는 하지만 모분산 σ^2이 알려져 있어야 활용이 가능하다. 그러나 실제 모형에서 모분산이 알려져 있는 경우는 극히 드물어서 모분산 대신 통계량인 표본분산 S^2을 사용한다. 이 절에서는 모분산 σ^2이 알려지지 않은 경우 근사적으로 사용할 수 있는 t-분포를 소개한다.

연속확률변수 Z, U가 독립이고 Z는 표준정규분포, U는 자유도가 n인 카이제곱분포를 따를 때 $(Z \sim N(0,1),\ U \sim \chi^2(n))$

$$T_n = \frac{Z}{\sqrt{U/n}}$$

은 자유도가 n인 **t-분포(t-distribution)**를 따른다고 하고 기호

$$T_n \sim t(n)$$

으로 나타낸다. 이 분포는 영국의 William Scaley Gosset(1876~1937)이 Student라는 필명으로 발표한 논문에서 처음 사용하였는데 **Student t-분포**라고도 한다.

정의 t-분포

연속확률변수 Z, U가 독립이고 Z는 표준정규분포, U는 자유도가 n인 카이제곱분포를 따를 때 $(Z \sim N(0,1),\ U \sim \chi^2(n))$

$$T_n = \frac{Z}{\sqrt{U/n}}$$

은 자유도가 n인 t－분포(t－distribution)를 따른다고 하고 기호

$$T_n \sim t(n)$$

으로 나타낸다.

다음 그림은 $n = 1, 5$일 때 t-분포와 표준정규분포의 확률밀도함수의 그래프이다.

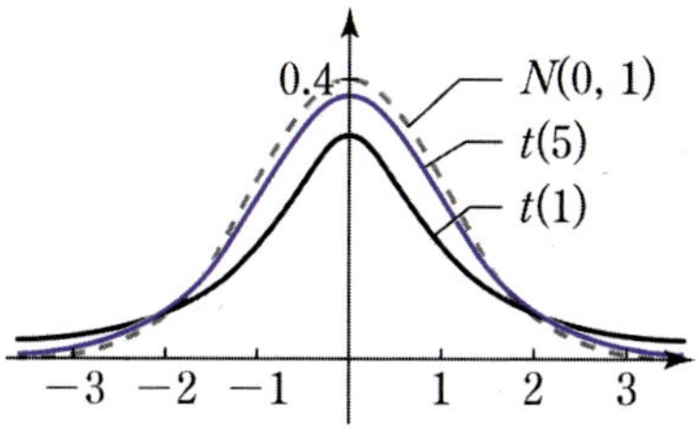

표준정규분포와 마찬가지로 t-분포의 확률밀도함수도 수직축에 대하여 대칭이다. 또한 n이 커짐에 따라 표준정규분포의 확률밀도함수와 비슷해진다. 이 사실은 다음과 같은 관찰에서 추론할 수 있다. $Z_i \sim N(0,1)$, $Z_1, \cdots, Z_n$이 독립이면 큰 수의 법칙에 의하여

$$\frac{U}{n} = \frac{Z_1^2 + \cdots + Z_n^2}{n} \rightarrow E(Z_1^2) = 1$$

이다. 따라서 n이 커질수록 $T_n = \dfrac{Z}{\sqrt{U/n}}$의 분포는 표준정규분포와 비슷해진다.

다음 그림은 자유도 10의 t-분포(실선)와 표준정규분포(점선)의 확률밀도함수를 비교하여 보여주고 있다. t-분포의 꼬리 부분이 표준정규분포보다 약간 두터운데 이는 t-분포가 표준정규분포보다 변동성이 더 크다는 것을 의미한다.

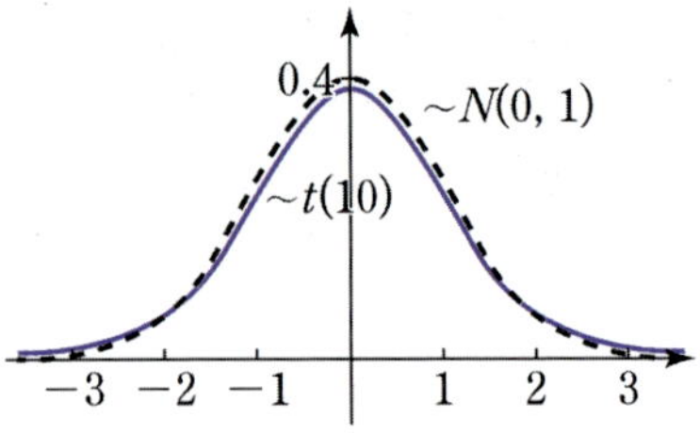

$T_n\,(n \geq 1)$의 평균과 분산은 다음과 같다고 알려져 있다.[15)]

$$E(T_n) = 0, \quad Var(T_n) = \frac{n}{n-2}, \quad n > 2$$

n이 커짐에 따라 분산은 점점 감소하여 표준정규분포의 분산인 1로 수렴한다.

정규모집단에서 추출한 표본 $X_1, X_2, \cdots, X_n$에 대하여 통계량 $(\overline{X} - \mu)/(\sigma/\sqrt{n})$은 표준정규분포를 따른다. 이때 σ를 모르면 통계량

$$T = \frac{\overline{X} - \mu}{S/\sqrt{n}}$$

을 사용한다. 통계량 T는 다음과 같이 나타낼 수 있다.

$$T = \frac{(\overline{X} - \mu)/(\sigma/\sqrt{n})}{\sqrt{S^2/\sigma^2}} = \frac{Z}{\sqrt{V/(n-1)}}$$

이때 $Z = \dfrac{\overline{X} - \mu}{\sigma/\sqrt{n}}$는 표준정규분포를 따르는 확률변수이고 $V = \dfrac{(n-1)S^2}{\sigma^2}$는 자유도가 $(n-1)$인 카이제곱분포를 따르는 확률변수이다. $\overline{X}$와 S^2은 독립이므로 Z와 V도 독립이다. 따라서 T는 자유도가 $(n-1)$인 t-분포를 따른다.

$$T \sim t(n-1)$$

표본의 크기 n이 커지면 S와 σ가 비슷해지는 것이 알려져 있다. 따라서 T는 근사적으로 표준정규분포를 따른다.

$$T = \frac{\overline{X} - \mu}{S/\sqrt{n}} \approx \frac{\overline{X} - \mu}{\sigma/\sqrt{n}} \approx N(0,1)$$

---

15) 증명은 ≪수리통계학≫ 교재 참고

t-분포

$X_1, X_2, \cdots, X_n$이 평균이 μ인 정규모집단에서 추출한 확률표본일 때 표본평균 $\overline{X}$와 표본표준편차 S에 대하여 다음이 성립한다.

$$T = \frac{\overline{X} - \mu}{S / \sqrt{n}} \sim t(n-1)$$

표본의 크기 n이 크면 통계량 T는 근사적으로 표준정규분포를 따른다.

$$T = \frac{\overline{X} - \mu}{S / \sqrt{n}} \approx N(0,1)$$

5.3.2 t-분포값

t-분포는 가설검정에서 중요한 역할을 하는 분포이지만 정규분포와 마찬가지로 기초적인 방법으로 확률을 구하는 것은 불가능하다. T_n이 자유도가 n인 t-분포를 따를 때 $\alpha\,(0 < \alpha < 1)$ 값에 대하여 $t_\alpha(n)$을 오른쪽 꼬리 확률이 α인 값으로 정의한다.

$$P(T_n \geq t_\alpha(n)) = \alpha$$

t-분포의 값은 t-분포표를 이용하여 구할 수도 있지만 엑셀을 이용하면 훨씬 다양한 값을 구할 수 있다. 자유도가 n인 t-분포를 따르는 확률변수 T_n에 대하여 함수 삽입에서 입력에 따른 출력은 다음과 같다.

함수 삽입에 입력	출력
= T.DIST(x,n,1)	$P(T_n \leq x)$
= T.DIST(x,n,0)	T_n의 확률밀도함수의 값 $f(x)$
= T.INV(α, n)	$P(T_n \leq x) = \alpha$인 x의 값

t-분포는 수직축에 대칭이므로 $0 < \alpha < 1$에 대하여 다음 성질이 성립함을 알 수 있다.

$$P(T_n > t_\alpha(n)) = P(T_n < -t_\alpha(n)) = \alpha$$
$$P(|T_n| > t_{\alpha/2}(n)) = \alpha$$

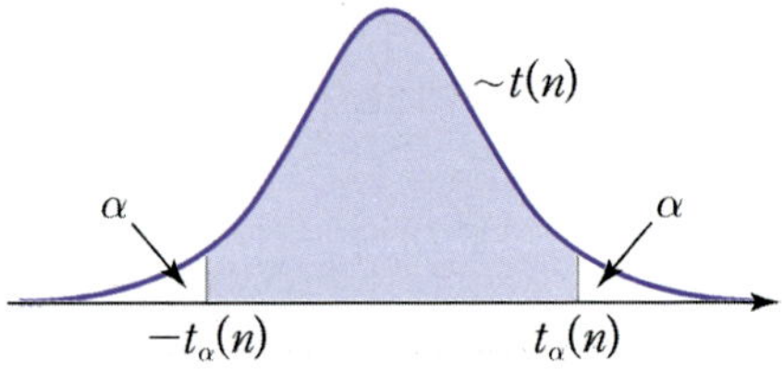

보기 1

다음을 구하시오.

(a) $P(T_{11} \le 1.7)$

(b) $P(T_{15} \ge 1.1)$

(c) $P(T_{17} \le x) = 0.9$인 x

(d) $t_{0.05}(19)$

풀이

(a) 엑셀에서 함수 삽입에 =T.DIST(1.7,11,1)을 입력하면 $P(T_{11} \le 1.7) = 0.9414$이다.

(b) 엑셀에서 함수 삽입에 =T.DIST(1.1,15,1)을 입력하면 $P(T_{15} \le 1.1) = 0.8557$이므로

$P(T_{15} \ge 1.1) = 1 - 0.8557 = 0.1443$이다.

(c) 엑셀에서 함수 삽입에 =T.INV(0.9,17)을 입력하면 1.33을 얻는다.

(d) 엑셀에서 =T.INV(0.95,19)를 입력하면 $P(T_{19} \le x) = 0.95$인 값 $x = 1.73$을 얻는다.

$P(T_{19} \ge t_{0.05}(19)) = 0.05$이므로 $t_{0.05}(19) = 1.73$이다.

5.3.3 F-분포

F-분포(F-distribution)는 두 표본의 분산을 비교하는 데 많이 이용하는 분포이다. 통계량 F는 서로 독립인 두 카이제곱변수를 각각의 자유도로 나눈 비로 정의한다.

정의 F-분포

서로 독립인 확률변수 U, V가 각각 자유도가 n, m인 카이제곱분포를 따른다고 할 때($U \sim \chi^2(n)$, $V \sim \chi^2(m)$) 확률변수

$$F = \frac{U/n}{V/m}$$

을 자유도가 (n,m)인 F-분포를 따른다고 하고 기호로 $F \sim F(n,m)$으로 나타낸다.

NOTE $F \sim F(n,m)$이면 정의로부터

$$\frac{1}{F} = \frac{V/m}{U/n} \sim F(m,n)$$

임을 알 수 있다.

F-분포의 확률밀도함수의 그래프는 자유도 (n,m)에 따라 모양이 달라지는데 대체적으로 왼쪽으로 치우친 모양을 보인다.

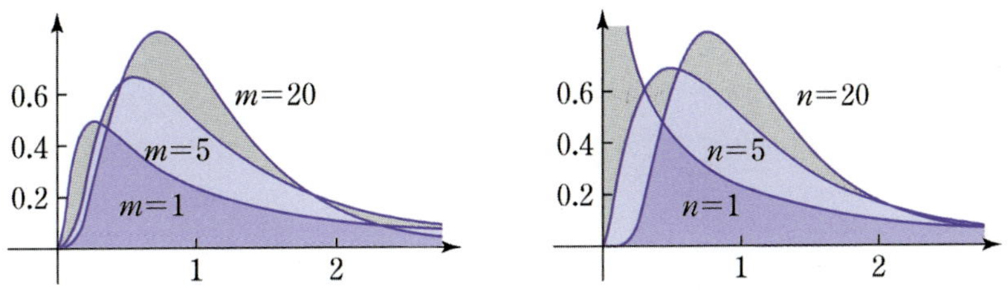

$F(10, m)$의 확률밀도함수 $F(n, 10)$의 확률밀도함수

확률변수 F가 자유도가 (n,m)인 F-분포를 따를 때 $\alpha\,(0<\alpha<1)$ 값에 대하여 $F_\alpha(n,m)$을 오른쪽 꼬리 확률이 α인 값으로 정의한다.

$$P(F \geq F_\alpha(n,m)) = \alpha$$

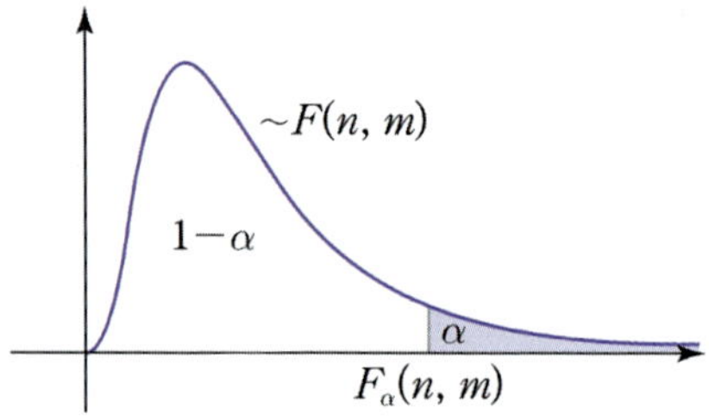

$F \sim F(n,m)$일 때 엑셀에서 입력에 따른 출력은 다음과 같다.

함수 삽입에 입력	출력
= F.DIST$(x,n,m,1)$	$P(F \leq x)$
= F.DIST$(x,n,m,0)$	확률밀도함수의 값 $f(x)$
= F.INV(α,n,m)	$P(F \leq x)=\alpha$인 x의 값$=F_{1-\alpha}(n,m)$

예를 들어 확률변수 F가 자유도가 $(12,9)$인 F-분포를 따를 때 $P(F \leq 2)$의 값은 =F.DIST(2,12,9,1)을 입력하면 0.8481을 구할 수 있다.

$$P(F \leq 2) = 0.8481$$

또한 확률변수 F가 자유도가 $(5,6)$인 F-분포를 따를 때 $P(F \geq x)=0.05$인 x에 대하여 $P(F \leq x)=0.95$이다. =F.INV(0.95,5,6) = 4.3874이므로

$$P(F \geq 4.3874) = 0.05$$

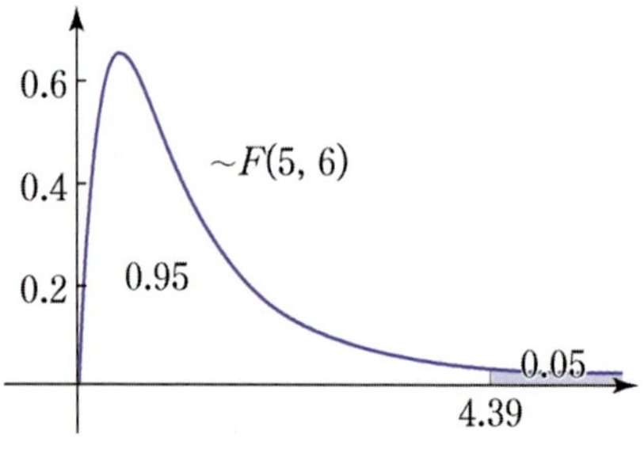

보기 2

확률변수 F가 자유도가 $(10, 19)$인 F-분포를 따를 때 다음을 구하시오.

(a) $P(F \le 2)$ (b) $P(F \ge 1.1)$

(c) $P(F \le x) = 0.95$인 x (d) $F_{0.05}(10, 19)$

풀이

(a) 엑셀에서 함수 삽입에 =F.DIST(2,10,19,1)을 입력하면
$P(F \le 2) = 0.9071$이다.

(b) 엑셀에서 함수 삽입에 =F.DIST(1.1,10,19,1)를 입력하면
$P(F \le 1.1) = 0.5902$이므로

$$P(F \ge 1.1) = 1 - 0.5902 = 0.4098\text{이다.}$$

(c) 엑셀에서 함수 삽입에 =F.INV(0.95,10,19)을 입력하면 2.38을 얻는다.

(d) $P(F \le 2.38) = 0.95$이므로 $P(F \ge 2.38) = 0.05$이다.
따라서 $F_{0.05}(10,19) = 2.38$이다.

5.3.4 표본분산 비의 분포

두 모집단이 독립이고 모분산이 각각 σ_1^2, σ_2^2인 정규분포를 따른다고 하자. 각 모집단에서 크기가 n, m인 표본을 추출하고 S_1^2, S_2^2을 각각의 표본분산이라 하면

$$V_1 = \frac{(n-1)S_1^2}{\sigma_1^2}, \qquad V_2 = \frac{(m-1)S_2^2}{\sigma_2^2}$$

은 각각 자유도가 $(n-1)$, $(m-1)$인 카이제곱분포를 따른다. 따라서

$$F = \frac{V_1/(n-1)}{V_2/(m-1)} = \frac{S_1^2/\sigma_1^2}{S_2^2/\sigma_2^2}$$

은 자유도 $(n-1, m-1)$인 F-분포를 따른다.

표본분산 비의 분포

독립인 두 모집단이 모분산이 각각 σ_1^2, σ_2^2인 정규분포를 따른다. 각 모집단에서 크기가 n, m인 표본의 표본분산을 S_1^2, S_2^2이라 하면

$$F = \frac{S_1^2/\sigma_1^2}{S_2^2/\sigma_2^2} = \frac{\sigma_2^2 S_1^2}{\sigma_1^2 S_2^2} \sim F(n-1, m-1)$$

보기 3

독립인 두 정규모집단 $N(\mu_1, 10), N(\mu_2, 20)$에서 각각 크기가 11, 15인 확률표본을 추출할 때

(a) $P\left(\frac{S_1^2}{S_2^2} \geq v_0\right) = 0.05$인 v_0을 구하시오.

(b) $P\left(\frac{S_1^2}{S_2^2} \geq 1.9\right)$를 구하시오.

풀이

(a) $n = 11,\ m = 15,\ \sigma_1^2 = 10,\ \sigma_2^2 = 20$이므로

$$F = \frac{S_1^2/\sigma_1^2}{S_2^2/\sigma_2^2} = \frac{2S_1^2}{S_2^2} \sim F(10, 14)$$

이다. $P\left(\frac{S_1^2}{S_2^2} \geq v_0\right) = P\left(\frac{2S_1^2}{S_2^2} \geq 2v_0\right) = P(F \geq 2v_0) = 0.05$에서 다음 값을 얻는다.

$$2v_0 = F_{0.05}(10,14) = 2.60\ (\boxed{\text{=F.INV.RT(0.05,10,14)}}\ \text{입력})$$

$$\Rightarrow v_0 = \frac{1}{2}2.60 = 1.30$$

(b) $\boxed{\text{=F.DIST(3.8,10,14,1)}} = 0.9883$이므로

$$P\left(\frac{S_1^2}{S_2^2} \geq 1.9\right) = P(F \geq 3.8) = 1 - 0.9883 = 0.0117$$

연습문제 5.3

01 $T \sim t(19)$일 때 다음 확률을 구하시오.

(a) $P(T \le 1.33)$ (b) $P(|T| \ge 1.33)$

(c) $P(0.37 \le T \le 1.33)$

02 t-분포에서 다음 값을 구하시오.

(a) $t_{0.025}(15)$ (b) $t_{0.01}(7)$

(c) $t_{0.05}(24)$

03 $T \sim t(11)$일 때 다음 식을 만족하는 상수 c를 구하시오.

(a) $P(T > c) = 0.01$ (b) $P(T < c) = 0.95$

(c) $P(-c < T < c) = 0.95$ (d) $P(|T| > c) = 0.1$

04 $F \sim F(20,10)$일 때 다음을 구하시오.

(a) $P(F \le 2)$ (b) $P(F \ge 1.5)$

(c) $P(1.5 < F \le 2)$

05 $F \sim F(8,6)$일 때 다음을 구하시오.

(a) $F_{0.01}(8,6)$ (b) $F_{0.05}(8,6)$

(c) $F_{0.90}(8,6)$ (d) $F_{0.99}(8,6)$

06 $F \sim F(9,11)$일 때 다음 식을 만족하는 상수 c를 구하시오.

(a) $P(F > c) = 0.01$ (b) $P(F < c) = 0.95$

(c) $P(2.90 < F < c) = 0.025$ (d) $P(c < F < 4.63) = 0.015$

07 독립인 두 모집단은 분산이 각각 4, 8인 정규분포를 따른다. 각 모집단에서 크기가 각각 10, 15인 표본을 추출하여 구한 표본분산을 S_1^2, S_2^2라 할 때 $S_1^2 \geq S_2^2$일 확률을 구하시오.

08 독립인 두 정규모집단의 분산이 각각 4, 8이고 각 모집단에서 크기가 각각 10, 20인 표본을 추출하였다고 하자. 두 번째 표본의 표본분산이 첫 번째 표본분산보다 클 확률을 구하시오.

09 독립인 두 모집단은 분산이 각각 2, 3인 정규분포를 따른다. 각 모집단에서 크기가 각각 12, 15인 표본을 추출하여 구한 표본분산을 S_1^2, S_2^2라 할 때 $S_1^2 \leq 2S_2^2$일 확률을 구하시오.

부록 A

미적분과 무한급수

이산확률변수를 다루기 위해서는 무한급수의 정의와 성질들을, 연속확률변수를 다루기 위해서는 미분과 적분의 정의와 성질들을 알고 있어야 한다. 부록 A에는 이 교재에서 많이 사용되는 수학적 기초를 다루고 있다. 특히 지수함수에 대한 거듭제곱급수나 미분, 적분 등은 확률에서 특히 중요한 역할을 하는데 고등학교 교과과정에는 없고 대학교 미적분학에서 다루는 내용들이다. 대학교에서 미적분학을 배우지 않은 학생들을 위해 이와 관련된 중요 결과를 실었다. 이 결과들을 이용하면 이 교재에서 다루는 대부분의 공식을 유도하고 보기들의 계산을 할 수 있다.

이 교재의 목표가 확률과 통계에 대한 이해와 활용이므로 너무 복잡하거나 어려운 수학적 계산은 전체적인 이해도를 떨어뜨릴 위험이 있다. 이런 경우는 직접 계산을 하는 것보다는 계산기나 엑셀을 이용하여 계산하는 방법을 추천한다. 특히 누적확률분포를 구하는 문제는 몇몇 특수한 경우를 제외하면 많이 복잡하고 심지어는 수치적인 방법이 아니면 불가능한 경우도 있다. 이러한 경우는 부록 B의 누적확률분포를 엑셀을 이용하여 구하는 방법을 이용할 것을 추천한다.

A.1 미분과 적분

A.1.1 함수의 극한

x의 값이 0에 한없이 가까워질 때, $(1+x)^{\frac{1}{x}}$의 값은 2와 3 사이의 어떤 일정한 값으로 수렴한다는 것이 알려져 있다. 이때 $\lim_{x\to 0}(1+x)^{\frac{1}{x}}$의 값을 e로 나타낸다.

$$\lim_{x\to 0}(1+x)^{\frac{1}{x}} = e$$

이때 e는 무리수이며 그 값은 $e = 2.718281828\cdots$임이 알려져 있다.

보기 1

다음 극한값을 구하시오.

(a) $\lim_{x\to\infty}\left(1+\frac{1}{x}\right)^x$

(b) $\lim_{x\to\infty}\left(1+\frac{a}{x}\right)^x,\ a\neq 0$

풀이

(a) $t=\frac{1}{x}$로 놓으면 $x\to\infty$일 때 $t\to 0$이다.

$$\lim_{x\to\infty}\left(1+\frac{1}{x}\right)^x = \lim_{t\to 0}(1+t)^{\frac{1}{t}} = e$$

(b) $t=\frac{a}{x}$로 놓으면 $x\to\infty$일 때 $t\to 0$이다.

$$\lim_{x\to\infty}\left(1+\frac{a}{x}\right)^x = \lim_{t\to 0}(1+t)^{\frac{a}{t}} = \left(\lim_{t\to 0}(1+t)^{\frac{1}{t}}\right)^a = e^a$$

무리수 e

- $\lim\limits_{x \to 0}(1+x)^{\frac{1}{x}} = \lim\limits_{x \to \infty}\left(1+\frac{1}{x}\right)^{x} = e$
- 실수 a에 대하여 $\lim\limits_{x \to \infty}\left(1+\frac{a}{x}\right)^{x} = e^{a}$

로그의 밑이 무리수 e일 때, $\log_e x$를 **자연로그**(natural logarithm)라고 하며 간단히 $\ln x$로 나타낸다. 또 지수함수 $y = a^x\,(a > 0, a \neq 1)$에서 $a = e$인 경우 $y = e^x$을 생각할 수 있다. 이때 지수함수 $y = e^x$와 로그함수 $y = \ln x$는 서로 역함수 관계에 있다.

지수함수와 로그함수

$$\ln(e^x) = x, \qquad e^{\ln x} = x$$

보기 2

다음 극한값을 구하시오.

(a) $\lim\limits_{x \to 0}\frac{\ln(x+1)}{x}$

(b) $\lim\limits_{x \to 0}\frac{e^x - 1}{x}$

풀이

(a) 로그의 성질 $a \ln x = \ln x^a$로부터 다음 결과를 얻는다.

$$\lim_{x \to 0}\frac{\ln(x+1)}{x} = \lim_{x \to 0}\ln(x+1)^{\frac{1}{x}} = \ln\left(\lim_{x \to 0}(x+1)^{\frac{1}{x}}\right) = \ln e = 1$$

(b) $e^x - 1 = t$로 놓으면 $e^x = t+1$이므로 $x = \ln(t+1)$이다. $x \to 0$일 때 $t \to 0$이므로 다음 결과를 얻는다.

$$\lim_{n \to 0}\frac{e^x - 1}{x} = \lim_{t \to 0}\frac{t}{\ln(t+1)} = \lim_{t \to 0}\frac{1}{\frac{\ln(t+1)}{t}} = \frac{1}{\ln e} = 1$$

A.1.2 미분과 도함수

극한값 $\lim_{h\to 0}\frac{f(a+h)-f(a)}{h}=\lim_{x\to a}\frac{f(x)-f(a)}{x-a}$이 존재할 때 함수 f는 $x=a$에서 **미분가능하다**(differentiable)고 하고 극한값을 $x=a$에서의 **미분계수**라 하고

$$f'(a),\qquad \frac{df}{dx}(a)$$

등으로 나타낸다.

$$f'(a)=\lim_{h\to 0}\frac{f(a+h)-f(a)}{h}=\lim_{x\to a}\frac{f(x)-f(a)}{x-a}$$

함수 f가 미분가능한 점들의 집합을 D라 할 때 $x\in D$에 $f'(x)$를 대응시키는 함수

$$f':D\to R$$

를 f의 **도함수**(derivative)라 한다. 미분계수 또는 도함수를 구하는 과정을 **미분**(differentiation)이라고 한다.

보기 3

다음 함수의 도함수를 구하시오.

(a) $y=e^x$　　　　(b) $y=\ln x$

풀이

(a) 도함수의 정의와 **보기 2**(b)의 결과에 의하면 다음과 같다.

$$y'=\lim_{h\to 0}\frac{e^{x+h}-e^x}{h}=e^x\lim_{h\to 0}\frac{e^h-1}{h}=e^x\cdot 1=e^x$$

(b) 로그의 성질과 e의 성질을 이용하면 다음과 같다.

$$y'=\lim_{h\to 0}\frac{\ln(x+h)-\ln x}{h}=\lim_{h\to 0}\ln\left(\frac{x+h}{x}\right)^{\frac{1}{h}}$$
$$=\lim_{h\to 0}\ln\left(1+\frac{h}{x}\right)^{\frac{1}{h}}=\ln e^{\frac{1}{x}}=\frac{1}{x}$$

함수의 연산에 대한 미분은 다음과 같은 성질을 만족한다.

미분의 기본 성질

열린구간 I에서 정의된 함수 f, g가 미분가능하면 상수 c에 대하여

- $f(x)=c$이면(상수함수이면) $f'(x)=0$
- $(cf)'(x)=cf'(x)$
- $(f \pm g)'(x)=f'(x) \pm g'(x)$
- $(fg)'(x)=f'(x)g(x)+f(x)g'(x)$
- $g(x) \neq 0$일 때 $\left(\dfrac{f}{g}\right)'(x)=\dfrac{f'(x)g(x)-f(x)g'(x)}{g^2(x)}$

또한 미분가능한 두 함수의 합성함수도 미분가능하며 그 결과는 다음과 같다.

연쇄법칙

함수 $u=f(x)$가 $x=a$에서 미분가능하고 함수 $y=g(u)$가 $u=f(a)$에서 미분가능하면 합성함수 $y=(g \circ f)(x)=g(f(x))$도 $x=a$에서 미분가능하고 다음 식이 성립한다.

$$(g \circ f)'(a)=g'(f(a))f'(a), \quad \text{또는} \quad \frac{dy}{dx}=\frac{dy}{du}\frac{du}{dx}$$

보기 4

다음 함수의 도함수를 구하시오

(a) $y=a^x$, $a>0, a \neq 1$ (b) $y=x^r$, r은 실수

풀이

(a) $a=e^{\ln a}$이므로 $a^x=e^{x\ln a}$이다. 따라서

$$(a^x)'=(e^{x\ln a})'=\ln a\, e^{x\ln a}=a^x \ln a$$

(b) 양변에 로그를 취하면 $\ln y = r \ln x$이고 양변을 연쇄법칙을 이용하여 미분하면

$$(\ln y)' = \frac{y'}{y} = (r \ln x)' = \frac{r}{x}$$

이므로 다음과 같은 도함수를 얻는다.

$$y' = \frac{r}{x} y = r x^{r-1}$$

보기 5

다음 함수의 도함수를 구하시오.

(a) $y = f^n(x) = (f(x))^n$

(b) $y = e^{f(x)}$

풀이

(a) $y = g(u) = u^n$, $u = f(x)$라 하면 $y = f^n(x) = g(f(x))$이다. $g'(u) = u^{n-1}$이므로

$$(f^n(x))' = ng'(x)f'(x) = nf^{n-1}(x)f'(x)$$

(b) $y = g(u) = e^u$, $u = f(x)$라 하면 $y = e^{f(x)} = g(f(x))$이다. $g'(u) = e^u$이므로

$$(e^{f(x)})' = f'(x)e^{f(x)}$$

특히 지수함수는 확률론에서 많이 쓰이는데 지수함수를 포함한 중요함수의 도함수에 대한 결과를 정리하면 다음과 같다.

중요함수의 도함수

- $(x^r)' = rx^{r-1}$, r은 실수
- $(\ln |x|)' = \dfrac{1}{x}$
- $(e^x)' = e^x$, $\quad (e^{kx})' = ke^{kx}$, $\quad (e^{f(x)})' = f'(x)e^{f(x)}$

$\frac{0}{0}$, $\frac{\infty}{\infty}$ 꼴의 부정형의 극한은 **로피탈의 법칙**(L'Hopital's rule)을 이용하여 구할 수 있다.

로피탈의 법칙

미분가능한 함수 f, g에 대하여 극한값 $\lim_{x \to a} \frac{f'(x)}{g'(x)}$가 존재한다고 하자. $a \in [-\infty, \infty]$에 대하여

$$\lim_{x \to a} f(x) = \lim_{x \to a} g(x) = 0 \quad \text{또는} \quad \lim_{x \to a} f(x) = \lim_{x \to a} g(x) = \pm\infty$$

이면 다음 등식이 성립한다.

$$\lim_{x \to a} \frac{f(x)}{g(x)} = \lim_{x \to a} \frac{f'(x)}{g'(x)}$$

보기 6

다음 극한값을 구하시오.

(a) $\lim_{x \to \infty} xe^{-x}$

(b) $\lim_{x \to \infty} x^n e^{-x}$ (n은 자연수)

풀이

(a) $\lim_{x \to \infty} xe^{-x} = \lim_{x \to \infty} \frac{x}{e^x}$ 이고 $\lim_{x \to \infty} e^x = \infty$ 이므로 로피탈의 법칙에 의하여

$$\lim_{x \to \infty} xe^{-x} = \lim_{x \to \infty} \frac{x}{e^x} = \lim_{x \to \infty} \frac{1}{e^x} = 0$$

(b) 로피탈의 법칙을 n번 적용하면

$$\lim_{x \to \infty} x^n e^{-x} = \lim_{x \to \infty} \frac{x^n}{e^x} = \lim_{x \to \infty} \frac{nx^{n-1}}{e^x} = \cdots = \lim_{x \to \infty} \frac{n!}{e^x} = 0$$

위 보기의 극한값은 확률에서 자주 쓰이는 결과로 기억해 두면 유용하다.

지수함수와 극한

$n \geq 0$일 때 $\lim_{x \to \infty} x^n e^{-x} = 0$

A.1.3 적분

함수 f가 연속일 때 미분가능한 함수 F에 대하여

$$F'(x) = f(x)$$

라 하자. 이때 f의 **부정적분**(indefinite integral)을 $\int f(x)dx$로 나타내고 다음과 같이 정의한다.

$$\int f(x)dx = F(x) + C$$

따라서 다음 관계식이 성립한다.

$$\frac{d}{dx}\left(\int f(x)dx\right) = f(x), \qquad \int f'(x)dx = f(x) + C$$

미분공식으로부터 중요함수에 대한 다음 결과를 바로 얻을 수 있다.

중요함수의 부정적분

- $(x^{n+1})' = (n+1)x^n \quad \Leftrightarrow \quad \int x^n dx = \frac{1}{n+1}x^{n+1} + C, \quad n \neq -1$
- $(\ln|x|)' = \frac{1}{x} \quad \Leftrightarrow \quad \int \frac{1}{x} dx = \ln|x| + C$
- $(e^{kx})' = ke^{kx} \quad \Leftrightarrow \quad \int e^{kx} dx = \frac{1}{k}e^{kx} + C$

닫힌구간 $[a, b]$에서 연속인 함수 $y = f(x)$에 대하여 $F'(x) = f(x)$라 하자. 구간 $[a, b]$에서 함수 f의 **정적분**(definite integral)을 $\int_a^b f(x)\,dx$로 나타내고 다음과 같이 정의한다.

$$\int_a^b f(x)\,dx = F(b) - F(a)$$

이때 $F(b) - F(a) = [F(x)]_a^b$로 나타내기로 한다.

함수 f가 음이 아닌 값을 가지면, 즉 구간 $[a, b]$에서 $f(x) \geq 0$이면 $\int_a^b f(x)\,dx$는 함수 $y = f(x)$, $x = a$, $x = b$와 x-축으로 둘러싸인 영역의 넓이이다.

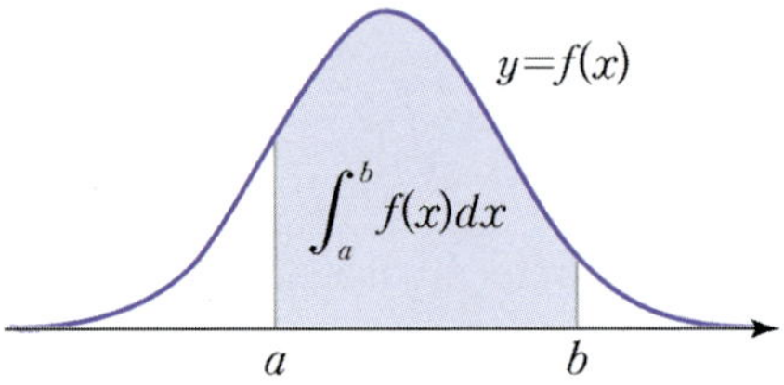

부정적분 또는 정적분을 구하는 것을 **적분한다**(integrate)고 한다.

정적분에 대한 기본성질을 정리하면 다음과 같다.

적분의 기본공식

닫힌구간 $[a, b]$에서 연속인 함수 f, g와 상수 c에 대하여

- $\int_a^b c\,dx = c(b-a)$
- $\int_a^b (f(x) \pm g(x))dx = \int_a^b f(x)dx \pm \int_a^b g(x)dx$
- $\int_a^b f(x)\,dx = \int_a^c f(x)\,dx + \int_c^b f(x)\,dx$

치환적분

$x=g(t)$가 미분가능한 함수이고 $y=F(x)=F(g(t))$라 하자. $F'(x)=f(x)$이면 연쇄법칙으로부터

$$(F(g(t))'=F'(g(t))g'(t)=f(g(t))g'(t)$$

이므로 다음 식이 성립한다.

$$\int f(g(t))g'(t)dt=F(g(t))+C=F(x)+C=\int f(x)dx$$

이렇게 적분을 구하는 방법을 **치환적분법**(integration by substitution)이라 한다. 이때 $\frac{dx}{dt}=g'(t)$을 $dx=g'(t)dt$로 나타내면 편리하다.

예를 들어 $\int xe^{-\frac{x^2}{2}}dx$에서 $u=-\frac{x^2}{2}$로 치환하면 $du=-xdx$이므로

$$\int xe^{-\frac{x^2}{2}}dx=\int -e^u du=-e^u+C=-e^{-\frac{x^2}{2}}+C$$

$\int f(g(t))g'(t)dt=F(g(t))+C$이므로 정적분의 정의로부터

$$\int_a^b f(g(t))g'(t)dt=F(g(b))-F(g(a))$$

이므로 다음 결과를 얻는다.

치환적분법

g가 미분가능한 함수이고 $F'(x)=f(x)$이면 다음 식이 성립한다.

$$\int_a^b f(g(t))g'(t)dt=F(g(b))-F(g(a))=\int_{g(a)}^{g(b)} f(x)dx$$

보기 7

다음 적분을 구하시오

(a) $\int_1^5 \sqrt{2x-1}\,dx$ (b) $\int_0^2 xe^{-\frac{x^2}{2}}dx$

풀이

(a) $u=2x-1$로 치환하면 $du=2dx$이고, $x=1$이면 $u=1$, $x=5$이면 $u=9$이므로 다음 결과를 얻는다.

$$\int_1^5 \sqrt{2x-1}\,dx = \frac{1}{2}\int_1^9 \sqrt{u}\,du = \frac{1}{2}\cdot\frac{2}{3}\left[u^{\frac{3}{2}}\right]_1^9$$

$$= \frac{1}{3}\left(9^{\frac{3}{2}}-1^{\frac{3}{2}}\right) = \frac{26}{3}$$

(b) $u=-\frac{x^2}{2}$로 치환하면 $du=-xdx$이고, $x=0$이면 $u=0$, $x=2$이면 $u=-2$이므로 다음 결과를 얻는다.

$$\int_0^2 xe^{-\frac{x^2}{2}}dx = -\int_0^{-2} e^u du = -\left[e^u\right]_0^{-2} = 1-e^{-2}$$

대칭함수의 정적분

구간 $[-a,a]$에서 연속인 함수 $y=f(x)$가 y-축에 대하여 대칭이면$(f(-x)=f(x))$ **짝함수**(even function), 원점에 대하여 대칭이면 $(f(-x)=-f(x))$ **홀함수**(odd function)라 한다. 짝함수는 우함수, 홀함수는 기함수라 하기도 한다. 연쇄법칙을 이용하면 대칭함수의 정적분을 간단히 할 수 있다.

함수 $y=f(x)$가 구간 $[-a,a]$에서 연속일 때, 다음과 같이 구간 $[-a,a]$을 구간 $[-a,0]$와 구간 $[0,a]$로 나누어서 적분하자.

$$\int_{-a}^{a} f(x)\,dx = \int_{-a}^{0} f(x)\,dx + \int_{0}^{a} f(x)\,dx$$

$$= -\int_{0}^{-a} f(x)\,dx + \int_{0}^{a} f(x)\,dx$$

마지막 첫 번째 적분에서 $u = -x$로 치환하면 $x = 0$이면 $u = 0$, $x = -a$일 때 $u = a$이다. f가 짝함수이면 $f(-x) = f(x)$이고

$$-\int_{0}^{-a} f(x)\,dx = \int_{0}^{a} f(-u)\,du = \int_{0}^{a} f(u)\,du = \int_{0}^{a} f(x)\,dx$$

이므로 다음 결과를 얻는다.

$$\int_{-a}^{a} f(x)\,dx = \int_{0}^{a} f(u)\,du + \int_{0}^{a} f(x)\,dx = 2\int_{0}^{a} f(x)\,dx$$

f가 홀함수이면 $f(-x) = -f(x)$이고

$$\int_{0}^{-a} f(x)\,dx = -\int_{0}^{a} f(-u)\,du = \int_{0}^{a} f(u)\,du$$

이므로

$$\int_{-a}^{a} f(x)\,dx = -\int_{0}^{a} f(u)\,du + \int_{0}^{a} f(x)\,dx = 0$$

대칭함수의 정적분

구간 $[-a,a]$에서 연속인 함수 $y = f(x)$에 대하여

- f가 짝함수이면 $\int_{-a}^{a} f(x)\,dx = 2\int_{0}^{a} f(x)\,dx$
- f가 홀함수이면 $\int_{-a}^{a} f(x)\,dx = 0$

보기 8

다음 적분을 구하시오.

(a) $\int_{-3}^{3}(x^4+x^3+x^2+x)dx$ (b) $\int_{-5}^{5}x^3e^{-x^2}dx$

풀이

(a) n이 짝수면 $y=x^n$은 짝함수, n이 홀수면 $y=x^n$은 홀함수이므로

$$\int_{-3}^{3}(x^4+x^3+x^2+x)dx = 2\int_{0}^{3}(x^4+x^2)dx$$

이고 주어진 적분값은 $2\left(\frac{1}{5}x^5-\frac{1}{3}x^3\right)_0^3=2\left(\frac{243}{5}-\frac{27}{3}\right)=\frac{396}{5}$이다.

(b) $y=x^3e^{x^2}$은 연속인 홀함수이므로 $\int_{-5}^{5}x^3e^{-x^2}dx=0$이다.

무한구간에서의 특이적분

무한구간 $[a,\infty)$에서 정의된 연속함수 f의 **특이적분**(improper integral)[1] $\int_a^\infty f(x)dx$는 다음과 같이 정의한다.

$$\int_a^\infty f(x)dx = \lim_{t\to\infty}\int_a^t f(x)dx$$

이 극한값이 존재할 때, 특이적분 $\int_a^\infty f(x)dx$는 **수렴한다**고 하고 수렴하지 않는 경우는 **발산한다**고 한다. 같은 방법으로 무한구간 $(-\infty, b]$에서 정의된 연속함수 f의 특이적분은 다음과 같이 정의한다.

$$\int_{-\infty}^b f(x)dx = \lim_{t\to-\infty}\int_t^b f(x)dx$$

1) 또는 **이상적분**이라 부르기도 한다.

실수에서 정의된 연속함수 f와 임의의 점 a에 대하여 $\int_a^{\infty} f(x)dx$와 $\int_{-\infty}^{a} f(x)dx$가 모두 수렴할 때 $\int_{-\infty}^{\infty} f(x)dx$을 다음과 같이 정의한다.

$$\int_{-\infty}^{\infty} f(x)dx = \int_a^{\infty} f(x)dx + \int_{-\infty}^{a} f(x)dx$$

보기 9

다음 특이적분의 값을 구하시오.

(a) $k > 0$일 때 $\int_a^{\infty} ke^{-kx}dx$ (b) $\int_0^{\infty} xe^{-\frac{x^2}{2}}dx$

풀이

(a) $\int_a^{\infty} ke^{-kx}dx = \lim_{t\to\infty}[-e^{-kx}]_a^t = \lim_{t\to\infty}[-e^{-kt}+e^{-ka}] = e^{-ka}$

(b) $u = \frac{x^2}{2}$로 놓으면 $du = xdx$이므로

$$\int_0^{\infty} xe^{-\frac{x^2}{2}}dx = \int_0^{\infty} e^{-u}du = [-e^{-u}]_0^{\infty} = 0-(-1) = 1$$

이제 확률론에서 많이 사용하는 특이적분의 값을 구해 보기로 한다.

보기 10

다음 특이적분의 값을 구하시오.

(a) $\int_0^{\infty} xe^{-x}dx$ (b) $\int_0^{\infty} xe^{-kx}dx,\ k > 0$

풀이

(a) $(xe^{-x})' = e^{-x} - xe^{-x}$이므로 양변을 적분하면

$$xe^{-x} = \int e^{-x}dx - \int xe^{-x}dx = -e^{-x} - \int xe^{-x}dx$$

이다. 따라서 $\int xe^{-x}dx = -(x+1)e^{-x} + C$이고 로피탈의 법칙으로부터

$$\lim_{x\to\infty}(x+1)e^{-x} = \lim_{x\to\infty}\frac{x+1}{e^x} = \lim_{x\to\infty}\frac{1}{e^x} = 0$$

이므로 다음 적분값을 얻는다.

$$\int_0^\infty xe^{-x}dx = [-(x+1)e^{-x}]_0^\infty = 0-(-1) = 1$$

(b) $u = kx$로 치환하면 다음 적분값을 얻는다.

$$\int_0^\infty xe^{-kx}dx = \int_0^\infty \frac{u}{k}e^{-u}\frac{du}{k} = \frac{1}{k^2}\int_0^\infty ue^{-u}du = \frac{1}{k^2}$$

n이 자연수일 때 보기와 같은 방법을 사용하면 $\lim_{x\to\infty}x^n e^{-x} = \lim_{x\to\infty}\frac{x^n}{e^x} = 0$이므로 다음 등식이 성립한다.[2)]

$$\begin{aligned}\int_0^\infty x^n e^{-x}dx &= [x^n(-e^{-x})]_0^\infty - \int_0^\infty(-nx^{n-1}e^{-x})dx\\ &= n\int_0^\infty x^{n-1}e^{-x}dx = n(n-1)\int_0^\infty x^{n-2}e^{-x}dx\\ &= \cdots = n(n-1)\cdots 1\int_0^\infty e^{-x}dx = n!\end{aligned}$$

마지막 결과와 치환적분을 이용하면 $\int_0^\infty x^n e^{-kx}dx = \frac{n!}{k^{n+1}}$임을 알 수 있다.

많이 쓰이는 특이적분 공식

- $k>0$일 때 $\int_a^\infty ke^{-kx}dx = e^{-ka}$
- $\int_0^\infty x^n e^{-kx}dx = \frac{n!}{k^{n+1}}$ (단, n은 자연수)

2) 자세한 과정은 연습문제 참조

연습문제 미분과 적분

01 다음 극한값을 구하시오.

(a) $\lim_{x \to 0} \frac{\ln(2x+1)}{x}$

(b) $\lim_{x \to 0} \frac{\ln(1-x)}{x}$

(c) $\lim_{x \to 0} \frac{\ln(x^2+1)}{x}$

(d) $\lim_{x \to 0} \frac{e^{2x}-1}{x}$

(d) $\lim_{nx \to 0} \frac{e^{-x}-1}{x}$

(f) $\lim_{x \to 0} \frac{e^{-x^2}-1}{x}$

02 다음 함수의 도함수를 구하시오.

(a) $y = \sqrt{x}$

(b) $y = \frac{1}{\sqrt{x}}$

(c) $y = x\sqrt{x}$

(d) $y = \sqrt{x^2+1}$

(e) $y = (x^2+1)^{19}$

(f) $y = e^{-ax}$

(g) $y = \frac{1}{e^x+1}$

(h) $y = \sqrt{e^x+1}$

(i) $y = xe^{-x}$

(j) $y = xe^{-x^2}$

(k) $y = x^n e^{-3x}$

(l) $y = \frac{e^x}{e^x+1}$

03 이차다항식 $f(x)$가 다음 조건을 만족할 때 $f(x)$를 구하시오.

$$f(0)=2,\ f'(0)=3,\ f''(0)=4$$

04 삼차다항식 $f(x)$가 다음 조건을 만족할 때 $f(x)$를 구하시오.

$$f(0)=2,\ f'(0)=3,\ f''(0)=4,\ f'''(0)=6$$

05 $f(2)=3,\ f'(2)=2$라고 하자. $x=2$에서 다음 함수의 미분계수를 구하시오.

(a) $y=(f(x))^2$

(b) $y=e^{-x}f(x)$

(c) $y=\dfrac{f(x)}{1+x^2}$

(d) $y=\dfrac{1+x^2}{1+f(x)}$

(e) $y=e^{f(x)}$

(f) $y=f(x^2-2)$

06 다음 적분을 구하시오.

(a) $\displaystyle\int_1^4\left(\sqrt{x}-\frac{1}{\sqrt{x}}\right)dx$

(b) $\displaystyle\int_{\ln 2}^{\ln 5} e^x\,dx$

(c) $\displaystyle\int_0^{\ln 6} e^{2x}\,dx$

(d) $\displaystyle\int_2^4 (\sqrt{e})^x\,dx$

(e) $\displaystyle\int_0^{\ln 2}(e^x-e^{-x})\,dx$

(f) $\displaystyle\int_0^1 \frac{e^x+1}{e^x}\,dx$

(g) $\displaystyle\int_0^{\ln 3}\frac{e^x}{e^x+1}\,dx$

(h) $\displaystyle\int_1^2 xe^{x^2}\,dx$

(i) $\displaystyle\int_1^4\frac{e^{\sqrt{x}}}{\sqrt{x}}\,dx$

07 다음 정적분의 값을 구하시오.

(a) $\displaystyle\int_{-1}^1\frac{x}{x^4+1}\,dx$

(b) $\displaystyle\int_{-\ln 3}^{\ln 3}\frac{x}{e^{x^2}+1}\,dx$

(c) $\displaystyle\int_{-2}^2 \sin x\, e^{-x^2}\,dx$

08 양수 a, b에 대하여 다음 식이 성립함을 보이시오.

$$\int_0^1 x^a(1-x)^b\,dx=\int_0^1 x^b(1-x)^a\,dx$$

09 다음 특이적분의 수렴 발산을 판단하고 수렴하는 경우 특이적분의 값을 구하시오.

(a) $\displaystyle\int_1^\infty \frac{1}{x^2}\,dx$ (b) $\displaystyle\int_1^\infty \frac{1}{\sqrt{x}}\,dx$

(c) $\displaystyle\int_{\ln 2}^\infty e^{-2x}\,dx$

10 자연수 n에 대하여 다음 식이 성립함을 보이시오.

(a) $\displaystyle\int x^n e^{-x}\,dx = -x^n e^{-x} + n\int (x^{n-1}e^{-x})dx$

(b) $\displaystyle\int_0^\infty x^n e^{-x}\,dx = n\int_0^\infty (x^{n-1}e^{-x})dx$

(c) $\displaystyle\int_0^\infty x^n e^{-x}\,dx = n!$

(d) $\displaystyle\int_0^\infty x^n e^{-kx}\,dx = \frac{n!}{k^{n+1}},\quad k>0$

A.2 급수

A.2.1 기호 $\sum$와 수열

기호 $\sum$는 여러 항의 합을 간단한 형태로 쓸 수 있게 해 준다.

$$\sum_{k=m}^{n} a_k = a_m + a_{m+1} + \cdots + a_n$$

$\sum$의 아래 $k=m$은 더하기가 시작하는 항을 의미하고 $\sum$의 위 n은 더하기가 끝나는 항을 의미한다.

보기 1

$\sum$ 기호 아래에 있는 문자와 다른 문자는 상수로 간주된다.

$$\sum_{j=3}^{5} k = k + k + k = 3k (k\text{는 상수}), \quad \sum_{k=3}^{5} k = 3 + 4 + 5 = 12$$

$$\sum_{k=1}^{4} \frac{1}{2^k} = \frac{1}{2} + \frac{1}{2^2} + \frac{1}{2^3} + \frac{1}{2^4} = \frac{15}{16}$$

$$\sum_{k=5}^{7} (x + k) = (x + 5) + (x + 6) + (x + 7) = 3x + 18$$

$$\sum_{j=0}^{5} 2^j = 2^0 + 2^1 + 2^2 + 2^3 + 2^4 + 2^5 = 63$$

수열의 합을 $\sum$를 이용하여 표현하는 방법은 여러 가지 있을 수 있다.

보기 2

같은 식도 초항을 무엇으로 하느냐에 따라 다르게 표현할 수 있다.

$$1+3+5+7+9+11=\sum_{k=1}^{6}(2k-1)=\sum_{k=0}^{5}(2k+1)$$

$$1+2x+3x^2+4x^3+5x^4=\sum_{k=1}^{5}kx^{k-1}=\sum_{k=0}^{4}(k+1)x^k$$

확률론에서 가장 많이 사용되는 수열은 등비수열이다. 다음 보기는 등비수열의 합을 구하는 방법을 보여 준다.

보기 3

등비수열 $a_k=r^k\,(r\neq 1)$에 대하여 다음 합을 구하시오.

(a) $\sum_{k=1}^{n}a_k$　　(b) $\sum_{k=0}^{n}a_k$

풀이

(a) $S=\sum_{k=1}^{n}a_k=r+r^2+\cdots+r^n$이라 하면 $rS=r^2+r^3+\cdots+r^{n+1}$이므로

$$S-rS=r-r^{n+1}$$

이다. 따라서 $S=\dfrac{r(1-r^n)}{1-r}$이다.

(b) (a)와 같은 방법으로 $S=\dfrac{1-r^{n+1}}{1-r}$임을 보일 수 있다.

등비수열의 합

$r\neq 1$이면

$$\sum_{k=1}^{n}r^k=\frac{r(1-r^n)}{1-r},\qquad \sum_{k=0}^{n}r^k=\frac{1-r^{n+1}}{1-r}$$

기호 $\sum_{i=1}^{n}\sum_{j=1}^{m}$

$\sum_{i=1}^{n}\sum_{j=1}^{m} a(i,j)$: 안에 있는 $\sum_{j=1}^{m} a(i,j)$ 계산을 먼저 한다. 이때 i는 상수처럼 취급되며 계산 결과는 j 없이 i만으로 표현된다. 이 결과에 대하여 $\sum_{i=1}^{n}\left(\sum_{j=1}^{m} a(i,j)\right)$를 계산한다.

$\sum_{j=1}^{m} a(i,j)=f(i)g(j)$로 쓸 수 있을 때:

$\sum_{j=1}^{m} a(i,j)=\sum_{j=1}^{m} f(i)g(j)=f(i)\sum_{j=1}^{m} g(j)$ 이므로 다음 식이 성립한다.

$$\sum_{i=1}^{n}\sum_{j=1}^{m} a(i,j)=\sum_{i=1}^{n} f(i)\sum_{j=1}^{m} g(j)$$

보기 4

(a) $\sum_{i=1}^{3}\sum_{j=1}^{2}(i+j)=\sum_{i=1}^{3}[(i+1)+(i+2)]=\sum_{i=1}^{3}(2i+3)$

$$=2\sum_{i=1}^{3} i+\sum_{i=1}^{3} 3=2(1+2+3)+3\cdot 3=21$$

(b) $\sum_{i=1}^{n}\sum_{j=1}^{m} ij=\sum_{i=1}^{n} i\left(\sum_{j=1}^{m} j\right)=\sum_{i=1}^{n} i\left(\frac{m(m+1)}{2}\right)=\frac{m(m+1)}{2}\frac{n(n+1)}{2}$

	$j=1$	$j=2$		$j=m$	합계
$i=1$	$a(1,1)$	$a(1,2)$	$\cdots$	$a(1,m)$	$\sum_{j=1}^{m} a(1,j)$
$i=2$	$a(2,1)$	$a(2,2)$	$\cdots$	$a(2,m)$	$\sum_{j=1}^{m} a(2,j)$
	$\cdots$	$\cdots$	$\cdots$	$\cdots$	$\cdots$
$i=n$	$a(n,1)$	$a(n,2)$	$\cdots$	$a(n,m)$	$\sum_{j=1}^{m} a(n,j)$
합계	$\sum_{i=1}^{n} a(i,1)$	$\sum_{i=1}^{n} a(i,2)$	$\cdots$	$\sum_{i=1}^{n} a(i,m)$	$\sum_{i=1}^{n}\sum_{j=1}^{m} a(i,j)=\sum_{j=1}^{m}\sum_{i=1}^{n} a(i,j)$

위의 표에서 볼 수 있듯이 $\sum$를 취하는 순서를 바꾸어도 같은 결과가 나온다. 마지막 열을 모두 더한 것은 $\sum_{i=1}^{n}\sum_{j=1}^{m}a(i,j)$, 마지막 행을 모두 더한 것은 $\sum_{j=1}^{m}\sum_{i=1}^{n}a(i,j)$이다. 두 합은 모두 $a(1,1)$부터 $a(n,m)$까지 모두 더한 값이므로 다음 등식이 성립한다.

$$\sum_{i=1}^{n}\sum_{j=1}^{m}a(i,j) = \sum_{j=1}^{m}\sum_{i=1}^{n}a(i,j)$$

A.2.2 수열의 극한과 무한급수

수열과 무한급수는 확률론에서 이산확률분포와 밀접하게 연결되어 있다. 확률론에서 많이 쓰이는 수열과 무한급수에 대한 결과를 간단히 소개한다.

수열 $\{a_n\}$에서 n이 한없이 커질 때, 일반항 a_n의 값이 일정한 값 α에 가까워지면 수열 $\{a_n\}$은 α에 **수렴한다**고 하고 기호로

$$\lim_{n\to\infty} a_n = \alpha$$

로 나타낸다. 이때 α를 수열 $\{a_n\}$의 **극한값**이라 한다. 수열 $\{a_n\}$이 수렴하지 않으면 **발산한다**고 한다.

등비수열 $\{r^n\}$의 수렴과 발산

(a) $|r| < 1$이면 $\lim_{n\to\infty} r^n = 0$

(b) $r = 1$이면 $\lim_{n\to\infty} r^n = \lim_{n\to\infty} 1 = 1$

(c) $|r| > 1$ 또는 $r = -1$이면 발산

보기 5

다음 수열의 수렴과 발산을 조사하고, 수렴하면 그 극한값을 구하시오.

(a) $a_n = (1.1)^n$ (b) $a_n = \dfrac{(-4)^n}{5^n} = \left(\dfrac{-4}{5}\right)^n$

풀이

(a) $1.1 > 1$이므로 수열 $\{a_n\}$은 발산한다.

(b) $\left|\dfrac{(-4)}{5}\right| < 1$이므로 수열 $\{a_n\}$은 0으로 수렴한다.

일반적으로 수렴하는 수열의 극한에서는 다음과 같은 성질이 성립한다.

수열의 극한에 대한 기본 성질

$\lim_{n\to\infty} a_n = \alpha$, $\lim_{n\to\infty} b_n = \beta$ (α, β는 실수)일 때,

- $\lim_{n\to\infty} (ca_n) = c\alpha$ (단, c는 실수)
- $\lim_{n\to\infty} (a_n \pm b_n) = \alpha \pm \beta$, $\lim_{n\to\infty} (a_n b_n) = \alpha\beta$
- $\lim_{n\to\infty} \dfrac{a_n}{b_n} = \dfrac{\lim_{n\to\infty} a_n}{\lim_{n\to\infty} b_n} = \dfrac{\alpha}{\beta}$ (단, $b_n \neq 0$, $\beta \neq 0$)

보기 6

수열 $a_n = \dfrac{3^n - 2^n}{3^n + 2^n}$의 수렴과 발산을 조사하고, 수렴하면 그 극한값을 구하시오.

풀이

분모가 0이 아닌 유한한 극한값을 갖도록 연산을 한다. 분모의 가장 큰 항 3^n으로 분자, 분모를 나눈 후 극한값을 구하면 다음과 같다.

$$\lim_{n\to\infty}\frac{3^n-2^n}{3^n+2^n}=\lim_{n\to\infty}\frac{1-(\frac{2}{3})^n}{1+(\frac{2}{3})^n}=\frac{\lim_{n\to\infty}\left(1-(\frac{2}{3})^n\right)}{\lim_{n\to\infty}\left(1+(\frac{2}{3})^n\right)}=\frac{1}{1}=1$$

보기 7

수열 $a_n=\frac{n}{2^n}$의 수렴과 발산을 조사하고, 수렴하면 그 극한값을 구하시오.

풀이

$f(x)=\frac{x}{2^x}$라 하면 $a_n=f(n)$이다. $2^x=e^{x\ln 2}$이므로 로피탈 정리에 의하면

$$\lim_{x\to\infty}f(x)=\lim_{x\to\infty}\frac{x}{2^x}=\lim_{x\to\infty}\frac{1}{2^x\ln 2}=0$$

이다. 따라서 $\lim_{n\to\infty}f(n)=\lim_{n\to\infty}\frac{n}{2^n}=0$이다.

무한급수

수열 $\{a_n\}$에 대하여 각 항을 모두 더한 것을

$$a_0+a_1+a_2+\cdots$$

로 나타내고 **무한급수**(series) 또는 단순히 **급수**라 한다. 급수를 간단히

$$\sum_{n=0}^{\infty}a_n \quad \text{또는} \quad \sum a_n$$

로 나타내기도 한다. 이때 n항까지의 합

$$s_n=\sum_{k=0}^{n}a_k=a_0+a_1+\cdots+a_n$$

을 무한급수의 **부분합**(partial sum)이라 한다. 부분합의 수열 $\{s_n\}$이 s로 수렴하면 무한급수는 **수렴한다**(converge)고 하고 s를 **무한급수의 합**이라 부른다. $\{s_n\}$이 발산하면 무한급수는 **발산한다**(diverge)고 한다.

$$\sum_{n=0}^{\infty} a_n = \lim_{n\to\infty} s_n = \lim_{n\to\infty}\sum_{k=0}^{n} a_k$$

정의 무한급수의 합

무한급수 $\sum_{n=0}^{\infty} a_n$에서 부분합 $s_n = \sum_{k=0}^{n} a_k = a_0 + a_1 + \cdots + a_n$에 대하여

- 수열 $\{s_n\}$이 s로 수렴하면 무한급수 $\sum_{n=0}^{\infty} a_n$는 수렴한다고 하고 s를 무한급수의 합이라 부른다.

$$s = \sum_{n=0}^{\infty} a_n = \lim_{n\to\infty} s_n = \lim_{n\to\infty}\sum_{k=0}^{n} a_k$$

- 수열 $\{s_n\}$이 발산하면 무한급수는 발산한다고 한다.

보기 8

다음 무한급수가 수렴하는지 발산하는지 판단하시오.

(a) $\sum_{n=0}^{\infty} (-1)^n = 1-1+1-1+\cdots$

(b) $\sum_{n=1}^{\infty} \frac{1}{n(n+1)} = \frac{1}{1\cdot 2} + \frac{1}{2\cdot 3} + \cdots$

풀이

(a) $s_n = \sum_{k=0}^{n} (-1)^n = \begin{cases} 1, & n\text{이 짝수} \\ 0, & n\text{이 홀수} \end{cases}$이므로 수열 $\{s_n\}$은 발산한다. 따라서 무한급수 $\sum_{n=0}^{\infty} (-1)^n$은 발산한다.

(b) $\frac{1}{k(k+1)} = \frac{1}{k} - \frac{1}{k+1}$이므로

$$s_n = \sum_{k=1}^{n} \frac{1}{k(k+1)} = \sum_{k=1}^{n}\left(\frac{1}{k} - \frac{1}{k+1}\right) = 1 - \frac{1}{n+1}$$

이다. $\lim_{n\to\infty} s_n = \lim_{n\to\infty}\left(1 - \frac{1}{n+1}\right) = 1$이므로 $\sum_{n=1}^{\infty} \frac{1}{n(n+1)} = 1$이다.

무한급수의 합은 부분합 수열의 극한으로 정의되므로 수열에 대해 성립하는 많은 성질들이 무한급수에 대하여 성립한다.

수렴하는 무한급수의 기본 성질

수렴하는 두 무한급수 $\sum_{n=0}^{\infty} a_n$, $\sum_{n=0}^{\infty} b_n$와 상수 c에 대하여 다음 등식이 성립한다.

- $\sum_{n=0}^{\infty} (ca_n) = c\sum_{n=0}^{\infty} a_n$
- $\sum_{n=0}^{\infty} (a_n \pm b_n) = \sum_{n=0}^{\infty} a_n \pm \sum_{n=0}^{\infty} b_n$

무한급수 $\sum_{n=0}^{\infty} a_n$이 s로 수렴한다고 하자. 그러면 $a_n = s_n - s_{n-1}$이므로

$$\lim_{n\to\infty} a_n = \lim_{n\to\infty} (s_n - s_{n-1}) = \lim_{n\to\infty} s_n - \lim_{n\to\infty} s_{n-1} = s - s = 0$$

이다. 따라서 $\lim_{n\to\infty} a_n$이 존재하지 않거나 $\lim_{n\to\infty} a_n \neq 0$이면 무한급수 $\sum_{n=0}^{\infty} a_n$은 발산한다.

등비급수

첫째항이 $a(a \neq 0)$이고 공비가 r인 등비수열 $\{ar^{n-1}\}$의 각 항을 모두 더한 급수

$$\sum_{n=1}^{\infty} ar^{n-1} = a\sum_{n=0}^{\infty} r^n$$

을 **등비급수**(geometric series)라 한다. 등비급수 $\sum_{k=0}^{\infty} x^k$의 수렴, 발산을 알아보자. x^n 항까지의 부분합을 s_n이라 하면

$$x \neq 1\text{일 때, } s_n = \sum_{k=0}^{n} x^k = \frac{1-x^{n+1}}{1-x}$$

$$x = 1\text{일 때, } s_n = n+1$$

이므로 x의 값에 따른 등비급수 $\sum_{k=0}^{\infty} x^k$의 수렴, 발산은 다음과 같다.

(a) $|x| < 1$일 때 $\lim_{n\to\infty} x^{n+1} = 0$이므로 $\sum_{k=0}^{\infty} x^k = \lim_{n\to\infty} \frac{1-x^{n+1}}{1-x} = \frac{1}{1-x}$이다.

(b) $|x| > 1$, $x = -1$일 때, $\{x^{n+1}\}$은 발산하므로 $\sum_{k=0}^{\infty} x^k = \lim_{n\to\infty} \frac{1-x^{n+1}}{1-x}$은 발산한다.

(c) $x = 1$이면 $s_n = n+1$이므로 $\sum_{k=0}^{\infty} x^k = \lim_{n\to\infty} (n+1)$은 발산한다.

등비급수 $\sum_{k=0}^{\infty} r^k$의 수렴과 발산

- $|r| < 1$일 때 수렴하고, 그 합은 $\sum_{k=0}^{\infty} r^k = \frac{1}{1-r}$이다.
- $|r| \geq 1$일 때 발산한다.

보기 9

다음 등비급수의 수렴, 발산을 조사하고 수렴하면 그 합을 구하시오.

(a) $\sum_{k=0}^{\infty}\left(-\frac{1}{2}\right)^k$ (b) $\sum_{k=0}^{\infty}\frac{(1-2^{n-1})}{3^n}$

풀이

(a) 공비가 $-\frac{1}{2}$이고 $\left|-\frac{1}{2}\right|<1$이므로 무한급수의 합은 다음과 같다.

$$\sum_{k=0}^{\infty}\left(-\frac{1}{2}\right)^k=\frac{1}{1-\left(-\frac{1}{2}\right)}=\frac{2}{3}$$

(b) $\sum_{k=0}^{\infty}\frac{(1-2^{n-1})}{3^n}=\sum_{k=0}^{\infty}\frac{1}{3^n}-\frac{1}{2}\sum_{k=0}^{\infty}\frac{2^n}{3^n}=\frac{1}{1-\frac{1}{3}}-\frac{1}{2}\frac{1}{1-\frac{2}{3}}=0$

A.2.3 거듭제곱급수

다음과 같은 형태로 쓰인 급수를 **거듭제곱급수**(power series)라 한다.[3)]

$$f(x)=\sum_{n=0}^{\infty}c_n x^n=c_0+c_1x+c_2x^2+\cdots$$

거듭제곱급수는 어떤 x에 대해서는 수렴하고 어떤 x에 대해서는 발산한다. 예를 들어 $\sum_{k=0}^{\infty}x^k$는 $|x|<1$이면 $\frac{1}{1-x}$로 수렴하고 $|x|>1$이면 발산한다. 이 결과를 다음과 같이 나타낸다.

$$\sum_{k=0}^{\infty}x^k=\frac{1}{1-x},\quad |x|<1$$

3) 멱급수라 하기도 한다.

보기 10

다음 거듭제곱급수가 수렴하는 x의 범위를 구하고 거듭제곱급수의 극한을 함수로 나타내시오.

(a) $\sum_{k=0}^{\infty} 2^k x^k$ (b) $\sum_{k=2}^{\infty} x^k$ (c) $\sum_{k=0}^{\infty} x^{2k}$

풀이

(a) $\sum_{k=0}^{\infty} 2^k x^k = \sum_{k=0}^{\infty} (2x)^k$는 초항이 1, 공비가 $2x$인 등비급수이므로 $|2x| < 1$, 즉 $|x| < \frac{1}{2}$일 때 $\frac{1}{1-2x}$로 수렴한다.

$$\sum_{k=0}^{\infty} 2^k x^k = \sum_{k=0}^{\infty} (2x)^k = \frac{1}{1-2x}, \quad |x| < \frac{1}{2}$$

(b) $\sum_{k=2}^{\infty} x^k = x^2 \sum_{k=2}^{\infty} x^{k-2} = x^2 \sum_{n=0}^{\infty} x^n$ 이므로 $|x| < 1$이면 $\sum_{k=2}^{\infty} x^k = \frac{x^2}{1-x}$

(c) $\sum_{k=0}^{\infty} x^{2k} = \sum_{k=0}^{\infty} (x^2)^k$이므로 $|x^2| < 1$이면, 즉 $|x| < 1$이면 $\sum_{k=0}^{\infty} x^{2k} = \frac{1}{1-x^2}$

일반적으로 거듭제곱급수 $f(x) = \sum_{n=0}^{\infty} c_n x^n$에 대하여 다음과 같은 결과가 성립한다.

정의 수렴반경

극한값 $\rho = \lim_{n\to\infty} \left| \frac{c_{n+1}}{c_n} \right| \in [0, \infty]$가 존재하면 $f(x)$는

- $|x| < \frac{1}{\rho}$일 때 수렴하고
- $|x| > \frac{1}{\rho}$일 때 발산한다.

이때 $R = \frac{1}{\rho}$을 **수렴반경**(radius of convergence)이라 한다. 이때 $\rho = 0$이면 $R = \infty$, $\rho = \infty$이면 $R = 0$으로 정의한다.

거듭제곱급수의 기본정리

거듭제곱급수의 미분과 적분에 관한 편리하고도 중요한 결과들이 있는데 이를 **거듭제곱급수의 기본정리**(fundamental theorem of power series)라 한다. 다음은 미분에 대한 결과를 정리한 것이다.

거듭제곱급수의 기본정리

$f(x) = \sum_{n=0}^{\infty} c_n x^n = c_0 + c_1 x + c_2 x^2 + \cdots$ 의 수렴반경이 $R > 0$이면 $|x| < R$에서 f는 미분가능하고 다음 식이 성립한다.

$$f'(x) = \sum_{n=1}^{\infty} n c_n x^{n-1} = c_1 + 2c_2 x + 3c_3 x^2 + \cdots$$

보기 11

다음 거듭제곱급수의 수렴반경 R을 구하고 $|x| < R$일 때 그 극한을 구하시오.

(a) $\sum_{n=1}^{\infty} n x^{n-1} = 1 + 2x + 3x^2 + \cdots$

(b) $\sum_{n=2}^{\infty} n(n-1) x^{n-2} = 2 \cdot 1 + (3 \cdot 2)x + (4 \cdot 3)x^2 + \cdots$

풀이

(a) $|x| < 1$일 때 $\dfrac{1}{1-x} = \sum_{n=0}^{\infty} x^n = 1 + x + x^2 + \cdots$이므로 양변을 미분하면 다음 결과를 얻는다.

$$\left(\frac{1}{1-x}\right)' = \frac{1}{(1-x)^2} = \left(\sum_{n=0}^{\infty} x^n\right)'$$
$$= \sum_{n=1}^{\infty} n x^{n-1} = 1 + 2x + 3x^2 + \cdots, \quad |x| < 1$$

(b) 같은 식으로 위 식의 양변을 다시 미분하면

$$\frac{2}{(1-x)^3} = \sum_{n=2}^{\infty} n(n-1)x^{n-2}, \quad |x| < 1$$

$f(x) = \sum_{n=0}^{\infty} c_n x^n = c_0 + c_1 x + c_2 x^2 + \cdots$의 수렴반경이 $R > 0$이면 거듭제곱급수의 기본정리에 의해서 $|x| < R$에서 f는 k번 미분가능하고 다음 식이 성립한다.

$$\begin{aligned} f^{(k)}(x) &= \sum_{n=k}^{\infty} c_n n(n-1)\cdots(n-k+1)x^{n-k} \\ &= k!\,c_k + (k+1)k\cdots 2c_{k+1}x + \cdots \end{aligned}$$

따라서 $c_k = \dfrac{f^{(k)}(0)}{k!}$이다.

$f(x) = e^x$일 때 $f^{(n)}(x) = e^x$이고 $f^{(n)}(0) = 1$이므로 다음 결과를 얻는다.

$$e^x = \sum_{n=0}^{\infty} \frac{x^n}{n!} = 1 + x + \frac{x^2}{2!} + \cdots$$

$\rho = \lim_{n\to\infty} \left| \dfrac{c_{n+1}}{c_n} \right| = \lim_{n\to\infty} \dfrac{n!}{(n+1)!} = 0$이므로 수렴반경은 ∞이고 지수함수에 대한 거듭제곱급수는 모든 실수에 대해 수렴한다.

중요함수의 거듭제곱급수

- $\dfrac{1}{1-x} = \sum_{n=0}^{\infty} x^n = 1 + x + x^2 + x^3 + \cdots, \ |x| < 1$
- $e^x = \sum_{n=0}^{\infty} \dfrac{x^n}{n!} = 1 + x + \dfrac{x^2}{2!} + \dfrac{x^3}{3!} + \cdots, \ |x| < \infty$

보기 12

$y = e^{-x}$를 거듭제곱급수로 나타내시오.

풀이

$f(x) = e^x = \sum_{n=0}^{\infty} \frac{x^n}{n!}$이므로

$$e^{-x} = f(-x) = \sum_{n=0}^{\infty} \frac{(-x)^n}{n!} = 1 - x + \frac{x^2}{2!} - \frac{x^3}{3!} + \cdots$$

보기 13

다음 값을 구하시오.

(a) $\sum_{n=1}^{\infty} \frac{n}{2^n}$

(b) $\sum_{n=1}^{\infty} np^n$, 단 $|p| < 1$

풀이

$\frac{1}{(1-x)^2} = \sum_{n=1}^{\infty} nx^{n-1} = 1 + 2x + 3x^2 + \cdots$에서

(a) $x = \frac{1}{2}$를 대입하면 $\sum_{n=1}^{\infty} \frac{n}{2^n} = \frac{1}{2} \sum_{n=1}^{\infty} \frac{n}{2^{n-1}} = \frac{1}{2} \frac{1}{(1-1/2)^2} = 2$

(b) $x = p$를 대입하면 $\sum_{n=1}^{\infty} np^n = p \sum_{n=1}^{\infty} np^{n-1} = p\frac{1}{(1-p)^2}$

연습문제 급수

01 다음 수열의 수렴과 발산을 조사하고, 수렴하면 그 극한값을 구하시오.

(a) $a_n = \dfrac{n}{n+2}$ (b) $a_n = \dfrac{1-2^n}{1+2^n}$ (c) $a_n = \dfrac{e^n}{\pi^n}$

(d) $a_n = n^2 2^{-n}$ (e) $a_n = \sqrt{n^2+n} - n$ (f) $a_n = \dfrac{1}{\sqrt{n^2+n}-n}$

02 다음 거듭제곱급수가 수렴하는 x의 범위를 구하고 거듭제곱급수의 극한을 구하시오.

(a) $\displaystyle\sum_{k=0}^{\infty} \frac{x^k}{2^k}$ (b) $\displaystyle\sum_{k=1}^{\infty} (2x)^k$ (c) $\displaystyle\sum_{k=0}^{\infty} x^{2k+1}$

03 다음 거듭제곱급수의 수렴반경을 구하시오.

(a) $f(x) = \displaystyle\sum_{n=0}^{\infty} n^2 x^n$ (b) $f(x) = \displaystyle\sum_{n=0}^{\infty} \frac{x^n}{n^2}$ (c) $f(x) = \displaystyle\sum_{n=0}^{\infty} \frac{nx^n}{2^n}$

(d) $f(x) = \displaystyle\sum_{n=0}^{\infty} \frac{x^n}{n2^n}$ (e) $f(x) = \displaystyle\sum_{n=0}^{\infty} \frac{x^n}{n!}$ (f) $f(x) = \displaystyle\sum_{n=0}^{\infty} \frac{(2x)^n}{n!}$

04 다음 함수의 거듭제곱급수를 구하시오.

(a) $y = \dfrac{1}{1+x}$ (b) $y = \dfrac{1}{1-2x}$ (c) $y = \dfrac{1}{1-x^2}$

(d) $y = \dfrac{e^x + e^{-x}}{2}$ (e) $y = \dfrac{e^x - e^{-x}}{2}$ (f) $y = e^{-\frac{x^2}{2}}$

05 다음 값을 구하시오.

(a) $\displaystyle\sum_{n=1}^{\infty} n^2 x^n,\ |x| < 1$ (b) $\displaystyle\sum_{n=1}^{\infty} \frac{n^2}{2^n}$

부록 B

엑셀 사용법 기초

통계의 사용빈도가 많아지고 중요성이 커지면서 다양한 통계패키지가 개발되어 사용되고 있다. 통계패키지를 사용하면 데이터와 간단한 명령어만 입력하여 수많은 결과를 한꺼번에 구할 수 있다. 그러나 이 교재의 목표는 확률과 통계의 원리를 이해하고 활용하는 것이므로 이러한 통계패키지의 활용은 적절하지 못하다. 대신 단순하지만 많은 양의 계산을 해야 하는 경우(평균, 분산 등을 구할 때)와 수학적으로 너무 어려운 계산을 해야 하는 경우(누적분포함수 등을 구할 때) 엑셀을 이용하여 쉽게 계산하는 방법을 부록 B에 소개하였다. 엑셀을 이용해서도 필요한 기술통계량을 한꺼번에 구할 수 있으나 이 교재가 확률론의 개념과 기본원리를 배우고 익히는 데에 주안점을 두고 있어 소개하지 않았다. 어떤 개념이든 새로운 개념을 처음 배울 때는 정의를 이용한 계산 과정 자체가 개념을 이해하는 데 중요한 역할을 한다고 믿기 때문이다.

B.1 기본 사용 방법

B.1.1 데이터와 연산자

- 숫자는 셀의 오른쪽에 입력(정렬)되며, 숫자와 문자를 혼합하여 입력하면 문자 데이터로 인식한다. 수치 중간에는 공백, 특수 문자를 입력하면 안 된다.
- 엑셀에서 사용하는 수치는 기본적으로 양수이므로 수치 데이터 앞에 "+" 기호를 입력해도 셀에는 나타나지 않는다. 음수 데이터를 입력할 경우에는 "−" 기호를 숫자 앞에 입력하거나 수치를 괄호로 묶어 입력하면 자동으로 음수 기호(−)를 표시한다.
- 입력 데이터가 셀의 기본 폭보다 넓으면 #####이 표시된다. 데이터가 보이게 하려면 셀의 폭을 넓혀주면 된다.
- 백분율(%)을 계산식에 입력할 경우, 20%를 입력한 것이나, 0.2를 입력한 것이나, 같은 결과를 출력한다.

수식 연산자

엑셀에서 사용하는 수식은 다음 도표와 같은 연산자를 사용하며, 기본적으로 수식 선언 기호인 "="로 시작해야 된다.

연산자	의미
+	더하기
−	빼기
*	곱하기
/	나누기
^	지수
%	백분율

수식연산자 사용 예

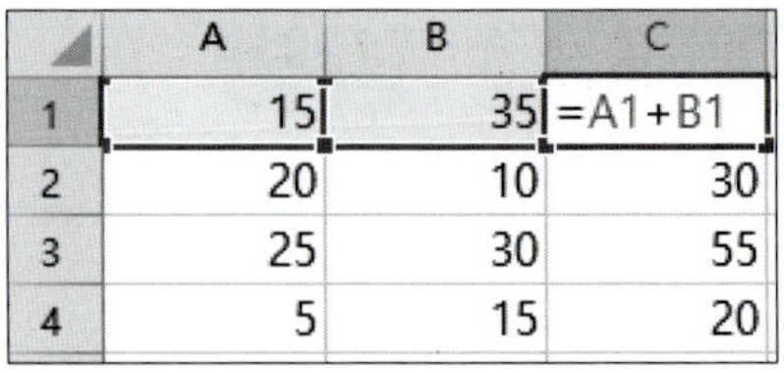

C1에 A1과 B1의 합이 표현된다. 그리고 C1을 [드래그 & 드롭]해주면 C열의 다른 행들에도 같은 연산 결과가 제공된다.

비교 연산자

두 값을 하나로 연결하여 하나의 문자 값을 산출한다.

의 미	연산자
같다	=
~보다 작다	<
~보다 크다	>
작거나 같다	<=
크거나 같다	>=
같지 않다	<>

비교 연산자 사용 예

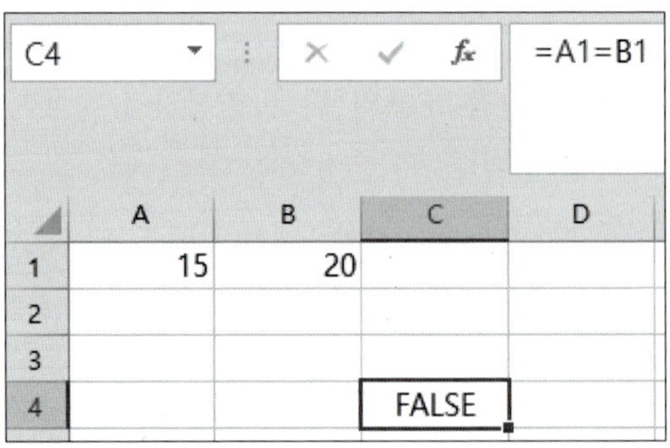

지정된 C4에 A1과 A2의 값이 같은지 표현된다. 같으면 TRUE, 다르면 FALSE로 표시된다.

참조 연산자

많이 사용되는 참조연산자로는 범위, 합집합, 교집합 등이 있으며 표현 방법과 의미는 다음과 같다.

연산자	설명
범위(:)	두 참조 영역을 포함하여 사이에 있는 모든 셀들을 하나의 참조 영역으로 만든다.
합집합(,)	두 참조 영역을 모두 포함하는 하나의 참조 영역을 만든다.
교집합(공백)	두 참조 영역에 공통인 셀들로 하나의 참조 영역을 만든다.

참조연산자 사용 예

입력	결과
SUM(A2:A15)	A2부터 A15까지 14개 항의 모두 더한 값을 구해 준다.
SUM(A2:A11, B6:B20)	A2부터 A11까지 10개 항과 B6부터 B20까지 15개 모두 25개 항을 모두 더한 값을 구해 준다.
SUM(A2:A11 A6:A20)	A2부터 A11까지의 원소와 A6부터 A20까지 15개의 원소 중 겹치는 A6부터 A11까지 6개 항을 모두 더한 값을 구해 준다.

B.1.2 자동합계를 이용하여 합계와 평균 구하기

합계(평균)를 자동으로 구하는 방법

합계를 구하고자 하는 범위를 지정한 후 [수식] 탭의 Σ 아이콘을 클릭하면 자동으로 합계가 구해진다.

함수 마법사를 사용하여 평균을 구할 때는, 합계를 구하는 것과 같은 방법을 사용하며 Σ 아이콘 대신 평균을 클릭한다.

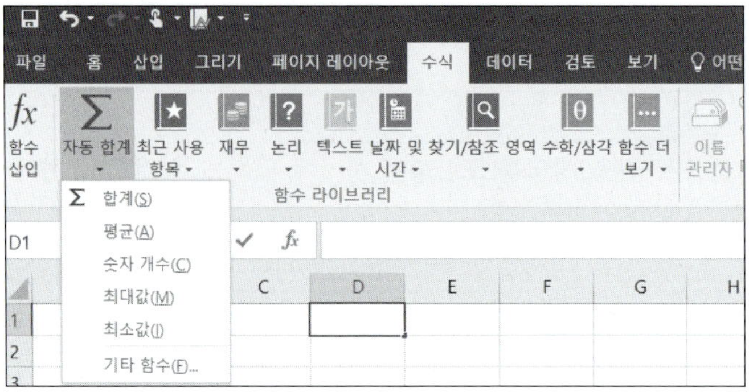

여러 데이터 합계를 한번에 구하는 방법

• 범위를 지정한다. 오른쪽에 빈칸을 하나 추가하면 가로합이 구해진다. 아래쪽에 빈칸을 하나 추가하면 세로합이 구해진다.

	A	B	C	D	E
1	연도별 개설 강좌 수				
2					
3	강좌명	2015년	2016년	2017년	
4	A강좌	21	22	19	
5	B강좌	10	15	17	
6	C강좌	11	11	16	
7	D강좌	12	14	10	

• 자동합계 아이콘 Σ을 클릭한다.

	A	B	C	D	E
1	연도별 개설 강좌 수				
2					
3	강좌명	2015년	2016년	2017년	
4	A강좌	21	22	19	62
5	B강좌	10	15	17	42
6	C강좌	11	11	16	38
7	D강좌	12	14	10	36

연산자를 복사해서 계산

- 아래 워크시트의 A강좌의 합계를 구한다.

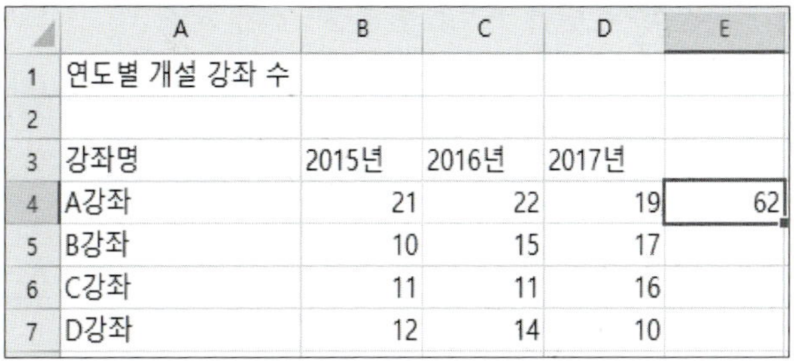

	A	B	C	D	E
1	연도별 개설 강좌 수				
2					
3	강좌명	2015년	2016년	2017년	
4	A강좌	21	22	19	62
5	B강좌	10	15	17	
6	C강좌	11	11	16	
7	D강좌	12	14	10	

- E4 셀의 진한 네모박스 오른쪽 아래에 작은 사각형에다 마우스 포인터를 위치시키면 마우스 포인터가 다음과 같이 십자형으로 바뀐다.

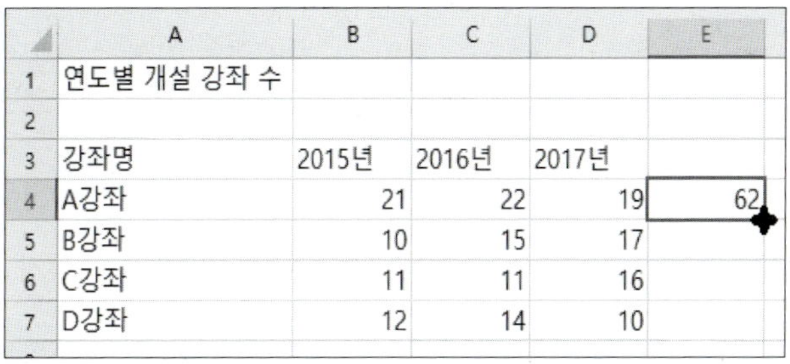

	A	B	C	D	E
1	연도별 개설 강좌 수				
2					
3	강좌명	2015년	2016년	2017년	
4	A강좌	21	22	19	62
5	B강좌	10	15	17	
6	C강좌	11	11	16	
7	D강좌	12	14	10	

- 마우스 포인터가 십자형 모양인 상태에서 합계를 구하는 영역까지 드래그하면 아래와 같은 합계를 구할 수 있다. 세로합도 같은 방법으로 구할 수 있다.

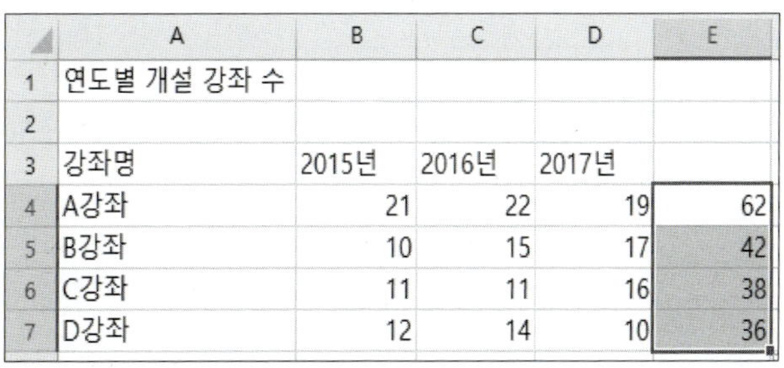

	A	B	C	D	E
1	연도별 개설 강좌 수				
2					
3	강좌명	2015년	2016년	2017년	
4	A강좌	21	22	19	62
5	B강좌	10	15	17	42
6	C강좌	11	11	16	38
7	D강좌	12	14	10	36

보기 1

2개월에 한 번씩 제품을 생산하는 공장의 불량품 수를 나타낸 자료이다. 이 자료를 이용해서 각 공장 불량품 수의 평균을 구해 보자.

월	2월	4월	6월	8월	10월	12월
A 공장	7	4	6	2	3	6
B 공장	2	1	0	3	3	0
C 공장	10	7	8	5	3	4

• 자료를 엑셀에 입력하고 A 공장의 평균을 구하기 위해 H4 셀에 다음과 같은 함수와 범위를 적어 넣는다.

	A	B	C	D	E	F	G	H	I
1	각 공장의 불량품 수								
2									
3		2월	4월	6월	8월	10월	12월	평균	
4	A 공장	7	4	6	2	3	6	=AVERAGE(B4:G4)	
5	B 공장	2	1	0	3	3	0		
6	C 공장	10	7	8	5	3	4		

• H4 셀의 진한 네모박스에 마우스 포인터를 위치시키면 십자 표시가 나온다.

	A	B	C	D	E	F	G	H
1	각 공장의 불량품 수							
2								
3		2월	4월	6월	8월	10월	12월	평균
4	A 공장	7	4	6	2	3	6	4.666667
5	B 공장	2	1	0	3	3	0	
6	C 공장	10	7	8	5	3	4	
7								

• 마우스 포인터가 십자 모양인 상태에서 H6 셀까지 드래그하면 B 공장과 C 공장의 평균값이 구해진다.

	A	B	C	D	E	F	G	H
1	각 공장의 불량품 수							
2								
3		2월	4월	6월	8월	10월	12월	평균
4	A 공장	7	4	6	2	3	6	4.666667
5	B 공장	2	1	0	3	3	0	1.5
6	C 공장	10	7	8	5	3	4	6.166667

B.1.3 확률분포표에서 평균과 분산 구하기

평균

확률분포표가 다음과 같이 주어졌을 때 기댓값과 분산을 엑셀을 이용하여 구하는 방법을 알아본다.

x	1	2	3	4	5	6
$p(x)$	0.1	0.15	0.25	0.25	0.2	0.05

- 우선 주어진 데이터를 엑셀에 입력한다.
- 기댓값 $E(X)=\sum_{x=1}^{6} xp(x)$를 계산하기 위하여 셀 C4에 =C2*C3을 입력한다. 셀에서 등호(=)를 입력하면 수식입력기에 자동으로 입력된다.

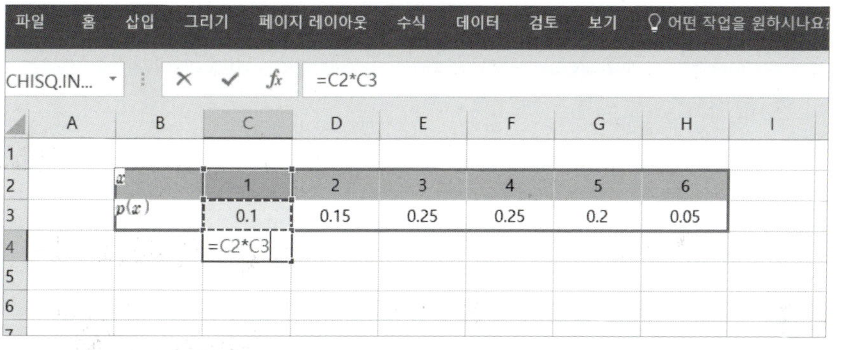

- 엔터를 누르면 셀 C4에 C2*C3=1*$p(1)=0.1$이 입력된다.

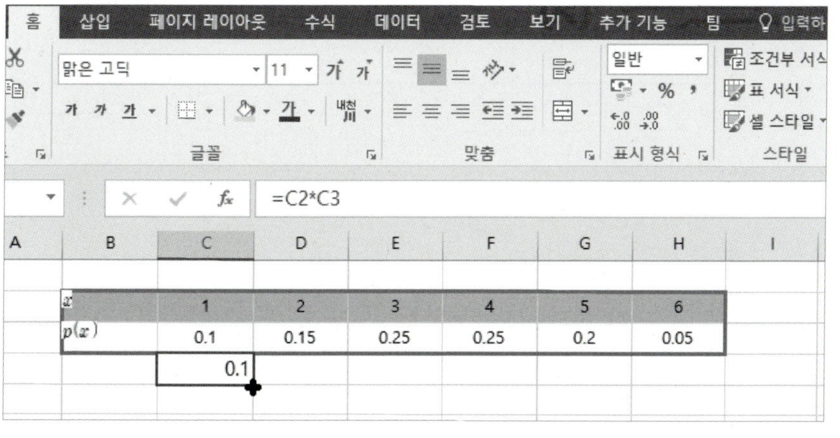

• 셀 C4를 클릭한 후 셀 우측 하단으로 마우스를 가져다 놓으면 십자 모양이 생기는데 그 상태에서 마우스로 셀 D4부터 셀 H4까지 [드래그&드롭]을 한다. 그러면 자동으로 D2*D3, E2*E3, F2*F3, G2*G3, H2*H3의 값이 차례로 계산된다.

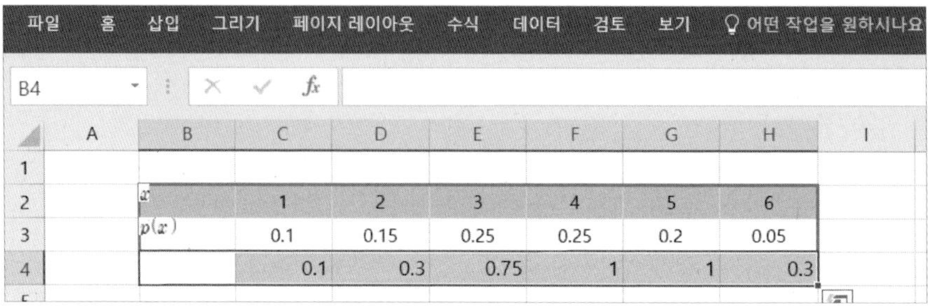

• 셀 I4를 클릭하고 자동합계 아이콘을 클릭한 후 셀 C4부터 셀 H4까지 [드래그&드롭]을 하면 $E(X)=\sum_{x=1}^{6} xp(x)$의 값 3.45가 출력된다.

• 셀 I4에 직접 =SUM(C4:H4)를 입력하여도 같은 결과를 얻는다.

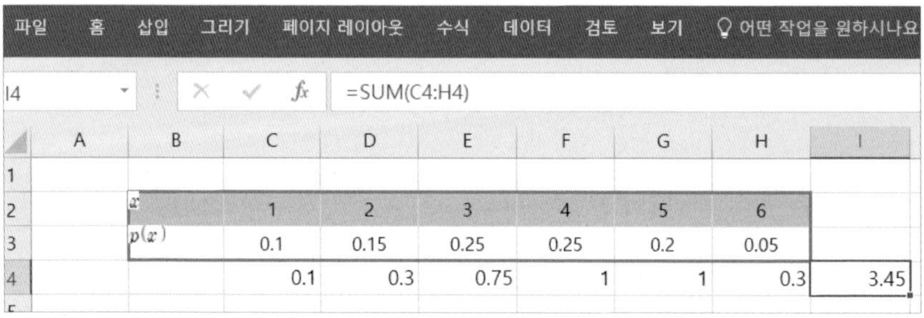

분산

- 분산을 구하기 위하여 $x^2p(x)$를 같은 방법으로 셀 C5부터 셀 H5까지 계산한다. 셀 C5를 클릭한 후 =C2^2*C3을 입력한 후 D6부터 H6까지 복사하여 붙인다.

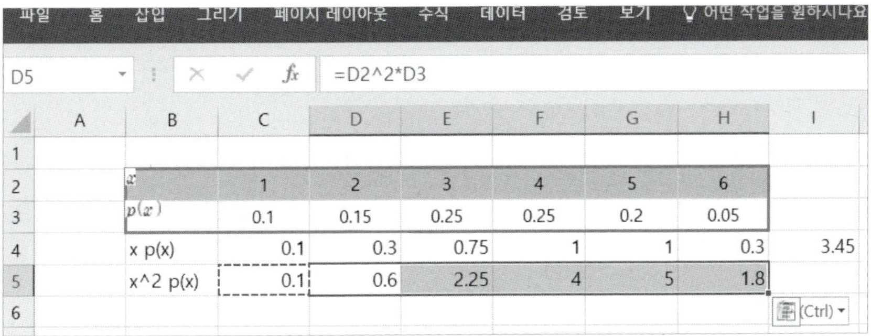
파일 홈 삽입 그리기 페이지 레이아웃 수식 데이터 검토 보기 어떤 작업을 원하시나요

D5 =D2^2*D3

	A	B	C	D	E	F	G	H	I
1									
2		x	1	2	3	4	5	6	
3		$p(x)$	0.1	0.15	0.25	0.25	0.2	0.05	
4		x p(x)	0.1	0.3	0.75	1	1	0.3	3.45
5		x^2 p(x)	0.1	0.6	2.25	4	5	1.8	
6									(Ctrl)

- 셀 I5를 클릭하고 자동합계 아이콘을 클릭하면 $E(X^2)=\sum_{x=1}^{6} x^2p(x)$의 값 13.75가 구해진다.

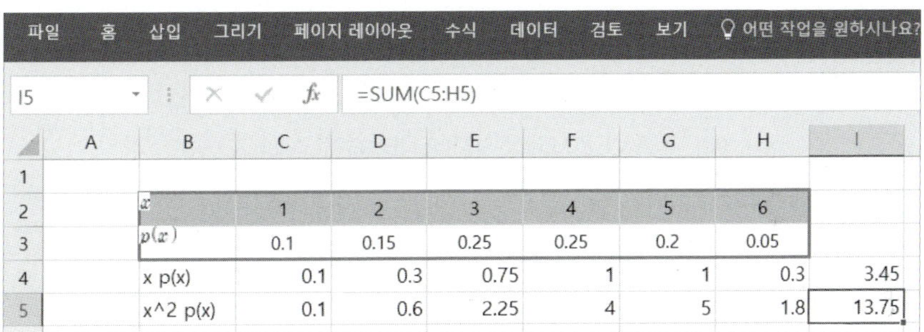
파일 홈 삽입 그리기 페이지 레이아웃 수식 데이터 검토 보기 어떤 작업을 원하시나요?

I5 =SUM(C5:H5)

	A	B	C	D	E	F	G	H	I
1									
2		x	1	2	3	4	5	6	
3		$p(x)$	0.1	0.15	0.25	0.25	0.2	0.05	
4		x p(x)	0.1	0.3	0.75	1	1	0.3	3.45
5		x^2 p(x)	0.1	0.6	2.25	4	5	1.8	13.75

- 셀 I6을 클릭하고 분산은 $Var(X)=E(X^2)-[E(X)]^2$이므로 =I5−I4^2을 입력하면 분산 1.8475가 구해진다.

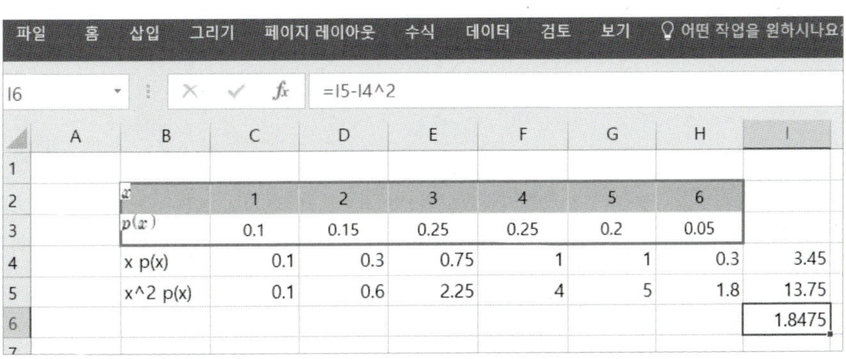
파일 홈 삽입 그리기 페이지 레이아웃 수식 데이터 검토 보기 어떤 작업을 원하시나요?

I6 =I5-I4^2

	A	B	C	D	E	F	G	H	I
1									
2		x	1	2	3	4	5	6	
3		$p(x)$	0.1	0.15	0.25	0.25	0.2	0.05	
4		x p(x)	0.1	0.3	0.75	1	1	0.3	3.45
5		x^2 p(x)	0.1	0.6	2.25	4	5	1.8	13.75
6									1.8475

B.2 함수 마법사 사용 방법

B.2.1 함수의 사용규칙

엑셀에서 제공되는 다양한 함수를 사용하여 데이터를 분석하고, 워크시트 값에 대하여 덧셈, 곱셈, 비교 등의 연산을 수행할 수 있다. 엑셀 함수의 기능은 일련의 값, 셀 참조 영역, 이름, 함수, 또는 연산자들을 사용하여 현재의 값으로 새로운 값을 만든다. 엑셀 함수는 이름과 함수에 대한 하나 또는 그 이상의 인수로 구성되고 항상 등호(=)로 시작한다. 일반적인 엑셀 함수의 형식은 다음과 같다.

> 형식 : = 함수명(인수, 인수, …, 인수)
> 예) = AVERAGE(SUM(A1:B3), SUM(1,2,3))

여기서 인수는 함수의 중요한 요소이다. 함수에 의해 연산되는 값을 인수라고 하며, 함수 계산에 의해서 산출되는 값을 결과값이라고 한다. 인수는 항상 함수 이름의 오른쪽에 위치하며, 괄호 안에 들어 있어야 한다. 함수에서 인수로 사용될 수 있는 것은 **숫자, 문자열, 논리값, 배열, 오류값, 참조 영역** 등이다. 일반적인 규칙은 다음과 같다.

함수의 사용 규칙

1) '='은 수식의 시작이라는 의미이며 모든 수식 입력 및 함수 앞에 쓰여야 한다. 만약 쓰지 않으면 함수 이름이 아니라 그냥 문자로 인식하게 된다.
2) 함수 이름은 사용하고자 하는 수학, 통계, 논리, 문자, 날짜/시간 등의 함수명이다.
3) 인수를 묶는 양쪽의 괄호는 반드시 필요하다. 인수가 필요 없는 RAND라는 함수도 함수로 사용할 때는 RAND()와 같이 써야 한다.
4) 함수의 인수가 될 수 있는 것은 숫자, 셀 범위, 논리값, 문자값 등이 가능하다.
5) 인수가 여러 개 사용되는 함수에서는 콤마(,)를 사용하여 인수를 분리한다.
6) 함수 이름을 기억하지 못할 때는 f_x를 클릭하면 함수마법사 창이 뜬다. 함수 이름 중에서 적절한 함수를 클릭해도 되고 범주 선택에서 수학/삼각이나 통계를 선택하면 이 교재에서 필요한 대부분의 함수를 찾을 수 있다.

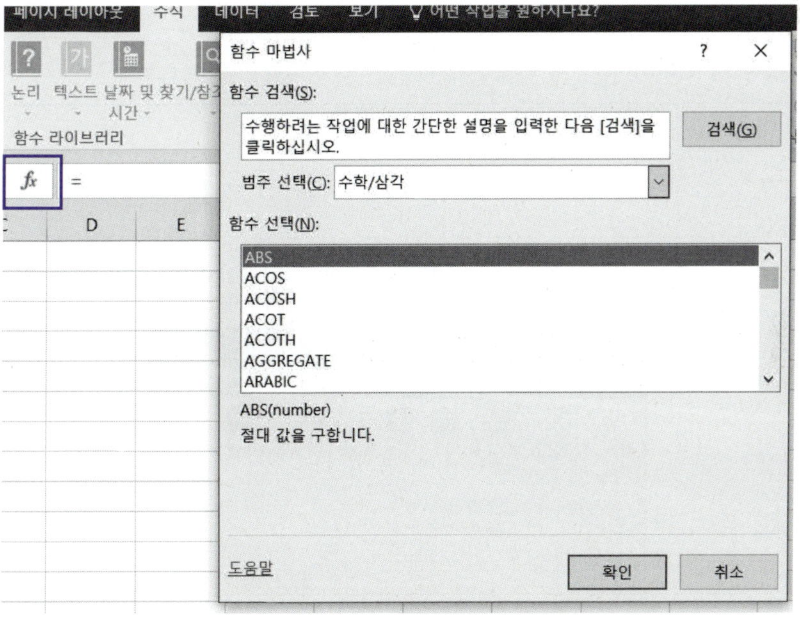

B.2.2 대표적인 수학함수

수학함수

- [수학/삼각] 범주에 들어 있다.

함수	의미
EXP(x)	e^x
SQRT(x)	$\sqrt{x}$
LOG(x, a)	$\log_a x$
LN(x)	$\ln x$
FACT(n)	$n!$
COMBIN(n, k)	$\binom{n}{k} = \frac{n!}{k!(n-k)!}$
PERMUT(n, k)	${}_nP_k = \frac{n!}{(n-k)!}$

보기

자연상수 e는 함수 마법창에서 =EXP(1)을 입력하고 Enter를 치면 얻을 수 있다.

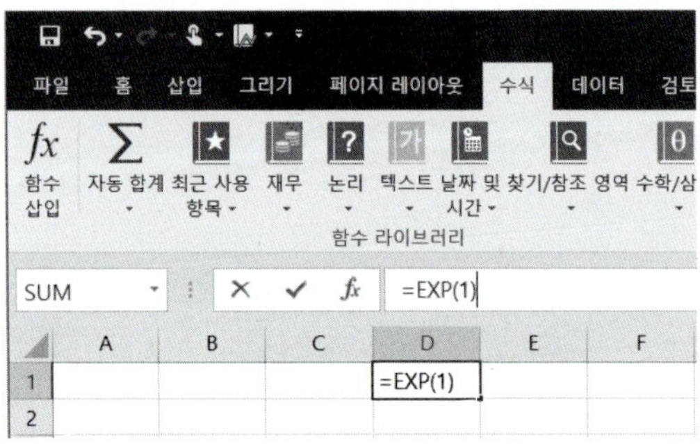

같은 방법으로 함수 마법창에 다음 표의 왼쪽 사항을 입력하면 출력의 마지막 결과를 얻는다. PERMUT(n, k)은 통계에 들어 있고 나머지는 모두 수학/삼각 범주에 들어 있다.

함수	출력
=EXP(1)	2.718282
=SQRT(9)	$\sqrt{9}=3$
=LOG(16, 2)	$\log_2 16=4$
=LN(3)	$\ln 3=1.098612$
=FACT(5)	$5!=120$
=COMBIN(5, 2)	$\binom{5}{2}=\frac{5!}{2!3!}=10$
=PERMUT(5, 2)	${}_5P_2=\frac{5!}{3!}=20$

B.2.3 대표적인 기술통계함수

기술통계함수

- [통계] 범주에 들어 있다.
- 주어진 데이터가 모집단이면 ***.P(P는 Polpulation을 의미), 표본이면 ***.S (S는 Sample을 의미)로 나타낸다.

함수	함수 값
AVERAGE	수치 자료들의 평균
MEDIAN	수치 자료들의 중앙값
MODE.SNGL	수치 자료들의 최빈값(최빈값이 하나인 경우)
MODE.MULT	수치 자료들의 최빈값(최빈값이 여러 개인 경우)
SUM	수치 자료들의 합계
VAR.P	모집단 자료들의 모분산
VAR.S	표본 자료들의 표본분산
STDEV.P	모집단 자료들의 모표준편차
STDEV.S	표본 자료들의 표본표준편차
MAX	자료들의 최댓값
MIN	자료들의 최솟값

- 모두 괄호 안에 데이터의 시작 위치와 끝나는 위치를 적어 주면 된다. 데이터를 직접 지정할 수도 있다. **보기 3**처럼 데이터가 A1부터 J5까지 들어 있는 경우 괄호 안에 A1:J5를 입력하면 된다.

■ 엑셀을 이용한 평균값 구하기: AVERAGE

- 목적: 인수의 산술평균을 구한다.
- 구문: AVERAGE(number1, number2, …) 또는 AVERAGE(시작 위치 : 끝나는 위치)

  number1, number2, …: 평균계산에 사용되는 데이터를 넣는다.

  또는 워크시트에서 데이터 입력 범위를 지정해 넣을 수도 있다.

■ 엑셀을 이용한 중앙값 구하기: MEDIAN

- 목적: 주어진 수들의 중앙값을 구한다.
- 구문: MEDIAN(number1, number2, …) 또는 MEDIAN(시작 위치 : 끝나는 위치)

  number1, number2, …: 중앙값 계산에 사용되는 데이터를 넣는다.

■ 엑셀을 이용한 최빈값 구하기: MODE.SNGL

- 목적: 주어진 자료에서 최빈값을 구한다.
- 구문: MODE.SNGL(number1, number2, …) 또는 MODE.SNGL(시작 위치 : 끝나는 위치)

  number1, number2, …: 최빈값을 구하기 위한 데이터

■ 엑셀을 이용한 모표준편차 구하기: STDEV.P

- 목적: 주어진 자료에 대한 모표준편차를 구한다.
- 구문: STDEV.P(number1, number2, …) 또는 STDEV.P(시작 위치 : 끝나는 위치)

  number1, number2, …: 표준편차를 구하기 위한 데이터

■ 엑셀을 이용한 모분산 구하기: VAR.P

- 목적: 주어진 자료에 대한 모분산을 구한다.
- 구문: VAR.P(number1, number2, …) 또는 VAR.P(시작 위치 : 끝나는 위치)

  number1, number2, …: 모분산을 구하기 위한 데이터

■ 엑셀을 이용한 표본표준편차 구하기: STDEV.S

- 목적: 주어진 자료에 대한 표본표준편차를 구한다.
- 구문: STDEV.S(number1, number2, …) 또는 STDEV.S(시작 위치 : 끝나는 위치)
  number1, number2, …: 표본표준편차를 구하기 위한 데이터

■ 엑셀을 이용한 표본분산 구하기: VAR.S

- 목적: 주어진 자료에 대한 표본분산을 구한다.
- 구문: VAR.S(number1, number2, …) 또는 VAR.S(시작 위치 : 끝나는 위치)
  number1, number2, …: 표본분산을 구하기 위한 데이터

보기 2

엑셀을 이용하여 (a) 평균, (b) 모분산을 구하시오.

36	71	79	42	46	63	75	88	90	58
80	84	46	62	70	76	92	79	48	96
72	73	84	67	57	66	68	95	73	65
90	61	70	80	69	98	61	59	72	86
28	65	96	73	68	52	67	56	52	72

풀이

(a) 평균

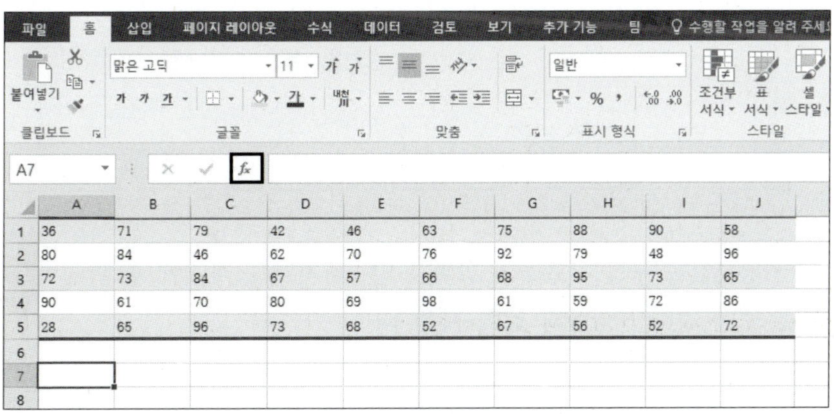

- 평균값을 나타낼 셀을 클릭한 후 함수삽입 버튼을 누른다.

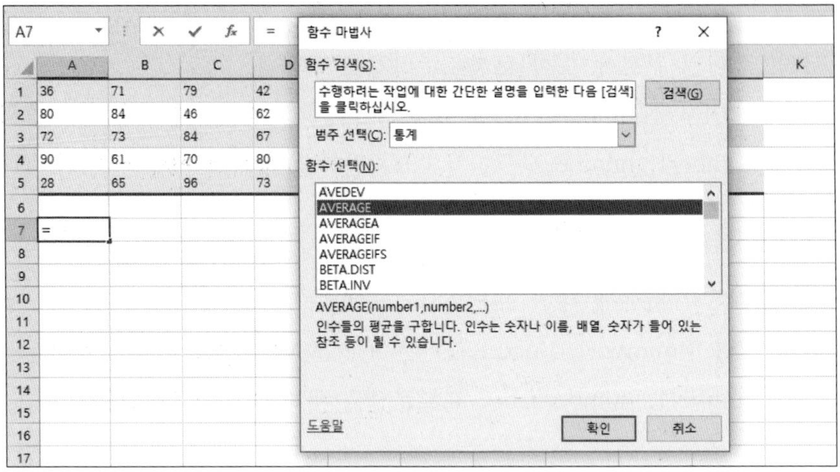

• AVERAGE 함수를 선택한 후 확인버튼을 누른다.

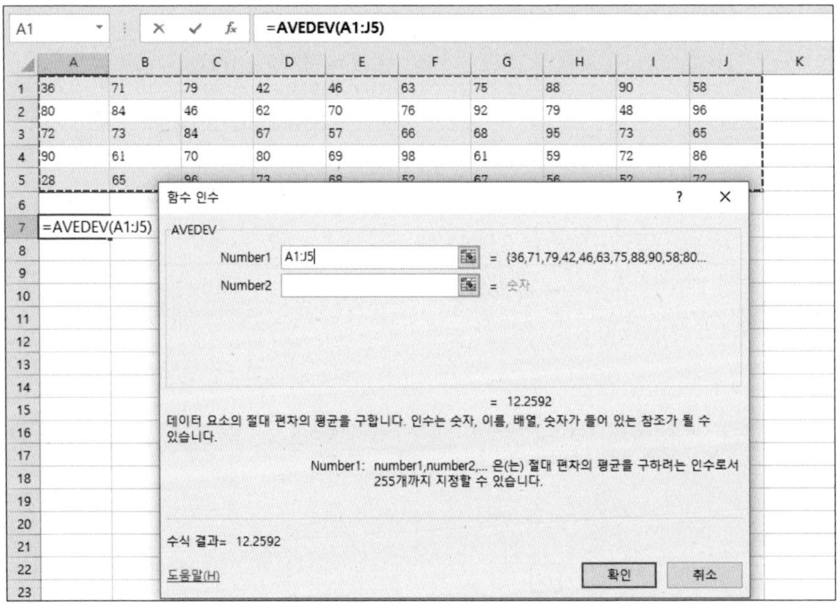

• 평균값을 구할 자료들의 범위를 입력하거나 드래그한 후 확인버튼을 누르면 결과가 다음과 같이 나온다.

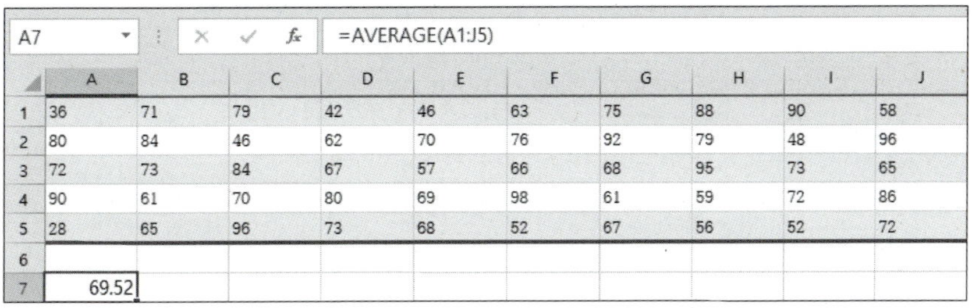

(b) 모분산

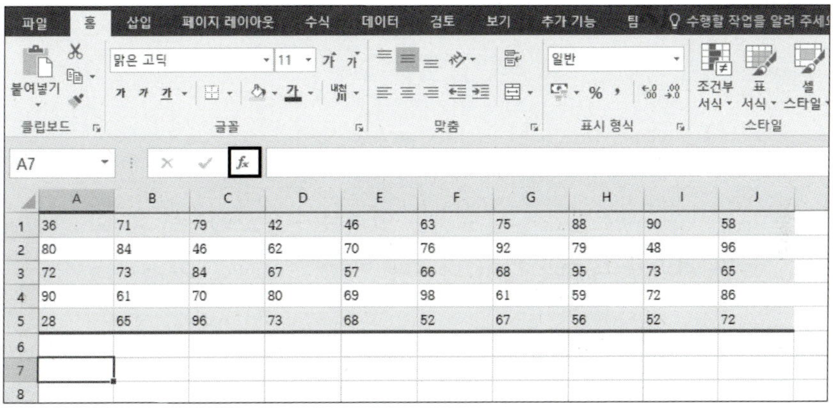

• 모분산을 나타낼 셀을 클릭한 후 함수삽입 버튼을 누른다.

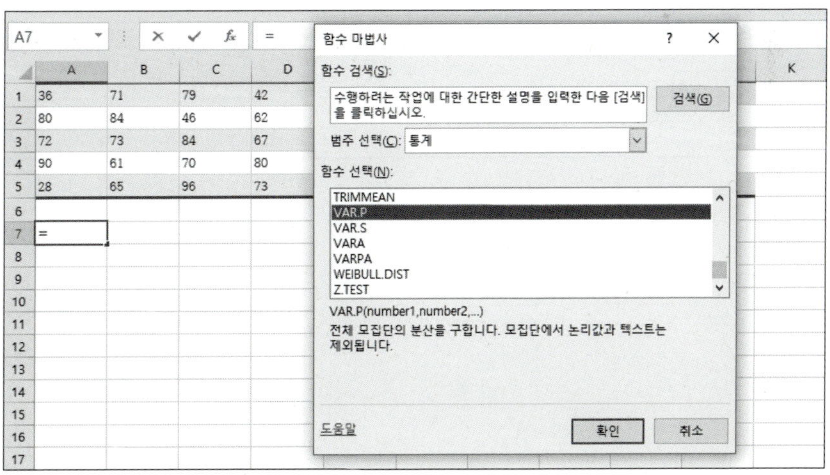

• VAR.P 함수를 선택한 후 확인버튼을 누른다.

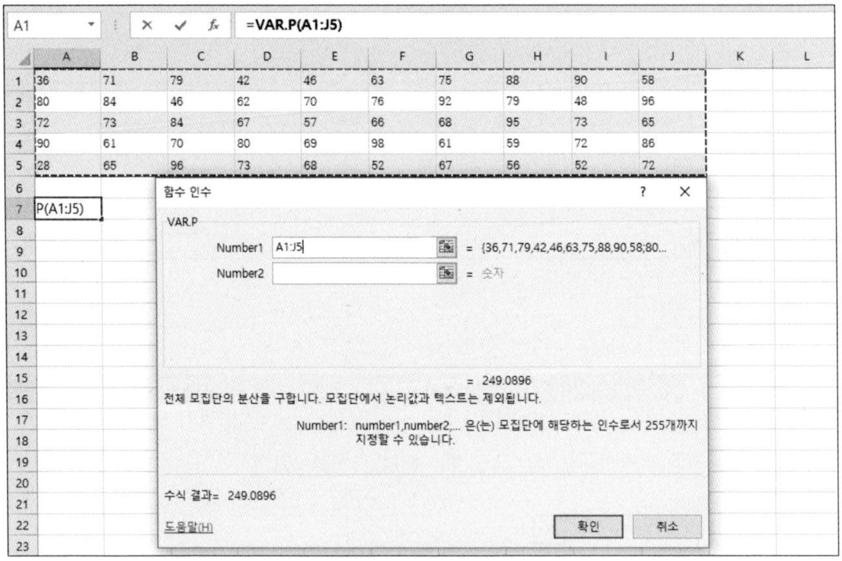

	A	B	C	D	E	F	G	H	I	J
1	36	71	79	42	46	63	75	88	90	58
2	80	84	46	62	70	76	92	79	48	96
3	72	73	84	67	57	66	68	95	73	65
4	90	61	70	80	69	98	61	59	72	86
5	28	65	96	73	68	52	67	56	52	72

• 모분산을 구할 자료들의 범위를 입력하거나 드래그한 후 확인버튼을 누르면 결과가 다음과 같이 나온다.

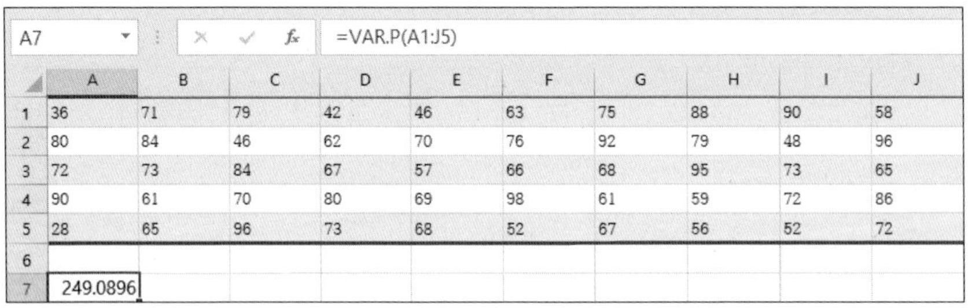

	A	B	C	D	E	F	G	H	I	J
1	36	71	79	42	46	63	75	88	90	58
2	80	84	46	62	70	76	92	79	48	96
3	72	73	84	67	57	66	68	95	73	65
4	90	61	70	80	69	98	61	59	72	86
5	28	65	96	73	68	52	67	56	52	72
6										
7	249.0896									

보기 3

보기 2의 모집단에서 뽑은 크기가 6인 표본이 다음과 같을 때 (a) 표본평균, (b) 표본표준편차를 구하시오.

36, 84, 46, 67, 57, 98

(a) 표본평균 : 기본적으로 평균을 구하는 방법과 동일하다.

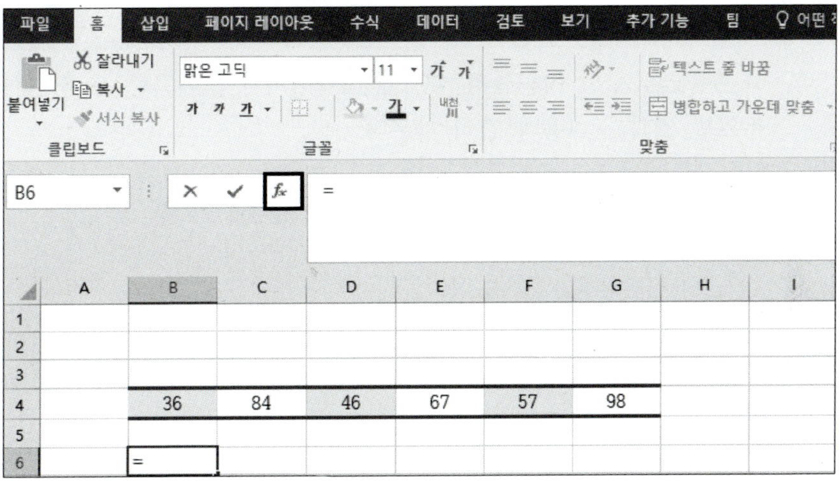

• 표본평균값을 나타낼 셀을 클릭한 후 함수삽입 버튼을 누른다.

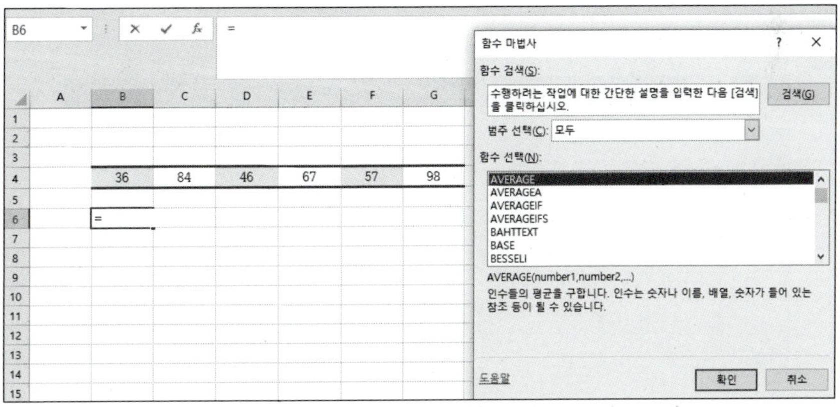

• AVERAGE 함수를 선택한 후 확인버튼을 누른다.

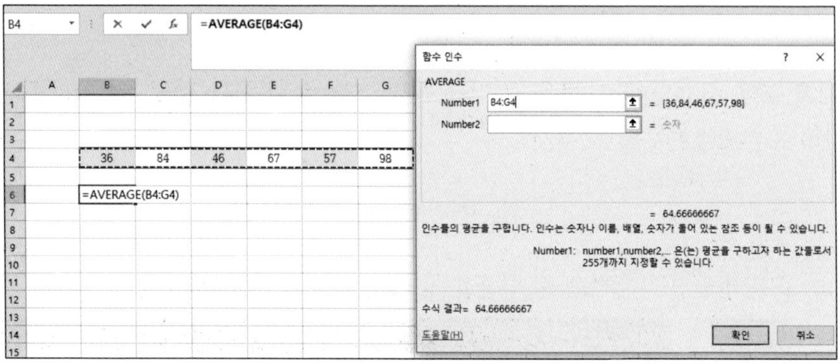

• 표본평균을 구할 자료들의 범위를 입력하거나 드래그한 후 확인버튼을 누르면 결과가 다음과 같이 나온다.

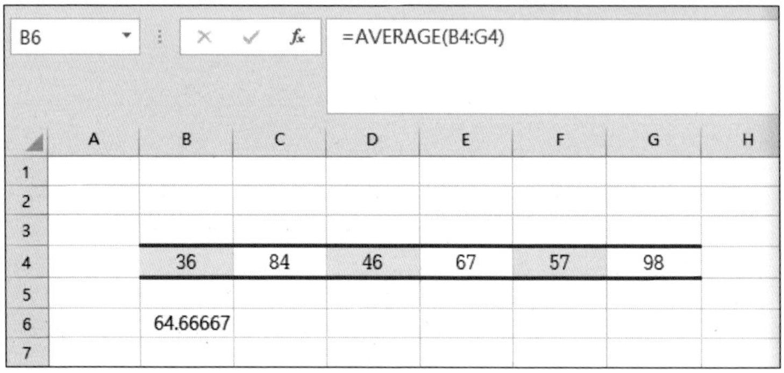

(b) 표본표준편차

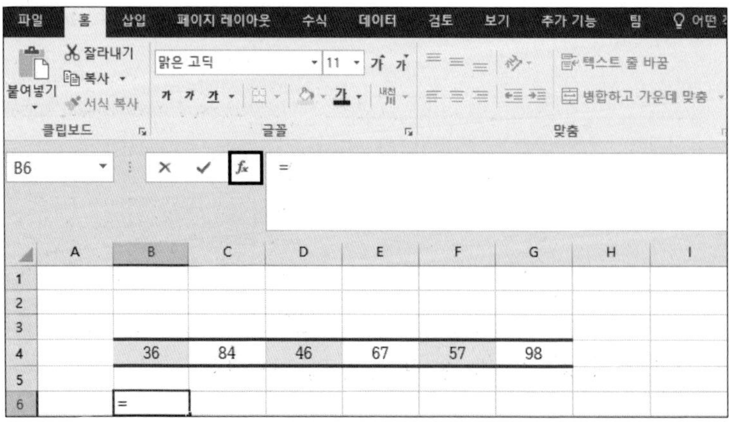

• 표본표준편차를 나타낼 셀을 클릭한 후 함수삽입 버튼을 누른다.

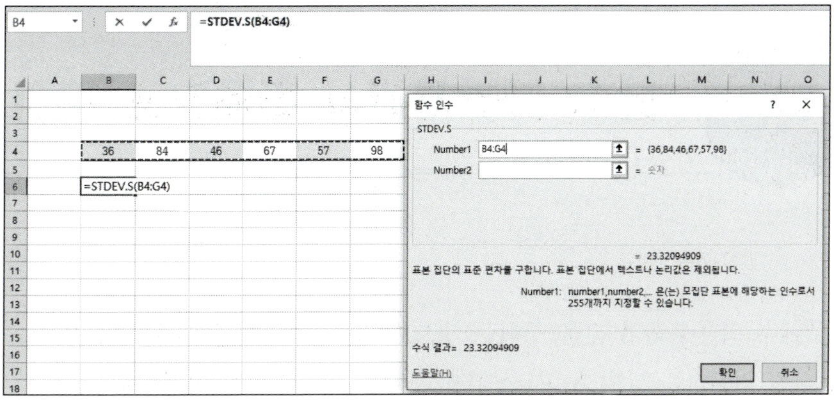

• STDEV.S 함수를 선택한 후 확인버튼을 누른다.

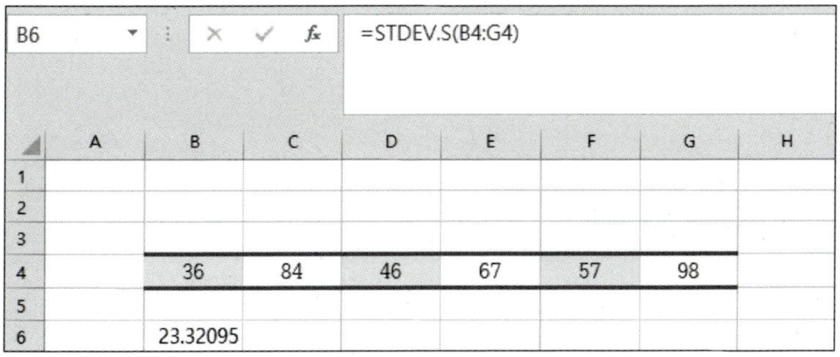

보기 3에서 입력에 따른 결과는 다음과 같다.

입력	결과 값	
=SUM(B4:G4)	36+84+46+67+57+98=388	표본합
=AVERAGE(B4:G4)	$\frac{1}{6}(36+84+46+67+57+98)=\frac{194}{3}\approx 64.7$	표본평균
=VAR.S(B4:G4)	$\frac{1}{5}((36-\frac{194}{3})^2+\cdots+(98-\frac{194}{3})^2)\approx 543.9$	표본분산
=STDEV.S(B4:G4)	$\sqrt{\text{VAR.S}(\text{B4}:\text{D4})}=\sqrt{543.9}$	표본표준편차
=MAX(B4:G4)	98	최댓값
=MIN(B4:G4)	36	최솟값

B.3 함수 마법사에서 확률분포 구하기

엑셀에서 확률분포의 값을 구하는 방법은 함수 마법사를 이용하는 것과 수식 입력창에 직접 입력하는 방법 두 가지이다. 수식입력창에 직접 입력하는 경우 확률분포를 어떻게 표시하는지, 각 인수의 의미가 무엇인지 기억해야 한다. 함수 마법사는 나열된 함수 중에서 선택하므로 함수의 대략적인 표현만 알아도 된다는 장점이 있다. 함수 마법사를 이용한 방법을 설명하기로 한다.

B.3.1 NAME.DIST

1. 엑셀에서 함수 마법사를 클릭하여 범주 선택에서 통계를 클릭한다.

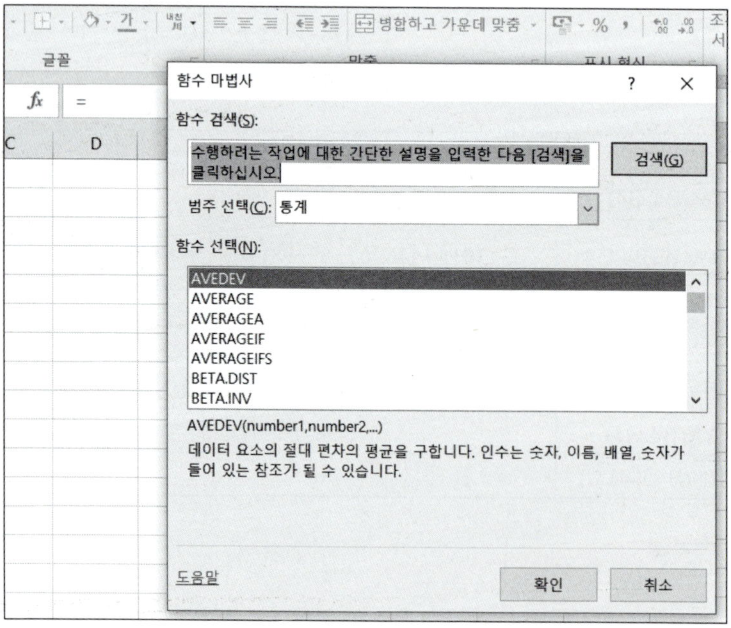

2. 함수 선택에서 해당하는 분포의 이름(NAME.DIST)을 선택하고 확인을 누르면 다음과 같이 함수 인수 창이 뜬다. 이 교재에서 다루는 분포들의 이름은 다음과 같다.

함수	의미
BINOM.DIST	이항분포
HYPGEOM.DIST	초기하분포
NEGBINOM.DIST	음이항분포
POISSON.DIST	푸아송 분포
EXPON.DIST	지수분포
GAMMA.DIST	감마분포
NORM.DIST	정규분포
NORM.S.DIST	표준정규분포
T.DIST	t-분포
CHISQ.DIST	χ^2-분포
F.DIST	F-분포

기하분포의 경우 $X \sim Geo(p) = NB(1,p)$의 관계식을 이용한다.
함수 인수창은 분포에 따라 다르며 이항분포의 경우 다음과 같다.

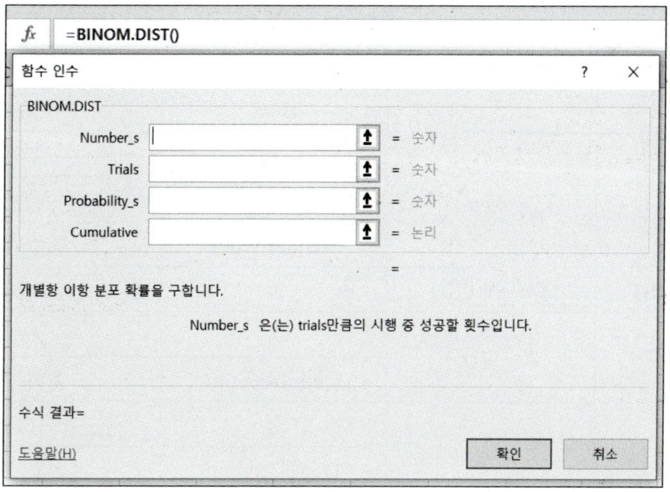

3. 모든 분포에서 마지막 인수는 Cumulative인데 0을 입력하면 확률질량함수, 또는 확률밀도함수의 값을, 1을 입력하면 누적분포함수의 값을 출력한다. 함수 인수창에 보이는 인수는 다음과 같은 값을 의미한다.(Cumulative 제외)

함수	분포	인수	의미
BINOM.DIST	$X \sim Bin(n,p)$	Number_s	성공횟수 x
		Trials	시행횟수 n
		Probability_s	성공확률 p
HYPGEOM.DIST	$X \sim HG(N,M,n)$	Sample_s	표본의 성공 개수 k
		Number_sample	표본의 크기 n
		Polulation_s	모집단의 성공 개수 M
		Number_pop	모집단의 크기 N
NEGBINOM.DIST	$X \sim NB(r,p)$	Number_f	실패횟수 $k-r$
		Number_s:	성공횟수 r
		Polulation_s	성공확률 p
POISSON.DIST	$X \sim Poi(\lambda)$	X	X의 값
		Mean	평균$=\lambda$
EXPON.DIST	$X \sim \text{Exp}(\lambda)$	X	X의 값
		Lambda	모수$=\lambda$
GAMMA.DIST	$X \sim \Gamma(k,\lambda)$	X	X의 값
		Alpha	모수 k
		Beta	$1/\lambda$
NORM.DIST	$X \sim N(\mu,\sigma^2)$	X	X의 값
		Mean	평균$=\mu$
		Standard_dev	표준편차$=\sigma$
NORM.S.DIST	$X \sim N(0,1)$	X	X의 값
T.DIST	$X \sim t(n)$	X	X의 값
		Deg_freedom	X의 자유도
CHISQ.DIST	$X \sim \chi^2(n)$	X	X의 값
		Deg_freedom	X의 자유도
F-DIST	$X \sim F(n,m)$	X	X의 값
		Deg_freedom_1	분자의 자유도, n
		Deg_freedom_2	분모의 자유도, m

확률분포의 값 $P(X \le x)$은 NAME.DIST(x, 모수들, 1)의 형태로 입력한다. 마지막 원소 1을 0으로 바꾸면 확률질량함수, 또는 확률밀도함수의 x에서의 값을 구해 준다. 예를 들어 NORM.S.DIST(2, 1)은 표준정규분포의 분포함수값이다.

$$P(X \le 2) = \Phi(2) = \frac{1}{\sqrt{2\pi}} \int_{-\infty}^{2} e^{-\frac{x^2}{2}} dx = 0.9773$$

반면 NORM.S.DIST(2, 0)은 표준정규분포의 확률밀도함수 $f(x) = \frac{1}{\sqrt{2\pi}} e^{-\frac{x^2}{2}}$의 2에서의 값이다.

$$f(2) = \frac{1}{\sqrt{2\pi}} e^{-\frac{2^2}{2}} = 0.0540$$

$X \sim Bin(10, 0.4)$일 때 BINOM.DIST(3, 10, 0.4, 0)은 다음 값을 구해 준다.

$$P(X=3) = \binom{10}{3} 0.4^3 0.6^7 = 0.2150$$

다음 표는 입력한 내용과 그에 따른 결과를 보여준다.

분포	입력	결과
$X \sim Bin(5, 0.2)$	BINOM.DIST(3,5,0.2,0)	$P(X=3) = 0.0512$
	BINOM.DIST(3,5,0.2,1)	$P(X \le 3) = 0.9933$
$X \sim HG(100, 10, 7)$	HYPGEOM.DIST(2,7,10,100,0)	$P(X=2) = 0.1235$
	HYPGEOM.DIST(2,7,10,100,1)	$P(X \le 2) = 0.9792$
$X \sim NB(4, 0.3)$	NEGBINOM.DIST(3,4,0.3,0)	$P(X=7) = 0.0556$
	NEGBINOM.DIST(3,4,0.3,1)	$P(X \le 7) = 0.1260$
$X \sim Poi(5)$	POISSON.DIST(3,5,0)	$P(X=3) = 0.1404$
	POISSON.DIST(3,5,1)	$P(X \le 3) = 0.2650$
$X \sim \mathrm{Exp}(2)$	EXPON.DIST(1,2,0)	$f(x) = 2e^{-2x}$, $f(1) = 0.2707$
	EXPON.DIST(1,2,1)	$P(X \le 1) = 0.8647$
$X \sim \Gamma(2,3)$	GAMMA.DIST(1,2,1/3,0)	$f(x) = 3^2 x e^{-3x}/\Gamma(3) = 4.5xe^{-3x}$ $f(1) = 0.4481$
	GAMMA.DIST(1,2,1/3,1)	$P(X \le 1) = 0.8009$

분포	입력	결과
$X \sim N(2, 3^2)$	NORM.DIST(−1,2,3,0)	$f(x) = \frac{1}{3\sqrt{2\pi}} e^{-\frac{(x-2)^2}{3^2}}$, $f(-1) = \frac{1}{3\sqrt{2\pi}} e^{-1} = 0.0807$
	NORM.DIST(−1,2,3,1)	$P(X \le -1) = 0.1587$
$X \sim N(0.1)$	NORM.S.DIST(2,0)	$f(x) = \frac{1}{\sqrt{2\pi}} e^{-\frac{x^2}{2}}$, $f(2) = 0.0540$
	NORM.S.DIST(2,1)	$P(X \le 2) = 0.9772$

B.3.2 주의가 필요한 분포

음이항분포는 교재의 모수와는 다른 형태로 입력한다.

- 범주 선택에서 통계를 선택한다.
- 함수 선택에서 NEGBINOM.DIST을 선택하고 확인을 누른다.

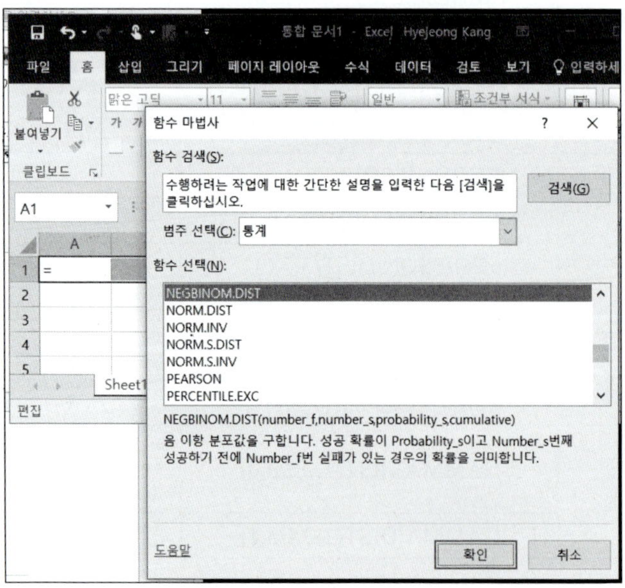

그러면 다음과 같은 화면이 나온다.

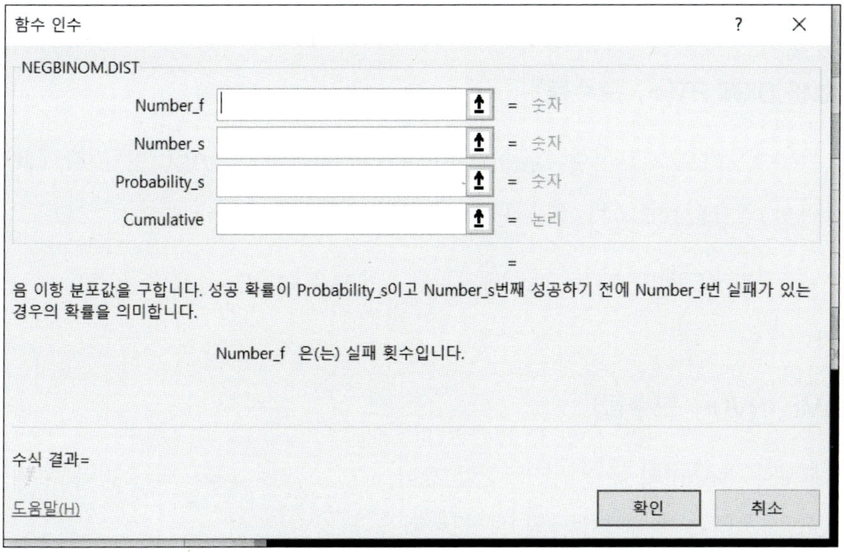

- 첫 번째 선택의 Number_f는 두 번째 선택의 Number_s번째 성공이 나올 때까지 나오는 실패의 횟수를 의미한다.
- 세 번째 선택의 Probability_s는 성공확률을 의미한다.
- $X \sim NB(r, p)$일 때 $P(X \leq r+3)$을 구하고 싶으면 순서대로 3, r, p, 1을 입력한다.
- $X \sim NB(4, 0.4)$일 때 $P(X \leq 9)$을 구하고 싶으면 4번의 성공이 나오기 전 5개 이하의 실패가 나와야 하므로 NEGBINOM.DIST(5, 4, 0.4, 1)을 입력하면 다음 결과를 얻는다.

$$\text{NEGBINOM.DIST}(5,\ 4,\ 0.4,\ 1) = 0.8647$$

감마분포의 입력도 교재와 엑셀의 형태가 다르므로 주의해야 한다. $X \sim \Gamma(k, \lambda)$일 때 $P(X \leq x)$을 구하고 싶으면 순서대로 $x, k, 1/\lambda, 1$을 입력한다. 예를 들어 $X \sim \Gamma(3, 2)$일 때 $P(X \leq 1)$을 구하고 싶으면 GAMMA.DIST(1,3,1/2,1)을 입력하면 다음 결과를 얻는다.

$$\text{GAMMA.DIST}(1,3,1/2,1) = 0.3712$$

B.3.3 기타 함수

NAME.DIST.RT(x, 모수들)

- $X \sim$ NAME(모수들)이면 NAME.DIST.RT(x, 모수들)은 $P(X \geq x)$를 나타낸다. 따라서 연속확률분포의 경우 다음 등식이 성립한다.

$$\text{NAME.DIST.RT}(x,\ 모수들) = 1 - \text{NAME.DIST}(x,\ 모수들,\ 1)$$

NAME.INV(p, 모수들)

- 확률변수 NAME의 누적분포함수의 값이 $p(0 \leq p \leq 1)$가 되는 값을 구해 준다.
- 많이 사용하는 확률변수들의 보기는 다음과 같다.

함수	함수 값
NORM.S.INV(0.9)	$X \sim N(0,1)$일 때 $P(X \leq x) = 0.9$인 값 $x = 1.28$
T.INV(0.9, 17)	$X \sim t(17)$일 때 $P(X \leq x) = 0.9$인 값 $x = 1.33$
CHISQ.INV(0.95, 7)	$X \sim \chi^2(7)$일 때 $P(X \leq x) = 0.95$인 값 $x = 14.07$
F.INV(0.95, 11, 9)	$X \sim F(11,9)$일 때 $P(X \leq x) = 0.95$인 값 $x = 3.10$

NAME.INV.RT(α, 모수들)

- 확률변수 X가 확률분포 NAME을 따를 때 X의 오른쪽 꼬리의 확률값이 $\alpha(0 \leq \alpha \leq 1)$가 되는 값, 다시 말해서 $P(X \geq x) = \alpha$인 x를 구해 준다. 따라서 연속확률분포의 경우 다음 등식이 성립한다.

$$\text{NAME.INV.RT}(\alpha,\ 모수들) = \text{NAME.INV}(1-\alpha,\ 모수들)$$

부록 C

연습문제 정답 및 풀이

연습문제 1.1 ~ 1.2

01 $A=\{2,4,6,8,10\}$, $B=\{2,3,5,7\}$, $C=\{1,2,3,4,6\}$

(a) $A\cup(B\cap C)=\{2,3,4,6,8,10\}$

(b) $(A\cup B)\cap C=\{2,3,4,6\}$

(c) $(B^c\cup C^c)=(B\cap C)^c=\{1,4,5,6,7,8,9,10\}$

(d) $B-A=\{3,5,7\}$

(e) $A-B\cup C=\{8,10\}$

(f) $(A-B)\cap(A-C)=\{8,10\}$

03 A, B가 배반사건이므로 $A\cap B=\varnothing$

(a) $(A\cap B)\cup C=\varnothing\cup C=C$

(b) $B\cap(A\cup C)=(B\cap A)\cup(B\cap C)=B\cap C$

05 (a) $A-(B\cap C)=A\cap(B\cap C)^c=A\cap(B^c\cup C^c)$(드모르간 법칙)

$=(A\cap B^c)\cup(A\cap C^c)$ (배분법칙)

$=(A-B)\cup(A-C)$

(b) $(A-B)-C=(A\cap B^c)\cap C^c=A\cap(B^c\cap C^c)=A\cap(B\cup C)^c$

(드모르간 법칙)

$=A-(B\cup C)$

07 (a) $\binom{52}{4}=270725$ (b) $13^4=28561$ (c) $4\binom{13}{4}=2860$

09 (a) $E_1\cup E_2$ (b) $E_1\cap E_2$

(c) $E_1\cap(E_2\cup E_3)$ (d) $(E_1\cap E_2)\cup E_3$

11 (a) $225=3^2\cdot 5^2$, 9개 (b) $400=2^4\cdot 5^2$, 15개 (c) $750=2\cdot 3\cdot 5^3$, 16개

13 (a) 세 사람 모두 다른 것을 내는 사건: 6가지

세 사람 모두 같은 것을 내는 사건: 3개 ⇒ 9가지

(b) 한 사람만 이기는 경우의 수=한 사람만 지는 경우의 수=9가지

15 (a) $_{n-1}P_k + k\,_{n-1}P_{k-1} = \dfrac{(n-1)!}{(n-1-k)!} + k\dfrac{(n-1)!}{(n-k)!} = \dfrac{(n-1)!}{(n-k)!}((n-k)+k)$

$$= \frac{n!}{(n-k)!} = {}_nP_k$$

(b) $\dbinom{n-1}{k} + \dbinom{n-1}{k-1} = \dfrac{(n-1)!}{(n-1-k)!k!} + \dfrac{(n-1)!}{(n-k)!(k-1)!}$

$$= \frac{(n-1)!}{(n-k)!k!}((n-k)+k) = \frac{n!}{(n-k)!k!} = \binom{n}{k}$$

17 이항정리에서 $\displaystyle\sum_{k=0}^{n}\binom{n}{k}p^k(1-p)^{n-k} = (p+(1-p))^n = 1^n = 1$

19 (a) $\displaystyle\sum_{k=0}^{n} k\binom{n}{k} = \sum_{k=1}^{n} n\binom{n-1}{k-1} = n\sum_{k=0}^{n-1}\binom{n-1}{k} = n(1+1)^{n-1} = n2^{n-1}$

(b) $\displaystyle\sum_{k=0}^{n} k^2\binom{n}{k} = \sum_{k=0}^{n}(k(k-1)+k)\binom{n}{k} = \sum_{k=2}^{n} k(k-1)\binom{n}{k} + \sum_{k=1}^{n} k\binom{n}{k}$

$$= \sum_{k=2}^{n} n(n-1)\binom{n-2}{k-2} + n2^{n-1} = n(n-1)\sum_{k=0}^{n-2}\binom{n-2}{k} + n2^{n-1}$$

$$= n(n-1)2^{n-2} + n2^{n-1} = n(n+1)2^{n-2}$$

21 (a) $1+3x+6x^2+7x^3+6x^4+3x^5+x^6$

(b) $x^3-3x^2y+3xy^2-y^3+3x^2z-6xyz+3y^2z+3xz^2-3yz^2+z^3$

23 (a) $\dbinom{8}{4,2,2}\cdot 1^4 1^2(-1)^2 = 420$ (b) $\dbinom{5}{2,2,1}\cdot 1^2(-2)^2 3^1 = 144$

(c) x^2, x^1, x^0을 각각 a, b, c라고 하자. $(a+b+c)^5$의 전개식에서 a^2bc^2, ab^3c, b^5의 계수들의 합을 구하면 된다. 따라서 답은 $\dbinom{5}{2,1,2} + \dbinom{5}{1,3,1} + \dbinom{5}{0,5,0} = 51$이다.

연습문제 1.3

01 (a) $P(E \cup F) = P(E) + P(F) - P(EF) = 0.6 + 0.4 - 0.2 = 0.8$

(b) $P(E^c) = 1 - P(E) = 0.4$

(c) $P(E^c F) = P(F) - P(EF) = 0.4 - 0.2 = 0.2$

(d) $P(E^c F^c) = P((E \cup F)^c) = 1 - P(E \cup F) = 1 - 0.8 = 0.2$

(e) $P(E \cup F^c) = P((E^c F)^c) = 1 - P(E^c F) = 1 - 0.2 = 0.8$

03 (a) $\frac{3}{8}, \frac{1}{2}, \frac{1}{2}$　(b) $\frac{1}{8}, \frac{1}{4}, \frac{1}{4}$　(c) $\frac{1}{8}$

(d) $\frac{3}{4}, \frac{3}{4}, \frac{5}{8}$　(e) $\frac{3}{8}$　(f) $\frac{1}{2}$

05 (a) $P(A \cup B) = P(A) + P(B) - P(AB)$

$\Rightarrow 0.8 = 0.5 + P(B) - 0.2 \Rightarrow P(B) = 0.5$

(b) $P(A^c \cap B^c) = P((A \cup B)^c) = 1 - P(A \cup B) = 0.2$

(c) $P(A \cap B^c) = P(A) - P(A \cap B) = 0.5 - 0.2 = 0.3$

07 (a) $\dfrac{\binom{10}{5}}{2^{10}} = \dfrac{63}{256} \approx 0.2461$　(b) $\dfrac{1}{2}\left(1 - \dfrac{63}{256}\right) = \dfrac{193}{512} \approx 0.3770$

09 (a) 비기는 경우의 수 9가지, 전체 경우의 수 $3^3 = 27$가지 $\Rightarrow$ 비길 확률$= \dfrac{1}{3}$

(b) 한 사람만 이기는 확률 = 두 사람이 이기는 확률 $= \dfrac{1}{3}$

11 (a) $\binom{4}{3} \Big/ \binom{7}{3} = \dfrac{4}{35}$　(b) $1 - \dfrac{4}{35} = \dfrac{31}{35}$

13 (a) $\dfrac{4!\,5!}{8!} = \dfrac{1}{14}$　(b) $\dfrac{2 \cdot 4!4!}{8!} = \dfrac{1}{35}$

(c) $\dfrac{2 \cdot 4!4!}{8!} = \dfrac{1}{35}$

15 (a) $\binom{13}{1}^4 / \binom{52}{4} = \dfrac{13^4 \cdot 4!}{52 \cdot 51 \cdot 50 \cdot 49} \approx 0.1055$

(b) $4\binom{13}{4} / \binom{52}{4} = 4\dfrac{13 \cdot 12 \cdot 11 \cdot 10}{52 \cdot 51 \cdot 50 \cdot 49} \approx 0.0106$

17 (a) 생일이 같은 사람이 하나도 없을 확률 $= \dfrac{{}_{365}P_{25}}{365^{25}} \approx 0.4313$

$\Rightarrow$ 생일이 같은 사람이 적어도 2명 있을 확률 $\approx 1 - 0.4313 = 0.5687$

(b) $1 - \dfrac{{}_{365}P_{50}}{365^{50}} \approx 0.9704$ (c) $1 - \dfrac{{}_{365}P_{75}}{365^{75}} \approx 0.9997$

19 (a) $\dfrac{6!}{6^6} = \dfrac{5}{324}$ (b) $1 - \dfrac{6}{6^6} = \dfrac{7775}{7776}$

연습문제 1.4

01 (a) 0.25 (b) 0.33 (c) $\dfrac{0.12}{0.45} = \dfrac{4}{15}$ (d) $\dfrac{0.60}{0.80} = \dfrac{3}{4}$

03 시약의 판단이 맞는 사건을 T, 틀린 사건을 F라고 하면 전체 표본공간은 $\Omega = \{(T,T),(T,F),(F,T),(F,F)\}$이다. 각 사건의 확률은

$P[(T,T)] = 0.9 \cdot 0.8 = 0.72,$ $P[(T,F)] = 0.9 \cdot (1-0.8) = 0.18$

$P[(F,T)] = (1-0.9) \cdot 0.8 = 0.08,$ $P[(F,F)] = (1-0.9) \cdot (1-0.8) = 0.02$

이고 두 시약의 판단 결과가 다르므로 주어진 사건은 $\{(T,F),(F,T)\}$, 이 운동선수가 스테로이드를 복용한 사건은 (T,F), 구하는 확률은

$$P[(T,F) | (T,F),(F,T)] = \frac{P[(T,F)]}{P[(T,F),(F,T)]} = \frac{0.18}{0.18+0.08} = \frac{9}{13}$$

05 (a) F와 G가 상호배반이면 $P(FG)=0$, $FGE \subset FG$이므로 $P(FGE)=0$

$$P((F\cup G)E)=P((FE)\cup(GE))$$
$$=P(FE)+P(GE)-P(FGE)=P(FE)+P(GE)$$
$$\Rightarrow P(F\cup G|E)=\frac{P((F\cup G)E))}{P(E)}=\frac{P(FE)}{P(E)}+\frac{P(GE)}{P(E)}$$
$$=P(F|E)+P(G|E)$$

(b) $\dfrac{P(F^cE)}{P(E)}=\dfrac{P(E-FE)}{P(E)}=\dfrac{P(E)-P(FE)}{P(E)}=1-\dfrac{P(FE)}{P(E)}=1-P(F|E)$

07 (a) $P(C|A)=\dfrac{P(AC)}{P(A)}=\dfrac{0.05}{0.15}=\dfrac{1}{3}$ (b) $P(C|B)=\dfrac{1}{4}$ (c) $P(C|AB)=\dfrac{2}{3}$

09 A, B: 컴퓨터가 모델 I, 모델 II인 사건, E: 1년 이내에 A/S를 요청하는 사건

$P(A)=0.6$, $P(B)=0.4$, $P(E|A)=0.04$, $P(E|B)=0.05$

(a) $P(E)=P(E|A)P(A)+P(E|B)P(B)$

$=0.04\cdot0.6+0.05\cdot0.4=0.044$, 4.4%

(b) $P(A|E)=\dfrac{P(AE)}{P(E)}=\dfrac{P(E|A)P(A)}{P(E)}=\dfrac{0.04\cdot0.6}{0.044}=\dfrac{6}{11}$, 54.5%

11 A, B: 식욕부진현상과 수면장애현상을 보이는 사건

$P(A)=0.06$, $P(B)=0.08$, $P((A\cup B)^c)=0.88 \Rightarrow P(A\cup B)=0.12$

(a) $P(A\cap B)=P(A)+P(B)-P(A\cup B)=0.02$, 2%

(b) $P(B|A)=\dfrac{P(AB)}{P(A)}=\dfrac{0.02}{0.06}=\dfrac{1}{3}$

(c) $P(B|A^c)=\dfrac{P(A^cB)}{P(A^c)}=\dfrac{P(B)-P(AB)}{1-P(A)}=\dfrac{0.08-0.02}{1-0.06}=\dfrac{3}{47}\approx 0.0638$,

6.38%

13 (a) $0.1\cdot0.999+0.9\cdot0.001=0.1008$ (b) $\dfrac{0.9\cdot0.001}{0.1008}\approx 0.0089$

15 A: 거짓말을 하는 사건, B: 거짓이라는 판단을 내리는 사건

(a) $P(B)=P(B|A)P(A)+P(B|A^c)P(A^c)=0.9\cdot0.5+0.1\cdot0.5=0.5$

(b) $P(A|B)=\dfrac{P(B|A)P(A)}{P(B)}=\dfrac{0.9\cdot0.5}{0.5}=0.9$

17 (a) $P(B) = P(B|A)P(A) + P(B|A^c)P(A^c) = 0.9 \cdot 0.1 + 0.1 \cdot 0.9 = 0.18$

(b) $P(A|B) = \dfrac{P(B|A)P(A)}{P(B)} = \dfrac{0.9 \cdot 0.1}{0.18} = \dfrac{1}{2} = 0.5$

19 A: 임산부가 흡연자인 사건, B : 기형아를 출산하는 사건,

$$P(B|A) = 3P(B|A^c) \Rightarrow \frac{P(AB)}{0.1} = 3\frac{P(A^cB)}{0.9} = \frac{P(B) - P(AB)}{0.3}$$

$$\Rightarrow 4P(AB) = P(B) \quad \Rightarrow \quad P(A|B) = \frac{P(AB)}{P(B)} = \frac{1}{4}$$

21 A_i: i 영역에 선박이 있는 사건 E : 첫 영역에서 선박을 찾지 못하는 사건

$$P(E) = P(E|A_1)P(A_1) + P(E|A_2)P(A_2) + P(E|A_3)P(A_3) = \frac{1}{3}p_1 + \frac{2}{3}$$

(a) $P(A_1|E) = \dfrac{P(E|A_1)P(A_1)}{P(E)} = \dfrac{\frac{1}{3}p_1}{\frac{1}{3}p_1 + \frac{2}{3}} = \dfrac{p_1}{p_1 + 2}$

(b) $P(A_2|E) = \dfrac{P(E|A_2)P(A_2)}{P(E)} = \dfrac{\frac{1}{3}}{\frac{1}{3}p_1 + \frac{2}{3}} = \dfrac{1}{p_1 + 2}$

23 A, B, C: 각각 선택한 동전이 정상, 앞면만, 뒷면만 있는 사건,

E: 앞면이 나온 사건

$$P(E) = P(E|A)P(A) + P(E|B)P(B) + P(E|C)P(C)$$
$$= \frac{1}{2}\frac{k}{k+m+n} + 1\frac{m}{k+m+n} + 0\frac{n}{k+m+n} = \frac{k+2m}{2(k+m+n)}$$

$$P(A|E) = \frac{P(E|A)P(A)}{P(E)} = \frac{k/[2(k+m+n)]}{(k+2m)/[2(k+m+n)]} = \frac{k}{k+2m}$$

25 사건 A: 회색 택시가 사고를 낼 사건, 사건 B: 사고차량이 회색으로 보일 사건

$P(A) = \dfrac{3}{4}$, $P(A^c) = \dfrac{1}{4}$, $P(B|A) = 0.8$, $P(B|A^c) = 0.2$,

$P(B^c|A) = 0.2$, $P(B^c|A^c) = 0.8$

(a) 구하는 확률은 $P(A|B)$이므로 베이즈 정리에 의하면

$$P(A|B) = \frac{P(B|A)P(A)}{P(B|A)P(A) + P(B|A^c)P(A^c)} = \frac{\frac{4}{5}\frac{3}{4}}{\frac{4}{5}\frac{3}{4} + \frac{1}{5}\frac{1}{4}} = \frac{12}{13}$$

(b) 구하는 확률은

$$P(A|B^c) = \frac{P(B^c|A)P(A)}{P(B^c|A)P(A) + P(B^c|A^c)P(A^c)} = \frac{\frac{1}{5}\frac{3}{4}}{\frac{1}{5}\frac{3}{4} + \frac{4}{5}\frac{1}{4}} = \frac{3}{7}$$

연습문제 1.5

01 $P(A \cap B) = P(A)P(B) = \frac{3}{10}$, $P(A \cup B) = \frac{2}{5} + \frac{3}{4} - \frac{3}{10} = \frac{17}{20}$

03 $P(A) = \frac{1}{2}$, $P(B) = \frac{1}{3}$, $P(C) = \frac{2}{3}$

(a) $P(AB) = \frac{1}{6} = P(A)P(B) \Rightarrow$ 독립

(b) $P(BC) = \frac{1}{3} \neq P(B)P(C) = \frac{2}{9} \Rightarrow$ 종속

(c) $P(AC) = \frac{1}{3} = P(A)P(C) \Rightarrow$ 독립

05 $P(A) = P(B) = P(C) = \frac{1}{2}$, $P(D) = \frac{5}{36}$, $P(E) = \frac{1}{6}$

(a) $P(AD) = \frac{1}{18} \neq P(A)P(D) = \frac{5}{72}$, 거짓

(b) $P(AE) = \frac{1}{12} = P(A)P(E) = \frac{1}{2}\frac{1}{6}$, 참

(c) $P(AC) = \frac{1}{4} = P(A)P(C)$, 참

(d) $P(CD)=0 \neq P(C)P(D)$, 거짓

(e) $P(CE)=\dfrac{1}{6} \neq P(C)P(E)=\dfrac{1}{12}$, 거짓

07 A와 B가 독립이면

$P(A^c \cap B)=P(B-A)=P(B)-P(AB)=P(B)-P(A)P(B)=P(A^c)P(B)$

이므로 A^c와 B가 독립. 같은 논리로 A^c와 B가 독립이면 A^c와 B^c도 독립.

09 (a) 처음 4세트 중 L팀과 S팀이 각각 2게임씩 이길 확률과 같으므로

$$\binom{4}{2}\left(\frac{2}{5}\right)^2\left(\frac{3}{5}\right)^2=\frac{216}{625}$$

(b) $\left(\dfrac{3}{5}\right)^3+\dbinom{3}{1}\left(\dfrac{2}{5}\right)\left(\dfrac{3}{5}\right)^3+\dbinom{4}{2}\left(\dfrac{2}{5}\right)^2\left(\dfrac{3}{5}\right)^3=\dfrac{3^3\cdot 79}{5^5}\approx 0.6826$

(c) $$\frac{\binom{4}{2}\left(\frac{2}{5}\right)^2\left(\frac{3}{5}\right)^3}{\left(\frac{3}{5}\right)^3+\binom{3}{1}\left(\frac{2}{5}\right)\left(\frac{3}{5}\right)^3+\binom{4}{2}\left(\frac{2}{5}\right)^2\left(\frac{3}{5}\right)^3}=\frac{6\cdot 2^2\cdot 3^3}{3^3\cdot 79}=\frac{24}{79}\approx 0.3038$$

11 (a) 거짓: 5절의 **보기 1**에서 E, F는 독립이지만 $EF \neq \varnothing$

(b) 거짓: $\Omega=\{1,2\}$, $A=\{1\}, B=\{2\}$이고 $P(A)=P(B)=\dfrac{1}{2}$이라 하자.

$AB=\varnothing$이지만 $P(AB) \neq P(A)P(B)=\dfrac{1}{4}$이므로 A, B는 독립이 아니다.

(c) 참: $\varnothing A=\varnothing$이므로 $P(\varnothing A)=P(\varnothing)=0$, $P(\varnothing)P(A)=0$

(d) 참: $\Omega A=A$이므로 $P(\Omega A)=P(A)$, $P(\Omega)P(A)=P(A)$

연습문제 2.1

01 (a) $P(X=4)=0.2$

(b) $P(X<5)=P(X \leq 4)=0.65$

(c) $P(X>3)=P(X \geq 4)=0.55$

03 (a) 삼각형의 넓이가 1이므로 $\frac{1}{2} \cdot a \cdot 4 = 1 \Rightarrow a = \frac{1}{2}$

(b) $P(-1 \le X \le 0.5) = \frac{19}{32}$

(c) 확률변수 X는 원점에 대하여 대칭이므로 $P(X \ge b) = \frac{1}{4}$이다. $x = b$일 때 높이는 $\frac{1}{2} - \frac{1}{4}b$이므로 $\frac{1}{2}(2-b)\left(\frac{1}{2} - \frac{1}{4}b\right) = \frac{1}{4}$에서 $b = 2 - \sqrt{2}$

05 승객이 기다리는 시간을 X라 하면 $X \sim U(0,15)$이므로

$P(X \ge 10) = \frac{5}{15} = \frac{1}{3}$, $P(X \le 5) = \frac{5}{15} = \frac{1}{3}$

07 (a) $P(-X \le x) = P(X \ge -x) = 1 - P(X \le -x) = 1 - P(X \ge x)$

$= P(X \le x)$

(b) $P(|X| \le x) = P(-x \le X \le x) = P(X \le x) - P(X \le -x)$

$= P(X \le x) - P(X \ge x) = P(X \le x) - (1 - P(X \le x))$

$= 2P(X \le x) - 1 = 2F_X(x) - 1$

09 $y \le 0$이면 $G(y) = P(X^2 \le y) = 0$

$y \ge 0$이면 $G(y) = P(X^2 \le y) = P(-\sqrt{y} \le X \le \sqrt{y}) = F(\sqrt{y}) - F(-\sqrt{y})$

$g(y) = G'(y) = (F(\sqrt{y}) - F(-\sqrt{y}))' = \frac{1}{2\sqrt{y}} f(\sqrt{y}) + \frac{1}{2\sqrt{y}} f(-\sqrt{y})$

f는 짝함수이므로, 다시 말해서 $f(-x) = f(x)$이므로 $g(y) = \frac{1}{\sqrt{y}} f(\sqrt{y})$

$\Rightarrow g(y) = \frac{1}{\sqrt{y}} f(\sqrt{y}), \quad y > 0$

연습문제 2.2

01 (a) $p(0) = 0.3$ (b) $E(X) = 0$, $m_X = 0$

(c) $Var(X) = E(X^2) = 1.9$, $\sigma_X = \sqrt{Var(X)} = \sqrt{1.9} \approx 1.3784$

03 (a) $p_4 = \left(\frac{3}{5}\right)^4 + \left(\frac{2}{5}\right)^4 = \frac{97}{625} = 0.1552$

$$p_5 = \binom{4}{1}\left(\frac{3}{5}\right)^3\left(\frac{2}{5}\right)^1\left(\frac{3}{5}\right) + \binom{4}{1}\left(\frac{2}{5}\right)^3\left(\frac{3}{5}\right)^1\left(\frac{2}{5}\right) = \frac{168}{625} = 0.2688$$

$$p_6 = \binom{5}{2}\left(\frac{3}{5}\right)^3\left(\frac{2}{5}\right)^2\left(\frac{3}{5}\right) + \binom{5}{2}\left(\frac{2}{5}\right)^3\left(\frac{3}{5}\right)^2\left(\frac{2}{5}\right) = \frac{936}{3125} = 0.29952$$

$$p_7 = \binom{6}{3}\left(\frac{3}{5}\right)^3\left(\frac{2}{5}\right)^3\left(\frac{3}{5}\right) + \binom{6}{3}\left(\frac{2}{5}\right)^3\left(\frac{3}{5}\right)^3\left(\frac{2}{5}\right) = \frac{864}{3125} = 0.27648$$

(b) $4\frac{97}{625} + 5\frac{168}{625} + 6\frac{936}{3125} + 7\frac{864}{3125} = \frac{17804}{3125} \approx 5.70$

(c) $\left(\frac{3}{5}\right)^4 + \binom{4}{1}\left(\frac{3}{5}\right)^3\left(\frac{2}{5}\right)^1\left(\frac{3}{5}\right) + \binom{5}{2}\left(\frac{3}{5}\right)^3\left(\frac{2}{5}\right)^2\left(\frac{3}{5}\right) + \binom{6}{3}\left(\frac{3}{5}\right)^3\left(\frac{2}{5}\right)^3\left(\frac{3}{5}\right)$

$= \frac{11097}{15625} \approx 0.7102$

05 (a) $P(X=k) = P(X \le k) - P(X \le k-1) = \left(\frac{k}{10}\right)^2 - \left(\frac{k-1}{10}\right)^2 = \frac{2k-1}{100}$

(b) $E(X) = \sum_{k=1}^{10} k\frac{2k-1}{100} = \frac{1}{50}\frac{10 \cdot 11 \cdot 21}{6} - \frac{1}{100}\frac{10 \cdot 11}{2} = 7.15$

(c) $E(X+Y) = E(X_1 + X_2) = 11$이므로 $E(Y) = 11 - E(X) = 3.85$

07 (a) $\mu = m_o = m_e = 5$ (b) $m_o = 3 \le m_e = 4 \le \mu = 4.22$

(c) $\mu = 5.9 \le m_e = 6 \le m_o = 7$

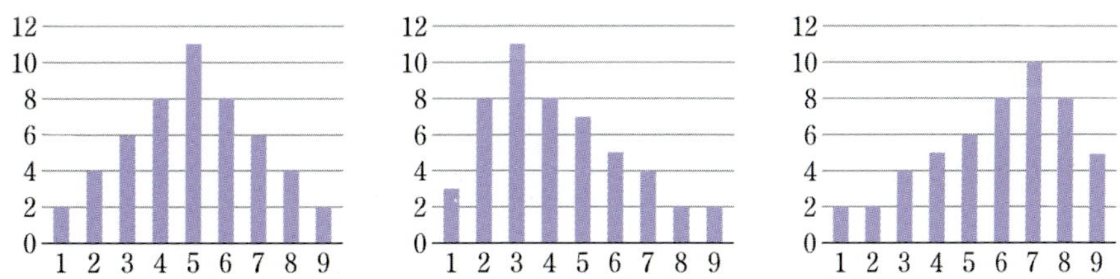

(a) (b) (c)

09 $1 = \int_0^4 (a + bx^2)\,dx = \left[ax + \frac{b}{3}x^3\right]_0^4 = 4a + \frac{64}{3}b$

$E(X) = \frac{5}{2} = \int_0^4 x(a + bx^2)\,dx = \left[\frac{a}{2}x^2 + \frac{b}{4}x^4\right]_0^4 = 8a + 64b$

$\Rightarrow a = \frac{1}{8},\ b = \frac{3}{128}$

연습문제 2.3

01 (a) $P(X=0)=\dfrac{\binom{4}{3}\binom{3}{0}}{\binom{7}{3}}=\dfrac{4}{35}$, $P(X=1)=\dfrac{\binom{4}{2}\binom{3}{1}}{\binom{7}{3}}=\dfrac{18}{35}$

$P(X=2)=\dfrac{\binom{4}{1}\binom{3}{2}}{\binom{7}{3}}=\dfrac{12}{35}$, $P(X=3)=\dfrac{\binom{4}{0}\binom{3}{3}}{\binom{7}{3}}=\dfrac{1}{35}$

x	0	1	2	3	합계
$P(X=x)$	$\frac{4}{35}$	$\frac{18}{35}$	$\frac{12}{35}$	$\frac{1}{35}$	1

(b) 파란 공이 2개 이상일 확률$=P(X \geq 2)=\dfrac{13}{35}$

(c) $E(X)=\dfrac{9}{7}$, $V(X)=\dfrac{15}{7}-\left(\dfrac{9}{7}\right)^2=\dfrac{24}{49}$

(d) $m=1$

03 (a) $p(0)=\dfrac{\binom{3}{0}\binom{4}{4}}{\binom{7}{4}}=\dfrac{1}{35}$, $p(1)=\dfrac{\binom{3}{1}\binom{4}{3}}{\binom{7}{4}}=\dfrac{12}{35}$

$p(2)=\dfrac{\binom{3}{2}\binom{4}{2}}{\binom{7}{4}}=\dfrac{18}{35}$, $p(3)=\dfrac{\binom{3}{3}\binom{4}{1}}{\binom{7}{4}}=\dfrac{4}{35}$

(b) $E(X)=1\cdot\dfrac{12}{35}+2\cdot\dfrac{18}{35}+3\cdot\dfrac{4}{35}=\dfrac{12}{7}$

$Var(X)=\dfrac{24}{7}-\left(\dfrac{12}{7}\right)^2=\dfrac{24}{49}\approx 0.4898$

(c) $Y=500X+100(4-X)=400X+400$,

$E(Y)=400E(X)+400=400\cdot\dfrac{12}{7}+400=\dfrac{7600}{7}\approx 1086$

$Var(Y)=400^2\,Var(X)=400^2\cdot\dfrac{24}{49}\approx 78367$

05 $P(X=k)=\binom{4}{k}\frac{4^k 48^{4-k}}{52^4}, \quad k=0,1,2,3,4$

(a)

X	0	1	2	3	4	합계
$P(X=k)$	0.7260	0.2420	0.0303	0.0017	0.0000[1]	1

(b) $F(x)=\begin{cases}0, & x<0\\ 0.7260, & 0\le x<1\\ 0.9680, & 1\le x<2\\ 0.9983, & 2\le x<3\\ 1, & x\ge 3\end{cases}$

(c) $E(X)=0.3077,\ Var(X)=0.3785-0.3077^2=0.2838$

07 (a) $p_X(0)=3/26,\ p_X(1)=2/13,\ p_X(2)=5/26,\ p_X(3)=11/52,$
$p_X(4)=2/13,\ p_X(5)=5/52,\ p_X(6)=1/13$

(b) $P(X\le 3)=\frac{6+8+10+11}{52}=\frac{35}{52}$

(c) $E(X)=\frac{71}{26}\approx 2.73,\ Var(X)=\frac{136}{13}-\left(\frac{71}{26}\right)^2\approx 3.00$

09 (a) 기댓값 6, 분산 4 (b) 기댓값 9, 분산 40

11 $E((X-a)^2)=E(X^2-2aX+a^2)=E(X^2)-2aE(X)+a^2$
$=\sigma^2+\mu^2-2a\mu+a^2=\sigma^2+(\mu-a)^2$

13 (a) $\int_1^k \frac{1}{\sqrt{x}}dx=2(\sqrt{k}-\sqrt{1})=1 \Rightarrow \quad k=\frac{9}{4}$

(b) $\int_1^{1.96}\frac{1}{\sqrt{x}}dx=2(\sqrt{1.96}-\sqrt{1})=0.8$

(c) $E(X)=\int_1^{\frac{9}{4}}\sqrt{x}\,dx=\frac{19}{12},\ E(X^2)=\int_1^{\frac{9}{4}}x\sqrt{x}\,dx=\frac{211}{80}$

$Var(X)=\frac{211}{80}-\left(\frac{19}{12}\right)^2=\frac{47}{360}\approx 0.1306$

(d) $P(X\le m)=2(\sqrt{m}-1)=\frac{1}{2}$이므로 $m=\frac{25}{16}$

1) $3.50\cdot 10^{-5}$

15 (a) $k=1$

(b) $f(x)=2-2x,\ 0 \le x \le 1$

(c) $P(X \ge 1/2)=1-P(X \le 1/2)=1-F(1/2)=\frac{1}{4}$

(d) $E(X)=\int_0^1 x(2-2x)dx=\frac{1}{3},\ E(X^2)=\int_0^1 x^2(2-2x)dx=\frac{1}{6}$

$Var(X)=\frac{1}{6}-\left(\frac{1}{3}\right)^2=\frac{1}{18}$

(e) $0<m<1,\ F(m)=\frac{1}{2}$에서 $m(2-m)=\frac{1}{2} \Rightarrow m=1-\frac{1}{\sqrt{2}} \approx 0.2929$

연습문제 2.4

01 (a) $g_X(t)=\left(\frac{t}{4}+\frac{3}{4}\right)^4,\ m_X(t)=\left(\frac{e^t}{4}+\frac{3}{4}\right)^4$

(b) $g_X(t)=\frac{t}{2-t},\ |t|<2,\quad m_X(t)=\frac{e^t}{2-e^t}, t<\ln 2$

03 (a) $g(1)=1$이므로 $c=2$

(b) $g(t)=e^t-e-t+2=3-e+\frac{1}{2!}t^2+\frac{1}{3!}t^3+\cdots$

$p_0=3-e,\ p_1=0,\ p_2=\frac{1}{2},\ p_3=\frac{1}{6}$

(c) $g'(t)=e^t-1,\ g''(t)=e^t$

$E(X)=g'(1)=e-1, E(X^2)=g''(1)+g'(1)=e+(e-1)=2e-1$

$Var(X)=E(X^2)-(E(X))^2=4e-e^2-2$

05 $g(1)=P(X=0)+P(X=1)+P(X=2)+P(X=3)+\cdots$

$g(-1)=P(X=0)-P(X=1)+P(X=2)-P(X=3)+\cdots$

$\Rightarrow g(1)+g(-1)=2(P(X=0)+P(X=2)+\cdots)$

$g(1)-g(-1)=2(P(X=1)+P(X=3)+\cdots)$

$$P(X=\text{짝수})=P(X=0)+P(X+2)+\ \cdots\ =\frac{g(1)+g(-1)}{2}$$

$$P(X=\text{홀수})=P(X=1)+P(X+3)+\ \cdots\ =\frac{g(1)-g(-1)}{2}$$

07 확률변수 Y의 생성함수를 $g_Y(t)$라 하면

(a) $g_Y(t)=E(t^Y)=E(t^{X+1})=tE(t^X)=tg(t)$

(b) $g_Y(t)=E(t^{2X})=E((t^2)^X)=g(t^2)$

09 (a) $c=\frac{1}{2}$ (b) $m_X(t)=\frac{1}{1-t^2},\ |t|<1$

(c) $E(X)=m_X{}'(0)=0,\ E(X^2)=m_X{}''(0)=2,$

$Var(X)=E(X^2)-(E(X))^2=2$

11 $m_Y(t)=\int_0^1 e^{(b-a)xt+at}dx=e^{at}\int_0^1 e^{(b-a)xt}dx=e^{at}\frac{e^{(b-a)t}-1}{(b-a)t}=\frac{e^{bt}-e^{at}}{(b-a)t}$

따라서 $Y\sim U(a,b)$

연습문제 3.1

01 (a) 0.1444 (b) 0.5839 (c) 0.5603 (d) $E(X)=40\cdot 0.25=10$

(e) $Var(X)=40\cdot 0.25\cdot 0.75=7.5$

03 (a) $\left(\frac{4}{5}\right)^{10}\approx 0.1074$ (b) $X\sim Bin(10,0.2),\ E(X)=2$

(c) 점수 $Y=4X-2(10-X)=6X-20\ \Rightarrow\ E(Y)=6E(X)-20=-8$

05 (a) $Y=4-X$이므로 $D=2X-4$, $X \sim Bin\left(4, \frac{1}{2}\right)$

x	0	1	2	3	4
$d=2x-4$	-4	-2	0	2	4
$P(D=d)$ $=P(X=x)$	$\frac{1}{16}$	$\binom{4}{1}\left(\frac{1}{2}\right)^1\left(\frac{1}{2}\right)^3=\frac{1}{4}$	$\binom{4}{2}\left(\frac{1}{2}\right)^2\left(\frac{1}{2}\right)^2=\frac{3}{8}$	$\binom{4}{3}\left(\frac{1}{2}\right)^3\left(\frac{1}{2}\right)^1=\frac{1}{4}$	$\frac{1}{16}$

(b) $E(X)=2$, $Var(X)=1$

$\Rightarrow E(D)=2E(X)-4=0$, $Var(D)=2^2\,Var(X)=4$

07 $X \sim Bin(5, 0.1)$

(a) $P(X=2)=\binom{5}{2}0.1^2 0.9^3=0.0729$

(b) $P(X \geq 1)=1-P(X=0)=1-0.9^5=0.4095$

(c) $E(X)=0.5$, $Var(X)=0.45$

09 (a) X_1, X_2, X_3: 500원짜리, 100원짜리, 10원짜리의 개수

$P(X=30)=P(X_1=0, X_2=0, X_3=3)=\binom{4}{3}/\binom{9}{3}=\frac{1}{21}$

$P(X=120)=P(X_1=0, X_2=1, X_3=2)=\binom{3}{1}\binom{4}{2}/\binom{9}{3}=\frac{3}{14}$, …

j	30	120	210	300	520	610	700	1010	1100
$P(X=j)$	$\frac{1}{21}$	$\frac{3}{14}$	$\frac{1}{7}$	$\frac{1}{84}$	$\frac{1}{7}$	$\frac{2}{7}$	$\frac{1}{14}$	$\frac{1}{21}$	$\frac{1}{28}$

(b) 25/42 (c) 5/12

11 $\binom{n}{k}p^k(1-p)^{n-k} \leq \binom{n}{k+1}p^{k+1}(1-p)^{n-k-1} \;\Rightarrow\; \frac{1}{n-k}(1-p) \leq \frac{1}{k+1}p$

$\Rightarrow\; k \leq np-(1-p)$

13 $k=1,2,3,4$에 대하여 k등(4등=꽝) 당첨복권의 수를 X_k라 하면

$$X_k \sim Bin\left(5, \frac{k}{10}\right)$$

당첨된 복권 수 $Y=X_1+X_2+X_3 \sim Bin(5, 0.6)$

(a) $P(Y=0)=0.4^5=0.0102$

적어도 한 장은 당첨될 확률 $=P(Y>0)=1-P(Y=0)=0.9898$

(b) $P(X_2=2)=\binom{5}{2}\left(\frac{1}{5}\right)^2\left(\frac{4}{5}\right)^3=0.2048$

(c) $P(X_1=1, X_2=1, X_3=1, X_4=2)=\binom{5}{1,1,1,2}\left(\frac{1}{10}\right)^1\left(\frac{2}{10}\right)^1\left(\frac{3}{10}\right)^1\left(\frac{4}{10}\right)^2$
$=0.0576$

(d) $P(Y=5)=0.6^5=0.07776$

(e) $E(5X_1+X_2+0.1X_3)=5\cdot\frac{1}{2}+1\cdot 1+0.1\cdot\frac{3}{2}=3.65$(만 원)

15 X, Y의 확률생성함수 $g_X(t)=(1-p+pt)^n$, $g_Y(t)=(1-p+pt)^m$

X, Y는 독립이므로 $X+Y$의 확률생성함수

$$g_{X+Y}(t)=g_X(t)g_Y(t)=(1-p+pt)^{n+m}$$

따라서 $X+Y\sim Bin(n+m, p)$

연습문제 3.2

01 (a) 0.144 (b) 0.784 (c) 0.3133

(d) 0.216 (e) $E(X)=\frac{1}{0.4}=2.5$ (f) $Var(X)=\frac{0.6}{0.4^2}=3.75$

03 연습스윙의 수 $X\sim NB(20, 0.25)$

(a) $E(X)=\frac{20}{0.25}=80$

(b) $P(X\geq 100)=1-P(X\leq 99)=0.1094$

(c) 각 연습 스윙에서 안타를 치는 사건은 모두 독립이다.

05 $X\sim Bin(12, 0.08)$, $Y\sim Geo(0.08)$

(a) $E(X)=12\cdot 0.08=0.96$

(b) $E(Y)=\frac{1}{0.08}=12.5$

(c) $P(X=0)=P(Y\geq 13)=0.92^{12}\approx 0.3677$

07 (a) $X_k \sim Geo\left(\frac{5-k}{5}\right) \Rightarrow E(X_k) = \frac{1}{(5-k)/5} = \frac{5}{5-k}$

(b) $E(X_0 + X_1 + X_2 + X_3 + X_4) = 5\left(1 + \frac{1}{2} + \frac{1}{3} + \frac{1}{4} + \frac{1}{5}\right) \approx 11.42$

09 $X > n$인 사건은 n번째 시행까지 모두 실패만 일어나는 사건이므로,

$$P(X > n+m \mid X > n) = \frac{P(X > n+m,\ X > n)}{P(X > n)} = \frac{P(X > n+m)}{P(X > n)}$$

$$= \frac{(1-p)^{n+m}}{(1-p)^n} = (1-p)^m = P(X > m)$$

11 $E(2^X) = \sum_{k=1}^{\infty} 2^k (1-p)^{k-1} p = 2p \sum_{k=1}^{\infty} (2(1-p))^{k-1}$이므로

$p \le \frac{1}{2}$이면 $E(X) = \infty$, $\quad p > \frac{1}{2}$이면 $E(2^X) = \frac{2p}{1-2(1-p)} = \frac{2p}{2p-1}$

13 (a) $E(M_1) = \sum_{n=1}^{\infty} P(M_1 \ge n) = \sum_{n=1}^{\infty} [(1-p_1)(1-p_2)]^{n-1} = \frac{1}{p_1 + p_2 - p_1 p_2}$

(b) $E(M_2) = \sum_{n=1}^{\infty} P(M_2 \ge n) = \frac{1}{p_1} + \frac{1}{p_2} - \frac{1}{p_1 + p_2 - p_1 p_2}$

15 $P(X=0)$은 성공확률이 p인 베르누이 시행에서 n번 동안 성공이 한 번도 없을 확률, $P(Y > n)$ 성공확률이 p인 베르누이 시행에서 처음 n번 동안 계속 실패가 일어날 확률이므로 $P(X=0) = P(Y > n)$이 성립한다.

17 (a) $|x| < 1$일 때 $\sum_{k=2}^{\infty} k(k-1)x^{k-2} = \frac{d^2}{dx^2}\left(\sum_{k=0}^{\infty} x^k\right) = \frac{d^2}{dx^2}\left(\frac{1}{1-x}\right) = \frac{2}{(1-x)^3}$이

므로 $\sum_{k=2}^{\infty} k(k-1)(1-p)^{k-2} = \frac{2}{p^3}$이고 다음 식이 성립한다.

$$E(X(X-1)) = \sum_{k=2}^{\infty} k(k-1)p(1-p)^{k-1}$$

$$= p(1-p)\sum_{k=2}^{\infty} k(k-1)(1-p)^{k-2} = \frac{2q}{p^2}$$

(b) $Var(X) = E(X^2) - E(X)^2 = E(X(X-1)) + E(X) - E(X)^2$

$$= \frac{2q}{p^2} + \frac{1}{p} - \frac{1}{p^2} = \frac{q}{p^2}$$

연습문제 3.3

01 (a) 0.1954 (b) 0.4335 (c) 0.4559

03 $P(X \geq 4) = 1 - P(X \leq 3) = 1 - 0.3423 = 0.6577$

05 부작용을 일으키는 사람의 수 $X \sim Bin(5000, 0.001) \approx Poi(5)$

(a) $P(X = 4) = \dfrac{5^4 e^{-5}}{4!} \approx 0.1755$ (b) $P(X \leq 4) \approx 0.4405$

07 2000대의 자동차 중에서 1년 안에 고장을 일으키는 자동차 수를 X라 하자.

$X \sim Bin(400, 0.015) \approx Poi(6)$, $P(X \leq 5) \approx 0.4457$

09 당첨된 복권의 수 $X \sim Bin(100, 0.001)$

(a) 이항분포: $P(X \geq 1) = 1 - P(X = 0) = 1 - (1 - 0.001)^{100} \approx 0.0952$

푸아송 근사: $P(X = 1) \approx 1 - e^{-0.1} \approx 0.0952$

(b) 이항분포: $P(X = 1) = 100(1 - 0.001)^{99}(0.001) \approx 0.0906$,

푸아송 근사: $P(X = 1) \approx 0.1e^{-0.1} \approx 0.0905$

11 어떤 사람이 2년 동안 감기에 걸리는 횟수 $Y \sim Poi(6)$

$$P(Y \leq 3) = \sum_{n=0}^{3} \frac{e^{-6} 6^n}{n!} \approx 0.1512$$

13 $P(X = \lambda - 1) = e^{-\lambda} \dfrac{\lambda^{\lambda - 1}}{(\lambda - 1)!} = e^{-\lambda} \dfrac{\lambda^{\lambda}}{\lambda!} = P(X = \lambda)$

15 (a) $\lambda E((X+1)^{n-1}) = \lambda \sum_{j=0}^{\infty} (j+1)^{n-1} \dfrac{e^{-\lambda} \lambda^j}{j!}$

$$= \sum_{j=0}^{\infty} (j+1)^n \frac{e^{-\lambda} \lambda^{j+1}}{(j+1)!} = \sum_{k=1}^{\infty} k^n \frac{e^{-\lambda} \lambda^k}{k!} = E(X^n)$$

(b) $E(X) = \lambda$, $E(X^2) = \lambda + \lambda^2$이므로

$E(X^3) = \lambda E((X+1)^2) = \lambda(E(X^2) + 2E(X) + 1) = \lambda^3 + 3\lambda^2 + \lambda$

연습문제 3.4

01 (a) $f(x)=\begin{cases}0.01e^{-0.01x}, & x\geq 0\\ 0, & \text{기타}\end{cases}$, $F(t)=1-e^{-0.01t}$

(b) $S(t)=1-F(t)=e^{-0.01t},\ t\geq 0$ (c) $E(X)=100,\ Var(X)=10000$

03 (a) $P(X\leq 0.25)=1-e^{-2}\approx 0.8647$

(b) $P(X>0.5)=e^{-4}\approx 0.0183$

05 $P(X=n)=P([T]+1=n)=P([T]=n-1)=P(n-1\leq T<n)$

$$=\lambda\int_{n-1}^{n}e^{-\lambda t}dt=e^{-\lambda(n-1)}-e^{-\lambda n}=e^{-\lambda(n-1)}(1-e^{-\lambda})$$

$\Rightarrow p=1-e^{-\lambda}$로 놓으면 $P(X=n)=p(1-p)^{n-1}$

따라서 $X\sim Geo(1-e^{-\lambda})$

07 두 건전지의 수명을 각각 X_1, X_2라 하자.

(a) $P(\min(X_1,X_2)\geq 1)=P(X_1\geq 1, X_2\geq 1)=P(X_1\geq 1)P(X_2\geq 1)$

$$=e^{-2}e^{-2}=e^{-4}\approx 0.0183$$

(b) $P(\max(X_1,X_2)\leq 1)=P(X_1\leq 1, X_2\leq 1)=P(X_1\leq 1)P(X_2\leq 1)$

$$=(1-e^{-2})^2\approx 0.7476$$

09 $100\times p$ 백분위수를 x라 하면 $P(0\leq X\leq x)=\int_0^x\lambda e^{-\lambda t}dt=1-e^{-\lambda x}=p$

$\Rightarrow\ e^{-\lambda x}=1-p\ \Rightarrow\ x=-\frac{1}{\lambda}\ln(1-p)$

11 X_1, X_2, X_3: 3개 부품의 수명,

이 부품으로 유지 가능한 기간의 평균 $=E(X_1+X_2+X_3)=\frac{1}{4}+\frac{1}{4}+\frac{1}{4}=\frac{3}{4}$(년)

연습문제 3.5

01 (a) $1-c$ (b) $1-c$ (c) $2c-1$ (d) $1-d$ (e) $1-d$ (f) $c-d$

03 (a) 0.52 (b) 0.52 (c) $P(Z \le x)=0.8, \quad x=0.84$

(d) $P(x \le Z \le 1.96)=P(Z \le 1.96)-P(Z \le x)=0.975-P(Z \le x)$

$P(Z \le x)=0.075 \Rightarrow x=-1.44$

05 혈압$=X \sim N(125, 20^2),\ Z=\dfrac{X-125}{20} \sim N(0,1)$

(a) $P(X \le 90)=P(Z \le -1.75)=1-\Phi(1.75)=0.0401$

(b) $P(X \ge 140)=P(Z \ge 0.75)=1-\Phi(0.75)=0.2266$

(c) $P(90 \le X \le 140)=P\left(-1.75 \le \dfrac{X-125}{20} \le 0.75\right)$

$=\Phi(0.75)-\Phi(-1.75)=0.7333$

07 $X \sim N(14, 2^2),\ Z=\dfrac{X-14}{2} \sim N(0,1)$

$P(13.5 \le X \le 17)=P(-0.25 \le Z \le 1.5)=0.5319$

09 $X \sim N(173.5, 3.9^2), \quad P(X \ge 180)=P\left(Z \ge \dfrac{6.5}{3.9}\right)=0.0478$, 4.78%

11 $19-\mu=-(9-\mu) \Rightarrow \mu=14$

13 (a) $P(55 \le X \le 65)=P(X \le 65)-P(X \le 54)=0.1832$

(b) $X \approx N(50, 5^2),\ P(55 \le X \le 65)=P(1 \le Z \le 3)=0.1573$

(c) $P(55 \le X \le 65)=P(54.5 \le X \le 65.5)=P(0.9 \le Z \le 3.1)=0.1831$

15 (a) $P(X \ge 3)=1-P(X \le 2)=1-0.0028=0.9972$

(b) $X \approx Poi(10)$,

$$P(X \geq 3) = 1 - P(X \leq 2) \approx 1 - e^{-10}\left(1 + 10 + \frac{10^2}{2!}\right)$$

$$= 1 - 61e^{-10} = 0.9972$$

(c) $X \approx N(10, 9.99)$,

$$P(X \geq 3) = P(X \geq 2.5) = P\left(Z \geq -\frac{7.5}{\sqrt{9.99}}\right) = 0.9912$$

17 하나의 시리얼이 불량일 확률 $P(X \leq 495) = P(Z \leq -1) = 0.1587$

(a) 모수가 (100, 0.1587)인 이항분포 (b) $100 \cdot 0.1587 = 15.87$

(c) $np = 15.87$로 큰 편이므로 정규근사를 사용한다. $X \approx N(15.87, 3.65^2)$

$$P(X \leq 10) = P(X \leq 10.5) = P\left(Z \leq \frac{10.5 - 15.87}{3.65}\right)$$

$$= P(Z \leq -1.47) = 0.0708$$

19 (a) $F(x) = P(X \leq x) = P(Z^2 \leq x) = P(-\sqrt{x} \leq X \leq \sqrt{x}) = 2\Phi(\sqrt{x}) - 1$, $x \geq 0$

(b) $f(x) = \dfrac{\Phi'(\sqrt{x})}{\sqrt{x}} = \dfrac{e^{-x/2}}{\sqrt{2\pi x}}$, $x > 0$

(c) $m_X(t) = E(e^{tX}) = E(e^{tZ^2}) = \dfrac{1}{\sqrt{2\pi}}\displaystyle\int_{-\infty}^{\infty} e^{tx^2}e^{-x^2/2}dx = \dfrac{1}{\sqrt{1-2t}}$, $t < \dfrac{1}{2}$

(d) $E(X) = m_X'(0) = 1$, $Var(X) = m_X''(0) - (E(X))^2 = 2$

연습문제 4.1 ~ 4.2

01 (a) $p_X(1) = \dfrac{2}{3}$, $p_X(2) = \dfrac{1}{3}$, $p_Y(1) = \dfrac{2}{3}$, $p_Y(2) = \dfrac{1}{3}$

(b) $p(1,1) = \dfrac{1}{3} \neq p_X(1)p_Y(1) = \dfrac{4}{9}$이므로 독립이 아니다.

(c) $E(X) = E(Y) = \dfrac{4}{3}$, $Var(X) = Var(Y) = \dfrac{2}{9}$

(d) $Cov(X, Y) = E(XY) - E(X)E(Y) = \frac{5}{3} - \left(\frac{4}{3}\right)^2 = -\frac{1}{9}$

$Corr(X, Y) = \frac{Cov(X, Y)}{\sqrt{Var(X)\,Var(Y)}} = \frac{-1/9}{2/9} = -\frac{1}{2}$

03 (a) $1 = c\sum_{x=0}^{2}\sum_{y=0}^{2}(x+y) = c\sum_{x=0}^{2}(3x+3) = 18c \Rightarrow c = \frac{1}{18}$

(b) $E(XY) = \frac{1}{18}\sum_{x=0}^{2}\sum_{y=0}^{2}xy(x+y) = \frac{1}{18}\sum_{x=0}^{2}(3x^2+5x)$

$= \frac{1}{18}(3+12+5+10) = \frac{5}{3}$

(c) $p_X(0) = \frac{1}{18}\sum_{y=0}^{2}(0+y) = \frac{1}{6} = p_Y(0),\ p_X(1) = \frac{1}{18}\sum_{y=0}^{2}(1+y) = \frac{1}{3} = p_Y(1),$

$p_X(2) = \frac{1}{18}\sum_{y=0}^{2}(2+y) = \frac{1}{2} = p_Y(2),$

$E(X) = E(Y) = \frac{4}{3},\quad Var(X) = Var(Y) = \frac{7}{3} - \left(\frac{4}{3}\right)^2 = \frac{5}{9}$

(d) $Cov(X, Y) = E(XY) - E(X)E(Y) = \frac{5}{3} - \left(\frac{4}{3}\right)^2 = -\frac{1}{9}$

$Corr(X, Y) = \frac{-1/9}{5/9} = -\frac{1}{5}$

05 (a) $i=0$ 또는 $j=0$이면 $ijp(i,j)=0$인 것을 이용하면

$E(XY) = (1\cdot 1)0.2 + (1\cdot 2)0.03 + (2\cdot 1)0.04 = 0.34$

(b)

X \ Y	$j=0$	$j=1$	$j=2$	$j=3$	$P(X=i)$
$i=0$	0.2	0.1	0.15	0.02	0.47
$i=1$	0.15	0.2	0.03	0	0.38
$i=2$	0.1	0.04	0	0	0.14
$i=3$	0.01	0	0	0	0.01
$P(Y=j)$	0.46	0.34	0.18	0.02	1

(c) $E(X) = 0.38 + 2\cdot 0.14 + 3\cdot 0.01 = 0.69$

$E(Y) = 0.34 + 2\cdot 0.18 + 3\cdot 0.02 = 0.76$

(d) $Cov(X, Y) = E(XY) - E(X)E(Y) = -0.1844$

07 (a) $p_X(0)=0.24,\ p_X(1)=0.28,\ p_X(2)=0.24,\ p_X(3)=0.24$

$p_Y(0)=0.25,\ p_Y(1)=0.28,\ p_Y(2)=0.23,\ p_Y(3)=0.24$

(b) $p(0,0)=0.1 \neq p_X(0)p_Y(0)=0.24 \cdot 0.25=0.06$이므로 독립이 아니다.

(c) $P(X \le Y)=1-P(X>Y)$

$$=1-(0.06+0.05+0.04+0.1+0.05+0.04)=0.66$$

$P(X+Y>2)=1-P(X+Y \le 2)$

$$=1-(0.1+0.05+0.04+0.06+0.08+0.05)=0.62$$

(d) $E(X)=1.48,\ E(Y)=1.46,\ Var(X)=3.4-1.48^2=1.2096$

$Var(Y)=3.36-1.46^2=1.2284$

(e) $E(XY)=\sum_{i=1}^{3}\sum_{j=1}^{3} ij\,p(i,j)=2.42,$

$Cov(X,Y)=2.42-1.48 \cdot 1.46=0.2592$

$$Corr(X,Y)=\frac{0.2592}{\sqrt{1.2096 \cdot 1.2284}}=0.2126$$

09 (a) A = 0.09, B = 0.11, C = 0.35, D = 0.12

(b) $E(XY)=-0.21$

(c) $\mu_X=0.99,\ \sigma_X^2=1.5099$

(d) $\mu_Y=0.7,\ \sigma_Y^2=4.63$

(e) $Cov(X,Y)=E(XY)-\mu_X\mu_Y=-0.21-0.99 \cdot 0.7=-0.903$

(f) $$Corr(X,Y)=\frac{Cov(X,Y)}{\sigma_X\sigma_Y}=\frac{-0.903}{\sqrt{1.5099 \cdot 4.63}}=-0.3415$$

11 (a) $1=\sum_{x=0}^{\infty}\sum_{y=0}^{\infty}p(x,y)=c\sum_{x=0}^{\infty}\frac{3^x}{x!}\sum_{y=0}^{\infty}\frac{3^y}{y!}=ce^3e^3 \Rightarrow c=e^{-6}$

(b) $P(X=k)=\sum_{y=0}^{\infty}p(k,y)=e^{-6}\sum_{y=0}^{\infty}\frac{3^k3^y}{k!y!}=e^{-6}\frac{3^k}{k!}\sum_{y=0}^{\infty}\frac{3^y}{y!}=e^{-3}\frac{3^k}{k!}$

$\Rightarrow X \sim Poi(3)$

같은 방법으로 $P(Y=j)=\sum_{x=0}^{\infty}p(x,j)=e^{-3}\frac{3^j}{j!} \Rightarrow Y \sim Poi(3)$

(c) $x=0,1,\cdots,\ y=0,1,\cdots$에 대하여 $p(x,y)=p_X(x)p_Y(y)$이므로 독립이다.

(d) X와 Y는 독립이므로 공분산 $Cov(X,Y)$과 상관계수 $Corr(X,Y)$는 모두 0 이다.

13 $i \neq j$이면 $Cov(X_i, X_j) = 0$이므로

$$Cov(X_i, \overline{X}) = \frac{1}{n} Cov(X_i, X_i) = \frac{1}{n} Var(X_i) = \frac{\sigma^2}{n}$$

또한 $Cov(\overline{X}, \overline{X}) = Var(\overline{X}) = \frac{1}{n^2} \sum_{j=1}^{n} Var(X_j) = \frac{\sigma^2}{n}$이므로

$$Cov(X_i - \overline{X}, \overline{X}) = Cov(X_i, \overline{X}) - Cov(\overline{X}, \overline{X}) = \frac{\sigma^2}{n} - \frac{\sigma^2}{n} = 0$$

15 X, Y가 같은 분포를 따르므로 $E(X) = E(Y)$, $E(X^2) = E(Y^2)$

$$\begin{aligned} Cov(X+Y, X-Y) &= E((X+Y)(X-Y)) - E(X+Y)E(X-Y) \\ &= E(X^2 - Y^2) = E(X^2) - E(Y^2) = 0 \end{aligned}$$

연습문제 4.3

01 (a)

$p_{Y\mid X}(j\mid i)$	$j=0$	$j=1$	$j=2$	$j=3$
$i=0$	1/4	1/2	1/4	0
$i=1$	0	1/4	1/2	1/4

(b) $E(Y \mid X=0) = 1$, $E(Y \mid X=1) = 2$

03 $X + Y \sim Bin(n+m, p)$이고 X, Y는 독립이므로

$$P(X=i \mid X+Y=k) = \frac{P(X=i,\ X+Y=k)}{P(X+Y=k)} = \frac{P(X=i,\ Y=k-i)}{P(X+Y=k)}$$

$$= \frac{P(X=i)P(Y=k-i)}{P(X+Y=k)} = \frac{\binom{n}{i} p^i (1-p)^{n-i} \binom{m}{k-i} p^{k-i} (1-p)^{m-k+i}}{\binom{n+m}{k} p^k (1-p)^{n+m-k}}$$

$$= \frac{\binom{n}{i}\binom{m}{k-i}}{\binom{n+m}{k}}$$

05 (a) $P(X=0)=0.6,\ P(X=1)=0.4,\ E(X)=0.4,\ Var(X)=0.24$

(b) $P(Y=0)=0.5,\ P(Y=1)=0.5,\ E(Y)=0.5,\ V(X)=0.25$

(c) $P(Y=0|X=1)=\dfrac{1}{4},\ P(Y=1|X=1)=\dfrac{3}{4},\ E(Y|X=1)=\dfrac{3}{4}$

07 (a) $X_m \le X_M$이므로 $x>y$이면 $P(X_m=x, X_M=y)=0$

첫 번째 주사위의 눈의 수를 X, 두 번째 주사위의 눈의 수를 Y라 하면

$x=1,2,\cdots,6$에 대하여 $P(X_m=x,\ X_M=x)=P(X=x,\ Y=x)=\dfrac{1}{36}$

$1\le x<y\le 6$이면

$\{X_m=x, X_M=y\}=\{X=x,\ Y=y\}\cup\{X=y,\ Y=x\}$이므로

$P(X_m=x, X_M=y)=P(X=x,\ Y=y)+P(X=y,\ Y=x)=\dfrac{2}{36}$

이 결과를 표로 정리하면 다음과 같다. 이때 마지막 열은 X_m의 확률질량함수를, 마지막 행은 X_M의 확률질량함수이다.

X_m \ X_M	1	2	3	4	5	6	$p_m(x)$
1	1/36	2/36	2/36	2/36	2/36	2/36	11/36
2	0	1/36	2/36	2/36	2/36	2/36	9/36
3	0	0	1/36	2/36	2/36	2/36	7/36
4	0	0	0	1/36	2/36	2/36	5/36
5	0	0	0	0	1/36	2/36	3/36
6	0	0	0	0	0	1/36	1/36
$p_M(y)$	1/36	3/36	5/36	7/36	9/36	11/36	1

(b) $P(X_M>X_m)=\dfrac{5}{6},\ p(k)=P(X_M=k|X_M>X_m)=\dfrac{k-1}{15},\ k=2,3,4,5,6$

(c) $E(X_M|X_M>X_m)=\displaystyle\sum_{k=2}^{6}k\frac{k-1}{15}=\frac{14}{3}$

(d) $x=1,2,3,4,5,6$일 때 차례대로 41/11, 38/9, 33/7, 26/5, 17/3, 6

(e) $x=1,2,3,4,5,6$일 때 차례대로 1, 4/3, 9/5, 16/7, 25/9, 36/11

(f) $E(X_M)=\dfrac{161}{36},\ E(X_m)=\dfrac{91}{36}$

09 $E(Y|X)=X+4,\ E(Y)=E(E(Y|X))=E(X)+4=176$

11 (a) $P(M=k)=\sum_{n=k}^{\infty}P(M=k|N=n)P(N=n)=\sum_{n=k}^{\infty}\binom{n}{k}p^k(1-p)^{n-k}\frac{\lambda^n e^{-\lambda}}{n!}$

$$=\frac{(\lambda p)^k e^{-\lambda}}{k!}\sum_{n=k}^{\infty}\frac{((1-p)\lambda)^{n-k}}{(n-k)!}=\frac{(\lambda p)^k e^{-\lambda}}{k!}\sum_{m=0}^{\infty}\frac{((1-p)\lambda)^m}{m!}=\frac{(\lambda p)^k e^{-\lambda p}}{k!}$$

(b) 같은 방법으로 하루 여자손님 수 $F\sim Poi(\lambda(1-p))$

매출액 X_k, Y_k : k번째 남자 손님과 k번째 여자손님의 구입액

$$Y=\sum_{k=1}^{M}X_i+\sum_{k=1}^{F}Y_k$$

$$E(Y)=E(M)E(X_1)+E(F)E(Y_1)=\lambda(pA+(1-p)B)$$

연습문제 5.1

01 (a) $E(X)=2.5,\quad Var(X)=\frac{5}{4}$

(b)

x	1.5	2	2.5	3	3.5
$P(\overline{X}=x)$	1/6	1/6	2/6	1/6	1/6

$$E(\overline{X})=2.5,\quad Var(\overline{X})=E(\overline{X}^2)-(E(\overline{X}))^2=\frac{20}{3}-\frac{25}{4}=\frac{5}{12}$$

03 (a)

x	0	0.5	1
$p_{\overline{X}}(x)$	0.16	0.48	0.36

(b) $E(\overline{X})=0.6,\quad Var(\overline{X})=0.12$

05 LED의 수명 $X\sim N(600,30^2)$, 표본 25개의 평균수명 $\overline{X}\sim N(600,6^2)$

$$P(\overline{X}\geq 612)=P\left(\frac{\overline{X}-600}{6}\geq\frac{612-600}{6}\right)=P(Z\geq 2)=1-\Phi(2)=0.0228$$

07 (a) $\overline{X} \approx N\left(19.5, \frac{25}{100}\right)$, $Z = \frac{\overline{X} - 19.5}{1/2} = 2(\overline{X} - 19.5) \approx N(0,1)$

$P(19 \le \overline{X} \le 20) \approx P(-1 \le Z \le 1) = 2\Phi(1) - 1 = 0.6827$

(b) $\overline{X} \approx N\left(19.5, \frac{25}{400}\right)$, $Z = \frac{\overline{X} - 19.5}{1/4} = 4(\overline{X} - 19.5) \approx N(0,1)$

$P(19 \le \overline{X} \le 20) \approx P(-2 \le Z \le 2) = 2\Phi(2) - 1 = 0.9545$

09 9번을 관측한 표본평균 $\overline{X} \sim N\left(\mu, \frac{0.04^2}{9}\right)$, $\frac{\overline{X} - \mu}{1/75} = 75(\overline{X} - \mu) \sim N(0,1)$

$P(|\overline{X} - \mu| \le 0.02) = P(75|\overline{X} - \mu| \le 1.5) = P(|Z| \le 1.5) = 2\Phi(1.5) - 1$
$= 0.8664$

11 X_k: k번째 차량의 무게, $S_{100} = X_1 + X_2 + \cdots + X_{100}$

$X_k \sim N(1.19, 0.0025)$이므로 $S_{100} \sim N(119, 0.25)$

따라서 $\frac{S_{100} - 119}{0.5} \sim N(0,1)$

$P(S_{100} \ge 120) = P\left(\frac{S_{100} - 119}{0.5} \ge \frac{120 - 119}{0.5}\right) = P(Z \ge 2) = 0.0228$

즉 차량이 100대일 때 다리에 구조적인 손상이 있을 확률은 2.28%이다.

13 X: 400개의 확률표본에서 불량품의 개수, $X \sim Bin(400, 0.05)$

(a) $P(X \le 15) = 0.1499$ (=BINOM.DIST(15,400,0.05,1))

(b) $E(X) = 400 \cdot 0.05 = 20$, $Var X = 400 \cdot 0.05 \cdot 0.95 = 19$

$P(X \le 15) = P\left(\frac{X - 20}{\sqrt{19}} \le \frac{15 - 20}{\sqrt{19}}\right) \approx P(Z \le -1.15) = 0.1251$

(c) $P(X \le 15) = P(X \le 15.5) = P\left(\frac{X - 20}{\sqrt{19}} \le \frac{15.5 - 20}{\sqrt{19}}\right)$
$\approx P(Z \le -1.03) = 0.1515$

15 X를 330명 중 비행 당일 탑승하는 고객의 수라 하면 $X \sim Bin(330, 0.9)$

(a) $P(X \le 300) = 0.7349$ (=BINOM.DIST(300,330,0.9,1))

(b) $E(X) = 297$, $Var(X) = 29.7$이므로 중심극한정리에 의하여

$P(X \le 300) = P(X \le 300.5) = P\left(\frac{X - 297}{\sqrt{29.7}} \le \frac{300.5 - 297}{\sqrt{29.7}}\right)$
$\approx P(Z \le 0.64) = 0.7389$

17 (a) $P(290 \le X \le 300) = P(X \le 300) - P(X \le 289)$

$= 0.7349 - 0.0873 = 0.6476$

(b) $P(290 \le X \le 300) = P(289.5 \le X \le 300.5)$

$\approx P(-1.38 \le Z \le 0.64)$

$= P(Z \le 0.64) - P(Z \le -1.38)$

$= \Phi(0.64) - (1 - \Phi(1.38)) = 0.6551$

19 (a) $X \sim Bin(100, 0.431)$, $E(X) = 43.1$, $Var(X) = 24.52$,

$\sigma = \sqrt{Var(X)} = 4.95$

(b) $Z = \dfrac{X - 43.1}{4.95} \approx N(0,1)$이므로

$P(X \le 40) = P(X \le 40.5) = P(Z \le -0.5253) = 0.2997$

21 (a) $X \sim Bin(400, 0.272)$, $E(X) = 108.8$, $Var(X) = 79.21$,

$\sigma = \sqrt{Var(X)} = 8.90$

(b) $Z = \dfrac{X - 108.8}{8.90} \approx N(0,1)$이므로

$P(X \ge 100) = P(X \ge 99.5) = P(Z \ge -1.04) = 0.8508$

연습문제 5.2

01 (a) 0.5595 (b) 0.5421 (c) 0.5297 (d) 0.5210

03 (a) 44.31 (=CHISQ.INV(0.99,25)) (b) 37.65 (=CHISQ.INV(0.95,25))

(c) $P(37.65 < V < c) = P(V < c) - P(V < 37.65) = 0.045$

$\Rightarrow P(V < c) = P(V < 37.65) + 0.045 = 0.995$

$\Rightarrow c = \chi^2_{0.005}(25) = 46.93$

(d) $P(c < V < 37.65) = P(V < 37.65) - P(V < c) = 0.45$

$\Rightarrow P(V < c) = P(V < 37.65) - 0.45 = 0.5 \Rightarrow c = \chi^2_{0.5}(25) = 24.34$

05 $V = \dfrac{9S^2}{4^2} \sim \chi^2(9)$이므로

$$P(S^2 \geq 12) = P\left(\frac{9S^2}{16} \geq \frac{9 \cdot 12}{16}\right) = P(V \geq 6.75) = 1 - P(V \leq 6.75)$$
$$= 0.6631$$

07 자유도가 n인 카이제곱분포의 적률생성함수는 $(1-2t)^{-\frac{n}{2}} = \dfrac{(1/2)^{n/2}}{(1/2-t)^{n/2}}$으로 쓸 수 있는데 이는 모수가 $\left(\dfrac{n}{2}, \dfrac{1}{2}\right)$인 감마분포의 적률생성함수이다. 따라서 자유도가 n인 카이제곱분포는 모수가 $\left(\dfrac{n}{2}, \dfrac{1}{2}\right)$인 감마분포를 따른다.

09 X_1, X_2의 적률생성함수 $M_1(t) = (1-2t)^{-\frac{m}{2}}$, $M_2(t)$

$X_1 + X_2$의 적률생성함수 $M(t) = (1-2t)^{-\frac{n}{2}} = M_1(t)M_2(t)$

$$= (1-2t)^{-\frac{m}{2}} M_2(t)$$

따라서 $M_2(t) = (1-2t)^{-\frac{n-m}{2}}$이고 X_2는 자유도가 $(n-m)$인 카이제곱분포를 따른다.

11 $V = \dfrac{(10+12-2)S_p^2}{16} = \dfrac{5S_p^2}{4} \sim \chi^2(20)$이다.

(a) $P(S_p^2 > 25) = P(5S_p^2/4 > 5 \cdot 25/4) = P(V > 31.25) = 0.0520$
(=1−CHISQ.DIST(31.25, 20, 1))

(b) $\chi^2_{0.05}(20) = 31.41$ (=CHISQ.INV(0.95,20)), $s_0 = \dfrac{4}{5} \cdot 31.41 = 25.128$

연습문제 5.3

01 (a) 0.9004(=T.DIST(1.33,19,1)) (b) 0.1993 (c) 0.2581

03 (a) 2.72 (b) 1.80 (c) 2.20 (d) 1.80

05 (a) 8.10(=F.INV(0.99,8,6)) (b) 4.15(=F.INV(0.95,8,6))
(c) 0.37(=F.INV(0.1,8,6)) (d) 0.16(=F.INV(0.01,8,6))

07 $\dfrac{S_1^2/4}{S_2^2/8} = \dfrac{2S_1^2}{S_2^2} \sim F(9, 14)$,

$$P(S_1^2 \geq S_2^2) = P\left(\frac{2S_1^2}{S_2^2} \geq 2\right) = 0.1183$$ (=1−F.DIST(2,9,14,1))

09 $\dfrac{S_1^2/2}{S_2^2/3} = \dfrac{3S_1^2}{2S_2^2} \sim F(11, 14)$,

$$P(S_1^2 \leq 2S_2^2) = P\left(\frac{3S_1^2}{2S_2^2} \leq 3\right) = 0.9718$$ (=F.DIST(3,11,14,1))

연습문제 미분과 적분

01 (a) 2 (b) -1 (c) 0
(d) 2 (e) -1 (f) 0

03 $f(x) = 2 + 3x + 2x^2$

05 (a) 12 (b) $-e^{-2}$ (c) $-\frac{2}{25}$

(d) $\frac{3}{8}$ (e) $2e^3$ (f) 8

07 (a) 0 (b) 0 (c) 0

09 (a) 1 (b) 발산 (c) $\frac{1}{8}$

연습문제 급수

01 (a) 1 (b) -1 (c) 0

(d) 0 (e) $\frac{1}{2}$ (f) 2

03 (a) 1 (b) 1 (c) 2

(d) 2 (e) ∞ (f) ∞

05 (a) $|x| < 1$일 때 $\sum_{n=1}^{\infty} nx^{n-1} = \frac{1}{(1-x)^2}$

$$\sum_{n=1}^{\infty} n(n-1)x^{n-2} = \left(\sum_{n=0}^{\infty} x^n\right)'' = \left(\frac{1}{1-x}\right)'' = \frac{2}{(1-x)^3}$$ 이므로

$$\sum_{n=1}^{\infty} n^2x^n = \sum_{n=1}^{\infty} n(n-1)x^n + \sum_{n=1}^{\infty} nx^n = \frac{2x^2}{(1-x)^3} + \frac{x}{(1-x)^2}$$

(b) 6

부록 D 표준정규분포표

$$P(Z \leq z) = \int_{-\infty}^{z} \frac{1}{\sqrt{2\pi}} e^{-t^2/2} dt$$

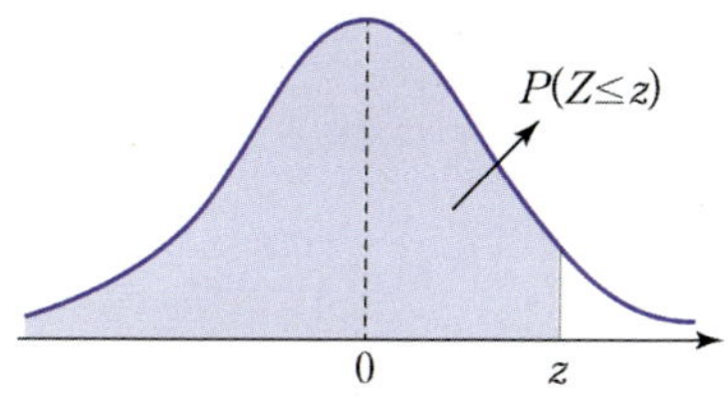

표의 숫자는 z보다 같거나 작을 확률을 나타낸다.

z	.00	.01	.02	.03	.04	.05	.06	.07	.08	.09
.0	.5000	.5040	.5080	.5120	.5160	.5199	.5239	.5279	.5319	.5359
.1	.5398	.5438	.5478	.5517	.5557	.5596	.5636	.5675	.5714	.5753
.2	.5793	.5832	.5871	.5910	.5948	.5987	.6026	.6064	.6103	.6141
.3	.6179	.6217	.6255	.6293	.6331	.6368	.6406	.6443	.6480	.6517
.4	.6554	.6591	.6628	.6664	.6700	.6536	.6772	.6808	.6844	.6879
.5	.6915	.6950	.6985	.7019	.7054	.7088	.7123	.7157	.7190	.7224
.6	.7257	.7291	.7324	.7357	.7389	.7422	.7454	.7486	.7517	.7549
.7	.7580	.7611	.7642	.7673	.7703	.7734	.7764	.7794	.7823	.7852
.8	.7881	.7910	.7939	.7967	.7995	.8023	.8051	.8078	.8106	.8133
.9	.8159	.8186	.8212	.8238	.8264	.8289	.8315	.8340	.8365	.8389
1.0	.8413	.8438	.8461	.8485	.8508	.8531	.8554	.8577	.8599	.8621
1.1	.8643	.8665	.8686	.8708	.8729	.8749	.8770	.8790	.8810	.8830
1.2	.8849	.8869	.8888	.8907	.8925	.8944	.8962	.8980	.8997	.9015
1.3	.9032	.9049	.9066	.9082	.9099	.9115	.9131	.9147	.9162	.9177
1.4	.9192	.9207	.9222	.9236	.9251	.9265	.9279	.9292	.9306	.9319
1.5	.9332	.9345	.9357	.9370	.9382	.9394	.9406	.9418	.9429	.9441
1.6	.9452	.9463	.9474	.9484	.9495	.9505	.9515	.9525	.9535	.9545
1.7	.9554	.9564	.9573	.9582	.9591	.9599	.9608	.9616	.9625	.9633
1.8	.9641	.9649	.9656	.9664	.9671	.9678	.9686	.9693	.9699	.9706
1.9	.9713	.9719	.9726	.9732	.9738	.9744	.9750	.9756	.9761	.9767
2.0	.9772	.9778	.9783	.9788	.9793	.9798	.9803	.9808	.9812	.9817
2.1	.9821	.9826	.9830	.9834	.9838	.9842	.9846	.9850	.9854	.9857
2.2	.9861	.9864	.9868	.9871	.9875	.9878	.9881	.9884	.9887	.9890
2.3	.9893	.9896	.9898	.9901	.9904	.9906	.9909	.9911	.9913	.9916
2.4	.9918	.9920	.9922	.9925	.9927	.9929	.9931	.9932	.9934	.9936
2.5	.9938	.9940	.9941	.9943	.9945	.9946	.9948	.9949	.9951	.9952
2.6	.9953	.9955	.9956	.9957	.9959	.9960	.9961	.9962	.9963	.9964
2.7	.9965	.9966	.9967	.9968	.9969	.9970	.9971	.9972	.9973	.9974
2.8	.9974	.9975	.9976	.9977	.9977	.9978	.9979	.9979	.9980	.9981
2.9	.9981	.9982	.9982	.9983	.9984	.9984	.9985	.9985	.9986	.9986
3.0	.9987	.9987	.9987	.9988	.9988	.9989	.9989	.9989	.9990	.9990
3.1	.9990	.9991	.9991	.9991	.9992	.9992	.9992	.9992	.9993	.9993
3.2	.9993	.9993	.9994	.9994	.9994	.9994	.9994	.9995	.9995	.9995
3.3	.9995	.9995	.9995	.9996	.9996	.9996	.9996	.9996	.9996	.9997
3.4	.9997	.9997	.9997	.9997	.9997	.9997	.9997	.9997	.9997	.9998
3.5	.9998	.9998	.9998	.9998	.9998	.9998	.9998	.9998	.9998	.9998

찾아보기

ㅈ

ㅊ

ㅋ

ㅌ

ㅍ

ㅎ

C

F

N

S

T

M/E/M/O

M/E/M/O

모두를 위한 친절한

기초확률론

지은이 강혜정
펴낸이 조경희
펴낸곳 경문사
펴낸날 2022년 11월 15일 1판 1쇄
등 록 1979년 11월 9일 제1979–000023호
주 소 04057, 서울특별시 마포구 와우산로 174
전 화 (02)332–2004 팩스 (02)336–5193
이메일 kyungmoon@kyungmoon.com

값 30,000원

ISBN 979–11–6073–595–6

이산확률변수에 대한 요약

분포	확률질량함수 $p_X(x) = P(X=x)$	기댓값 $E(X)$ 분산 $Var(X)$	확률생성함수 $g(t) = E(t^X)$
베르누이분포 $X \sim Bin(1,p)$ $q=1-p$	$p^x(1-p)^{1-x}$ $x=0,1$	p pq	$q+pt$
이항분포 $X \sim Bin(n,p)$ $q=1-p$	$\binom{n}{x}p^x q^{n-x}$ $x=0, 1, \cdots n$	np npq	$(q+pt)^n$
기하분포 $X \sim Geo(p)$ $q=1-p$	$(1-p)^{x-1}p$ $x=1, 2, 3, \cdots$	$\frac{1}{p}$, $\frac{q}{p^2}$	$\frac{pt}{1-qt}$
음이항분포 $X \sim NB(r,p)$ $q=1-p$	$\binom{x-1}{r-1}(1-p)^{x-r}p^r$ $x=r, r+1, r+2, \cdots$	$\frac{r}{p}$, $\frac{rq}{p^2}$	$\left(\frac{pt}{1-qt}\right)^r$
푸아송 분포 $X \sim Poi(\lambda)$	$p(x)=e^{-\lambda}\frac{\lambda^x}{x!}$ $x=0, 1, 2, \cdots$	λ λ	$e^{\lambda(t-1)}$

근사식

p가 아주 작고 n이 아주 클 때, $Bin(n,p) \approx Poi(\lambda)$, $\lambda = np$

n이 크고 np가 적당한 값일 때 $B(n,p) \approx N(np, npq)$

$X \sim Bin(n,p)$ 일 때 $\frac{X-np}{\sqrt{npq}} \approx N(0,1)$

연속확률변수에 대한 요약

분포	확률밀도함수 $f_X(x)$	기댓값 $E(X)$ 분산 $Var(X)$	적률생성함수 $m(t)=E(e^{tX})$
균일분포 $X \sim U(a,b)$	$\frac{1}{b-a},\ a \le x \le b$	$\frac{a+b}{2},\quad \frac{(b-a)^2}{12}$	$\frac{e^{tb}-e^{ta}}{t(b-a)}$
지수분포 $X \sim \text{Exp}(\lambda)$	$\lambda e^{-\lambda x}$ $x \ge 0$	$\frac{1}{\lambda},\quad \frac{1}{\lambda^2}$	$\frac{\lambda}{\lambda-t},\ t<\lambda$
감마분포 $X \sim \Gamma(k,\lambda)$	$\frac{(\lambda x)^{k-1}}{\Gamma(k)}\lambda e^{-\lambda x}$ $x \ge 0$	$\frac{k}{\lambda},\quad \frac{k}{\lambda^2}$	$\left(\frac{\lambda}{\lambda-t}\right)^k,\ t<\lambda$
정규분포 $X \sim N(\mu,\sigma^2)$	$\frac{1}{\sqrt{2\pi}\,\sigma}\exp\left(-\frac{(x-\mu)^2}{2\sigma^2}\right)$	$\mu,\quad \sigma^2$	$\exp\left(\mu t+\frac{\sigma^2 t^2}{2}\right)$
표준정규분포 $X \sim N(0,1)$	$\frac{1}{\sqrt{2\pi}}e^{-\frac{x^2}{2}}$	0, 1	$e^{\frac{t^2}{2}}$

확률변수 사이의 관계식

$Geo(p)=NB(1,p)$

$\text{Exp}(\lambda)=\Gamma(1,\lambda)$

$Z \sim N(0,1)$이면 $\sigma Z+\mu \sim N(\mu,\sigma^2)$

$X \sim N(\mu,\sigma^2)$이면 $\frac{X-\mu}{\sigma} \sim N(0,1)$

독립변수의 합

$X_1, X_2, \cdots X_n$: 독립이고 $X_k \sim Bin(1,p)$이면 $X_1+X_2+\cdots+X_n \sim Bin(n,p)$

$X_1, X_2, \cdots X_r$: 독립이고 $X_k \sim Geo(p)$이면 $X_1+X_2+\cdots+X_r \sim NB(r,p)$

$X_1, X_2, \cdots X_k$: 독립이고 $X_i \sim \text{Exp}(\lambda)$이면 $X_1+X_2+\cdots+X_k \sim \Gamma(k,\lambda)$

$X_1, X_2, \cdots X_n$: 독립이고 $X_k \sim N(0,1)$이면 ${X_1}^2+{X_2}^2+\cdots+{X_n}^2 \sim \chi^2(n)$